U0342359

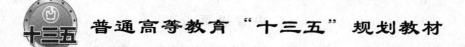

普通高等教育"十三五"规划教材

# 测量程序设计

主　编　宫雨生　王　刚　王松妍
副主编　张正鹏　冯效科　高良博

北　京

冶金工业出版社

2020

# 内 容 提 要

本书以 Visual C++ 为开发环境，介绍了测量程序的编程思路、方法、步骤与技巧。全书共分 8 章，首先讲述了 Windows 程序内部运行原理和 MFC 框架程序剖析，然后以测绘生产中常用的中央子午线计算、极坐标法计算待定点坐标、方位角及距离计算、坐标转换、四参数计算等案例方式，详细讲解了 MFC 架构（包括类库的基础知识）、各种常用类、常用控件、文件、图形图像操作、文档视图程序以及数据库编程等知识点在测绘编程中的应用，通过大量丰富、生动的案例帮助学生提高测绘编程水平。

本书可作为高等学校测绘工程专业、地理空间信息工程和遥感科学与技术专业的本科教材，也可供相关专业的研究生及工程技术人员参考。

## 图书在版编目（CIP）数据

测量程序设计／宫雨生等主编．—北京：冶金工业出版社，2020.10

普通高等教育"十三五"规划教材

ISBN 978-7-5024-5616-0

Ⅰ.①测… Ⅱ.①宫… Ⅲ.①测绘—程序设计—高等学校—教材 Ⅳ.① P209

中国版本图书馆 CIP 数据核字（2020）第 181647 号

出 版 人 苏长永
地　　址 北京市东城区嵩祝院北巷 39 号　邮编　100009　电话　(010)64027926
网　　址 www.cnmip.com.cn　电子信箱　yjcbs@cnmip.com.cn
责任编辑 郭冬艳 宋 良　美术编辑 吕欣童　版式设计 禹 蕊
责任校对 郑 娟　责任印制 李玉山
ISBN 978-7-5024-5616-0
冶金工业出版社出版发行；各地新华书店经销；北京兰星球彩色印刷有限公司印刷
2020 年 10 月第 1 版，2020 年 10 月第 1 次印刷
787mm×1092mm　1/16；21.5 印张；517 千字；331 页
**49.00 元**
冶金工业出版社　投稿电话　(010)64027932　投稿信箱　tougao@cnmip.com.cn
冶金工业出版社营销中心　电话　(010)64044283　传真　(010)64027893
冶金工业出版社天猫旗舰店　yjgycbs.tmall.com
（本书如有印装质量问题，本社营销中心负责退换）

# 前　言

　　测绘类专业的本科生，实践能力主要体现在"测"、"算"和"绘"三个重要环节。"测"是用测量仪器采集数据，而"算"是将采集到的数据进行加工处理，"绘"就是制图。"算"的环节可以采用商品化软件如南方平差易实现，但对于测绘类专业的本科生而言，不仅要知其然、知其所以然，还要能实现知识的应用、解决工程问题。此外，学生在实际工作中会遇到很多新的计算问题，编制程序无疑是解决问题最优的选择。作为测绘专业的本科生，拥有一定的程序设计能力是非常必要的。一般的教材往往注重阐述"算"的基本原理，很少阐述如何运用基本原理解决工程实际问题，学生在具体应用这些理论去解决问题时，会出现各种困难，或者是无处入手，或者是出现各种错误。虽然能利用现有商品化软件进行数据处理，但学生缺少数据处理的过程环节认识，对原理的理解仅仅停留在理想的理论推导阶段，并没有真正理解。

　　本书在简要阐述"算"的基本原理基础上，利用 VS2010 开发环境，编制程序来解决测绘领域经常碰到的各种计算问题。教材注意了与其他课程的衔接，对测绘常用的计算原理提供了编程实例，并对编程中可能出现的问题进行了说明。学生只要按教材讲述的步骤即可独立实现程序的编写，理解实现的过程和步骤。书中实现了"算"的理论与实践的统一，强化了学生实践能力和编程能力的培养。

　　本书共分8章，第1章 Windows 程序内部运行机制，深入剖析 Windows 程序的内部运行机制，为读者扫清 VC ++ 学习路途中的第一个障碍，为进一步学习 MFC 程序打下基础；第2章 MFC 框架程序剖析，剖析基于 MFC 的框架程序，探讨 MFC 框架程序的内部组织结构；第3章对话框，结合测绘生产中常用的中央子午线计算、极坐标法计算待定点坐标、方位角及距离计算、坐标转换、四参数计算等案例，渐进式地讲解了对话框资源的生成原理、编程方式；第4章菜单、工具栏和状态栏，结合第3章内容详细介绍了菜单、工具栏和状态栏的编写，使测量应用程序有一个美观、方便、实用的友好界面；第5章文件，结合坐标方位角及距离计算案例，详细介绍了如何读取文本数据，并将处理后的结果以文本文件的形式输出给用户；第 6 章图形图像操作，介绍了在 Visual C ++ 环境下，如何有效地使用图形设备接口设计图像应用程序；第 7 章文档视图程序设计，介绍了文档界面应用程序的编程方法；第 8 章数据库编程，结合坐标方位角及距离计算案例，详细介绍了如何开发基于数据库的应用程序。本书内容简明易懂，实例讲解详细，具有较强的可读性和实用性。

本书由辽宁科技大学、广州南方测绘科技股份有限公司沈阳分公司、大连理工大学城市学院、辽宁工程技术大学等单位合作编写，其中第 1 章和第 2 章由广州南方测绘科技股份有限公司沈阳分公司王刚和冯效科编写，第 3 章和第 4 章由辽宁科技大学宫雨生编写，第 5 章由辽宁科技大学高良博和宫雨生编写，第 6 章由湘潭大学张正鹏和辽宁科技大学宫雨生编写，第 7 章和第 8 章由大连理工大学城市学院王松妍编写。全书由宫雨生、王刚和王松妍统稿与定稿。

本书中的源代码全部经过精心测试，能够正常运行。为了便于读者理解书中内容，有需要书中源代码的读者，可与作者联系索取（38642709@ qq. com）。

本书的出版得到了辽宁科技大学教材建设资金的资助，在此表示衷心的感谢。

由于作者水平所限，书中阐述的某些观点，仅为一家之言，欢迎读者争鸣。书中不妥之处，诚请读者批评指正。

编　者

2020 年 6 月

# 目　　录

# **1** Windows 程序内部运行机制

要想熟练掌握 Windows 应用程序的开发，首先需要理解 Windows 平台下程序运行的内部机制。市面上很多介绍 Visual C++ 开发的书籍，一上来就讲解 MFC，并且只讲操作不讲原理，结果使得很多初学者看完书后感觉云山雾绕。本章将深入剖析 Windows 程序的内部运行机制，为读者扫清 VC++ 学习路途中的第一个障碍，为进一步学习 MFC 程序打下基础。

## 1.1 Windows 编程

（1）Windows 程序与普通程序之间的区别

1）具有图形窗口界面，如图 1.1 南方平差易软件界面所示。

2）程序的进行是由程序用户和系统所发出的事件（如键盘事件、鼠标事件、系统事件等）驱动的。这种通过事件的发生来执行程序的过程是随机的、不确定的、没有事先预定的顺序，这就是事件驱动机制。如图 1.1 中所示，在进行平差前可以先点击【控制网属性】进行设置，也可以先点击【计算方案】进行设置。事件驱动机制能最大限度地允许用户按照各种合理的次序来安排程序流程。即事件驱动编程方法适用于编写交互式程

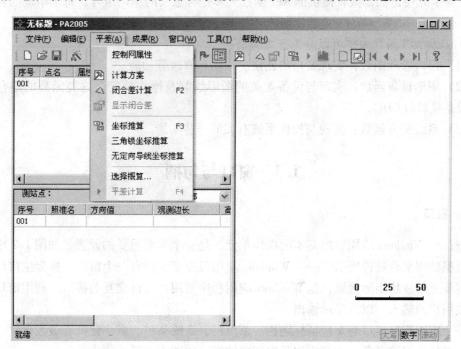

图 1.1　图形窗口界面样例

序，避免了死板的操作模式，使用户能够按照自己的意愿采取灵活的操作方式。

（2）使用 Visual C++2010，创建交互式 Windows 应用程序基本的方法

1）使用 Windows API：这是 Windows 操作系统为自身与其控制下的应用程序之间的通信提供基本接口，是一系列函数、宏、数据类型、数据结构的集合。

2）使用 Microsoft Foundation Classes——即大家熟知的 MFC：这是一组封装了 Windows API 的 C++类。

3）使用 Windows Forms：这是一种基于窗体的开发机制，用于创建在公共语言运行库 CLR（Common Language Runtime）中执行的应用程序。

## 1.2　Windows API

在编写标准 C++程序时，经常会调用各种库函数（如 sqrt）来辅助完成某些功能。这些库函数是由所使用编译器的厂商提供的。在 Windows 平台下，也有类似的函数可供调用，不同的是，这些函数是由 Windows 操作系统本身提供的。

Windows 操作系统提供了各种各样的函数，以方便开发 Windows 应用程序。这些函数是 Windows 操作系统提供给应用程序编程的接口（Application Programming Interface），简称 API 函数。如 CreateWindow 就是一个 API 函数，在应用程序中调用这个函数，操作系统就会按照该函数提供的参数信息产生一个相应的窗口。

在编写 Windows 程序时所说的 API 函数，就是指系统提供的函数，所以主要的 Windows 函数都在 windows. h 头文件中进行了声明。Windows 操作系统提供了 1000 多种 API 函数，为了方便记忆，微软提供的 API 函数大多是有意义的单词组合，每个单词的首字母大写，例如 CreateWindowEx（创建窗体）和 SendMessage（发送消息）。

Window API 函数大体可以分为三大类型：

（1）窗口管理函数：实现窗口的创建、移动和修改等功能。

（2）图形设备函数：实现与设备无关的图形绘制及操作功能，这类函数的集合叫做图形设备接口（GDI）。

（3）系统服务函数：实现与操作系统有关的一些功能。

## 1.3　窗口与句柄

### 1.3.1　窗口

窗口是 Windows 应用程序基本的操作单元，是一个非常重要的元素，如图 1.2 中南方地理数据处理平台软件所示。一个 Windows 应用程序至少要有一个窗口，称为主窗口。窗口是屏幕上的一块矩形区域，是 Windows 应用程序与用户进行交互的接口。利用窗口，可以接收用户的输入，以及显示输出。

一个应用程序窗口通常包括标题栏、菜单栏、系统菜单、最小化框、最大化框、可调边框，有的还有滚动条。本章应用程序创建的窗口如图 1.3 所示。

窗口可以分为客户区和非客户区。客户区是窗口的一部分，应用程序通常在客户区显

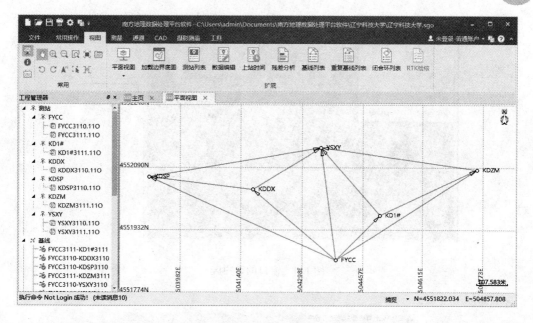

图1.2 窗口样例

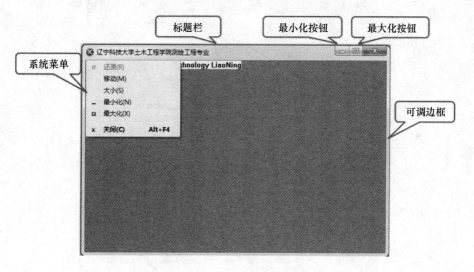

图1.3 应用程序创建的窗口

示文字或者绘制图形，如图1.4所示。标题栏、菜单栏、系统菜单、最小化框、最大化框、可调边框统称为窗口的非客户区，它们由 Windows 系统来管理，而应用程序则主要管理客户区的外观及操作。

窗口可以有一个父窗口，有父窗口的窗口称为子窗口。对话框和消息框也是一种窗口。在对话框上通常还包含许多子窗口，这些子窗口的形式有按钮、单选按钮、复选框、组框、文本编辑框等，如图1.5所示。

### 1.3.2 句柄

Windows 系统在创建窗口、图标、光标等对象时，会为它们分配内存，并返回这些资

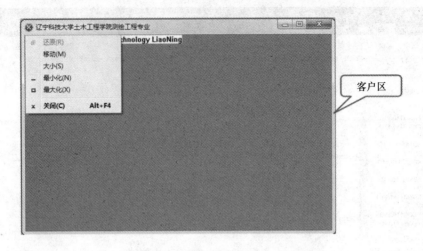

图 1.4　窗口的客户区

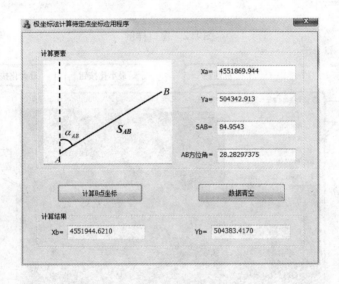

图 1.5　对话框

源的标识号，即句柄。操作系统要管理和操作这些对象，都是通过句柄来找到对应的资源的。

句柄（HANDLE）是整个 Windows 编程的基础。句柄是指 Windows 使用的唯一一个 PVOID 型数据，是一个 4 字节的整数值，用于标识应用程序中不同的对象和同类对象中不同的句柄，如一个窗口、按钮、图标、滚动条、输出设备、控件或者文件等。应用程序通过句柄就能够访问相应的对象。在 Windows 应用程序中，窗口是通过窗口句柄（HWND）来标识的。操作系统给每一个窗口指定一个唯一的标识号即窗口句柄。我们要对某个窗口进行操作，首先就要得到这个窗口的句柄。

事实上，Windows 还提供了许多种类型的句柄，如画笔、字体等。每种对象都有一个相应的句柄类型，例如 HPEN 和 HFONT。常见 Windows 对象的句柄如表 1.1 所示。

**表 1.1 常见 Windows 对象的句柄**

| Windows 对象 | 相关句柄类型 | Windows 对象 | 相关句柄类型 | Windows 对象 | 相关句柄类型 |
|---|---|---|---|---|---|
| 设备环境 | HDC | 画笔 | HPEN | 位图 | HBITMAP |
| 窗口 | HWND | 画刷 | HBRUSH | 调色板 | HPALETTE |
| 菜单 | HMENU | 字体 | HFONT | 文件 | HFILE |
| 光标 | HCURSOR | 图标 | HICON | 加速键表 | HACCEL |

# 1.4 WinMain 函数

用 C++ 编写 Win32 控制台应用程序时，必须要有一个 main 函数。程序由 main 函数开始运行，其他函数都由 main 函数调用。同理，在编写 Windows 应用程序中，也有一个很重要的函数 WinMain（如果应用 MFC 类库，WinMain 函数就被隐藏了）。这个函数是应用程序的基础。

当 Windows 操作系统启动一个程序时，它调用的就是该程序的 WinMain 函数。Win-Main 是 Windows 程序的入口点函数，与 Win32 控制台应用程序的入口点 main 函数的作用相同，其功能是完成一系列的定义和初始化工作，并产生消息循环。当 WinMain 函数结束或返回时，Windows 应用程序结束。

在 Win32 程序中实现创建一个窗口，并在该窗口中响应键盘及鼠标消息，程序实现的步骤为：

（1）WinMain 函数的定义；

（2）创建一个窗口；

（3）进行消息循环；

（4）编写窗口过程函数。

## 1.4.1 WinMain 函数的定义

WinMain 函数的功能为：

（1）设计和注册窗口类，建立窗口及执行其他必要的初始化工作。

（2）进入消息循环，根据从消息队列中接受的消息，调用相应的处理过程。

（3）当消息循环检索到 WM_QUIT 消息时，终止程序执行。

WinMain 函数原型声明如下：

```
int WINAPI WinMain(
    HINSTANCE hInstance,        //handle to current instance
    INSTANCE hPrevInstance,     //handle to previous instance
    LPSTR lpCmdLine,            //command line
    int nCmdShow                //show state
);
```

WinMain 函数接收 4 个参数，这些参数都是在操作系统调用 WinMain 函数时传递给应用程序的。

第一个参数 hInstance 表示该程序当前运行实例的句柄，这是一个数值。当程序在

Windows 下运行时，它唯一标识运行中的实例（注意，只有运行中的程序实例，才有实例句柄）。一个应用程序可以运行多个实例，每运行一个实例，系统都会给该实例分配一个句柄值，并通过 hInstance 参数传递给 WinMain 函数。

第二个参数 hPrevInstance 表示当前实例的前一个实例的句柄。

第三个参数 lpCmdLine 是一个以空终止的字符串，指定传递给应用程序的命令行参数。例如，在 D 盘下有一个测量数据 . txt 文件，当我们用鼠标双击这个文件时，将启动记事本程序（notepad. exe），此时系统会将 D:\测量数据 . txt 作为命令行参数传递给记事本程序的 WinMain 函数。记事本程序在得到这个文件的全路径名后，就在窗口显示该文件的内容。

第四个参数 nCmdShow 指定程序的窗口应该如何显示，例如最大化、最小化、隐藏等。这个参数的值由该程序的调用者所指定，应用程序通常不需要去理会这个参数的值。

WinMain 函数前的 WINAPI 是一种"调用约定"宏，它在 windef. h 中有如下定义：

#define WINAPI_stdcall

所谓"调用约定"，就是指程序生成机器码后，函数调用的多个参数按怎样的次序来传递，同时函数调用结束后堆栈由谁来恢复，以及编译器对函数名的修饰约定等的协议。函数调用约定"协议"有许多，其中由 WINAPI 宏指定的_stdcall 是一个常见的协议，内容包括：参数从右向左压入堆栈；函数自身修改堆栈；机器码中的函数名前面自动加下划线，而函数后面接@符号和参数的字节数。

MFC 方式却采用了_cdecl 调用约定：参数从右向左压入堆栈；传递参数的内存栈由调用者来维护（正因为如此可实现变参函数）；机器码中的函数名只在前面自动加下划线。

纵观 WinMain 函数的参数的类型名和命名，可以发现它们的规则：

（1）C/C++的类型名仍然保留其小写形式，如 int，但新的类型都是用大写字母来命名的，如 HINSTANCE，LPSTR。

（2）参数名（变量名）都是用"匈牙利表示法"的命名规则来定义的。它的主要方法是将变量名前后加上表示"类型"和"作用"的"前缀（小写）"，而变量名本身由"状态""属性"和"含义"等几部分组成。每一个部分的名称可以是全称，也可以是缩写，但通常只有第一个字母是大写。例如，hPrevInstance 是由前缀 h（表示"句柄"类型）+ 状态 Prev（表示"以前的"）+ 属性 Instance（表示"实例"）组成的。

### 1. 4. 2   窗口的创建

创建一个完整的窗口，需要经过下面几个操作步骤：

（1）设计一个窗口类；

（2）注册窗口类；

（3）生成窗口；

（4）显示及更新窗口。

#### 1. 4. 2. 1   设计一个窗口类

一个完整的窗口具有许多特征，包括光标（鼠标进入该窗口时的形状）、图标、背景色等。在创建一个窗口前，必须对该类型的窗口进行设计，指定窗口的特征。

Windows 已经为用户定义好了一个窗口所应具有的基本属性，用户只需通过结构体来完成即可，结构体定义好了各种各样类型的成员变量，因此只要给相应成员变量赋予相应的值就可以了。窗口的特征就是由 WNDCLASSEX 结构体来定义的。

WNDCLASSEX 结构体的定义如下：

```
typedef struct tagWNDCLASSEX
    { UINT cbSize;              //①Size of this object in bytes
    UINT style;                //②Window style
    WNDPROC lpfnWndProc;       //③Pointer to message proceing function
    int cbClsExtra;            //④Extra bytes after the window class
    int cbWndExtra;            //⑤Extra bytes after the window instance
    HANDLE hInstance;          //⑥The application instance handle
    HICON hIcon;               //⑦The application icon
    HCURSOR hCursor;           //⑧The window cursor
    HBRUSH hbrBackground;      //⑨The brush defining the background color
    LPCTSTR lpszMenuName;      //⑩A pointer to the name of the menu resource
    LPCTSTR lpszClassName;     //⑪A pointer to the class name
    HICON hIconSm;             //⑫A small icon associated with the window
    } WNDCLASSEX;
```

创建 WNDCLASSEX 类型对象的方式如下所示：

```
WNDCLASSEX WindowClass;    //Create a window class object
```

WNDCLASSEX 结构体第一个成员变量 cbSize 指定这一类型窗口的大小，常使用 sizeof 操作符，如：WindowClass. cbSize = sizeof( WNDCLASSEX)；

WNDCLASSEX 结构体第二个成员变量 style 指定这一类型窗口的样式，常用的样式如下：

★ CS_HREDRAW

当窗口水平方向上的宽度发生变化时，将重新绘制整个窗口。当窗口发生重绘时，窗口中的文字和图形将被擦除。如果没有指定这一样式，那么在水平方向上调整窗口宽度时，将不会重绘窗口。

★ CS_VREDRAW

当窗口垂直方向上的高度发生变化时，将重新绘制整个窗口。如果没有指定这一样式，那么在垂直方向上调整窗口高度时，将不会重绘窗口。

★ CS_NOCLOSE

禁用系统菜单的 Close 命令，这将导致窗口没有关闭按钮。

★ CS_DBLCLKS

当用户在窗体中双击鼠标时，将向窗口过程发送鼠标双击消息。

在 Windows. h 中，以 CS_开头的类样式（Class Style）标识符被定义为 16 位的常量，这些常量都只有某一位为 1。可以使用位运算操作符来组合使用这些样式。例如，要让窗口在水平和垂直尺寸发生变化时发生重绘，可以使用位或（｜）操作符将 CS_HREDRAW 和 CS_VREDRAW 组合起来，如 style = CS_HREDRAW｜CS_VREDRAW。

WNDCLASSEX 结构体第三个成员变量 lpfnWndProc 是一个存储着指向程序中处理消

息的函数指针，指向窗口过程函数。窗口过程函数是一个回调函数。回调函数不是由该函数的实现方（应用程序）直接调用的，而是在特定的事件或条件发生时，由另外一方（操作系统）调用的，用于对该事件或条件进行响应。

回调函数实现机制为：

（1）定义一个回调函数。

（2）提供函数实现的一方在初始化的时候，将回调函数的函数指针注册给调用者。

（3）当特定的事件或条件发生的时候，调用者使用函数指针调用回调函数对事件进行处理。

针对 Windows 的消息处理机制，窗口过程函数被调用的过程如下：

（1）在设计窗口类的时候，将窗口过程函数的地址赋给 lpfnWndProc 成员变量。

（2）调用 RegisterClassEx 函数注册窗口类，那么系统就有了我们所编写的窗口过程函数的地址。

（3）当应用程序接收到某一窗口的消息时，调用 DispatchMessage 函数将消息回传给 Windows 操作系统。操作系统则利用先前注册窗口类时得到的函数指针，调用窗口过程函数对消息进行处理。

一个 Windows 程序可以包含多个窗口过程函数，一个窗口过程总是与某一个特定的窗口类相关联（通过 WNDCLASSEX 结构体中的 lpfnWndProc 成员变量指定），基于该窗口类创建的窗口使用同一个窗口过程。

WNDCLASSEX 结构体第四个成员变量 cbClsExtra：Windows 系统中每一个窗口类管理一个 WNDCLASSEX 结构。在应用程序注册一个窗口类时，它可以让 Windows 系统为 WNDCLASSEX 结构分配和追加一定字节数的附加内存空间。这部分内存空间称为类附加内存，由属于这种窗口类的所有窗口所共享。类附加内存空间用于存储类的附加信息。Windows 系统把这部分内存初始化为 0。一般我们将这个参数设置为 0。

WNDCLASSEX 结构体第五个成员变量 cbWndExtra：Windows 系统每一个窗口管理一个内部数据结构，在注册一个窗口类时，应用程序能够指定一定字节数的附加内存空间，称为窗口附加内存。应用程序可用这部分内存空间存储窗口特有的数据。Windows 系统把这部分内存初始化为 0。一般我们将这个参数设置为 0。

WNDCLASSEX 结构体第六个成员变量 hInstance 指定包含窗口过程的程序实例句柄。

WNDCLASSEX 结构体第七个成员变量 hIcon 指定窗口类的图标句柄。这个成员变量必须是一个图标资源的句柄，如果这个成员为 NULL，那么系统将提供一个默认的图标。在为 hIcon 变量赋值时，也可以调用 LoadIcon 函数来加载一个图标资源，返回系统分配给该图标的句柄，该函数的原型声明如下所示：

HICON LoadIcon（HINSTANCE hInstance，LPCTSTR lpIconName）

LoadIcon 函数不仅可以加载 Windows 系统提供的标准图标到内存中，还可以加载由用户自己制作的图标资源到内存中，并返回系统分配给该图标的句柄。如果加载的是系统的标准图标，那么第一个参数必须为 NULL。

WNDCLASSEX 结构体第八个成员变量 hCursor 指定窗口类的光标句柄。这个成员变量必须是一个光标资源的句柄，如果这个成员为 NULL，那么无论何时鼠标进入到应用程序窗口中，应用程序都必须明确地设置光标的形状。在为 hCursor 变量赋值时，可以调用

LoadCursor 函数来加载一个光标资源，返回系统分配给该光标的句柄。该函数的原型声明如下所示：

HCURSOR LoadCursor（HINSTANCE hInstance，LPCTSTR lpCursorName）

如果第一个参数为 NULL，则加载的是系统的标准图标。

WNDCLASSEX 结构体第九个成员变量 hbrBackground 指定窗口类的背景画刷句柄。当窗口发生重绘时，系统使用这里指定的画刷来擦除窗口的背景。我们既可以为 hbrBackground 成员指定一个画刷的句柄，也可以为其指定一个标准的系统颜色值。

WNDCLASSEX 结构体第十个成员变量 lpszMenuName 是一个以空终止的字符串，指定菜单资源的名字。

WNDCLASSEX 结构体第十一个成员变量 lpszClassName 是一个以空终止的字符串，指定窗口类的名字。

WNDCLASSEX 结构体最后一个成员是 IconSm，它标识某个与该窗口类相联系的小图标，如果将该成员设置为空，则 Windows 将搜索与 Icon 成员相关的小图标并使用。

### 1.4.2.2　注册窗口类

设计完窗口类（WNDCLASSEX）后，需要调用 RegisterClassEx 函数对其进行注册，把相关情况告诉 Windows，注册成功后，才可以创建该类型的窗口。

注册函数的原型声明如下：

ATOM RegisterClassEx( CONST WNDCLASSEX ∗ lpwcx)；

该函数只有一个参数，即上一步骤中所设计的窗口类对象的指针，Windows 就会提取并记录所有结构体成员的设定值。该过程称为注册窗口类。

### 1.4.2.3　生成窗口

设计好窗口类并将其进行注册之后，就可以用 CreateWindowEx 函数产生这种类型的窗口。

CreateWindowEx 函数的原型声明如下：

```
HWND CreateWindowEx(
    DWORD dwExStyle,            //①窗口的扩展风格
    LPCTSTR lpClassName,        //②pointer to registered class name
    LPCTSTR lpWindowName,       //③pointer to window name
    DWORD dwStyle,             //④window style
    int x,                     //⑤horizontal position of window
    int y,                     //⑥vertical position of window
    int nWidth,                //⑦window width
    int nHeight,               //⑧window height
    HWND hWndParent,           //⑨handle to parent or owner window
    HMENU hMenu,               //⑩handle to menu or child-window identifier
    HANDLE hInstance,          //⑪handle to application instance
    LPVOID lpParam             //⑫pointer to window-creation data
);
```

第一个参数 dwExStyle 指定创建窗口的风格。

第二个参数 lpClassName 指定窗口类的名称，即在 WNDCLASSEX 结构体第十一个成

员变量 lpszClassName 的成员指定的名称。产生窗口的过程是由操作系统完成的，如果在调用 CreateWindowEx 函数之前，没有用 RegisterClassEx 函数注册过相应的窗口类型，操作系统将无法得知这一类型窗口的相关信息，从而导致创建窗口失败。

第三个参数 lpWindowName 指定窗口的名字，如果窗口样式指定了标题栏，那么这里指定的窗口名字将显示在标题栏上。

第四个参数 dwStyle 指定创建的窗口样式，就好像同一型号的汽车可以有不同的颜色一样，同一型号的窗口也可以有不同的外观样式。

第五 ~ 第八个参数 x，y，nWidth，nHeight 分别指定窗口左上角的 x，y 坐标，窗口的宽度和高度。如果参数 x 被设置为 CW_USEDEFAULT，那么系统为窗口选择默认的左上角坐标并忽略 y 参数。如果参数 nWidth 被设为 CW_USEDEFAULT，那么系统为窗口选择默认的宽度和高度，参数 nHeight 被忽略。

第九个参数 hWndParent 指定被创建窗口的父窗口句柄。

第十个参数 hMenu 指定窗口菜单的句柄。

第十一个参数 hInstance 指定窗口所属的应用程序实例的句柄。

第十二个参数 lpParam 作为 WM_CREATE 消息的附加参数 lParm 传入的数据指针。在创建多文档界面的客户窗口时，lpParam 必须指向 CLIENTCREATESTRUCT 结构体。多数窗口将这个参数设置为 NULL。

如果窗口创建成功，CreateWindowEx 函数将返回系统为该窗口分配的句柄；否则，返回 NULL。因此，在创建窗口之前，应该先定义一个窗口句柄变量来接收创建窗口之后返回的句柄值。

### 1.4.2.4　显示及更新窗口

**A　显示窗口**

窗口创建之后，我们要让它显示出来，调用 ShowWindow 函数来显示窗口。该函数的原型声明如下所示：

```
BOOL ShowWindow(
    HWND hWnd,        // handle to window
    int nCmdShow      // show state of window
);
```

ShowWindow 函数有两个参数，第一个参数 hWnd 就是在上一步骤中成功生成窗口后返回的那个窗口句柄；第二个参数 nCmdShow 指定了窗口显示的状态。

nCmdShow 参数指定的窗口显示的状态，常用的有以下几种：

★ SW_HIDE：隐藏窗口并激活其他窗口。

★ SW_SHOW：在窗口原来的位置以原来的尺寸激活和显示窗口。

★ SW_SHOWMAXIMIZED：激活窗口并将其最大化显示。

★ SW_SHOWMINIMIZED：激活窗口并将其最小化显示。

★ SW_SHOWNORMAL：激活并显示窗口。如果窗口是最大化或最小化的状态，系统将其恢复到原来的尺寸和大小。应用程序在第一次显示窗口的时候，应该指定此标志。

**B　更新窗口**

在调用 ShowWindow 函数之后，紧接着调用 UpdateWindow 来刷新窗口。UpdateWindow

函数的原型声明如下：

```
BOOL UpdateWindow(
    HWND hWnd   // handle of window
);
```

参数 hWnd 指的是创建成功后的窗口句柄。UpdateWindow 函数通过发送一个 WM_PAINT 消息来刷新窗口，将 WM_PAINT 消息直接发送给了窗口过程函数进行处理，而没有放到消息队列里。

### 1.4.3 消息循环

在 Windows 应用程序中，不仅用户程序可以调用系统的 API 函数，反过来，系统也会调用用户程序。这个调用是通过消息来进行的。Windows 程序设计是一种事件驱动方式的程序设计模式，主要是靠消息来实现的，即遵循"事件驱动－消息响应"的机制。

事件通常以如下三种方式产生：

（1）通过输入设备，如键盘和鼠标；

（2）通过屏幕上可视的对象，如菜单、工具栏按钮、滚动条和对话框上的控件；

（3）来自 Windows 内部，如当一个后面的窗口显示到前面时。

每一个事件的发生将在对应的消息队列中放置一条消息。这种基于事件产生的输入没有固定的顺序，用户可以随机选取，以任何合理的顺序来输入数据。程序开始运行时，处于等待用户输入事件状态，当取得消息后做出相应反应，消息处理完毕后又返回并处于等待事件状态。例如，当用户在窗口中画图的时候，按下鼠标左键，此时，操作系统会感知这一事件（包括事件的种类、发生的时间、发生的位置等），于是将这个事件包装成一个消息，投递到应用程序的消息队列中，然后应用程序从消息队列中取出消息并进行响应。在这个处理过程中，操作系统也会给应用程序"发送消息"。所谓"发送消息"，实际上是操作系统调用程序中一个专门负责处理消息的函数。这个函数称为窗口过程。

#### 1.4.3.1 消息

当 Windows 操作系统捕获一条事件后，它会编写一条消息，将相关信息放入一个数据结构体 MSG 中，然后将包含此数据结构的消息发送给需要消息的程序。MSG 结构体的定义在 winuser. h 中定义。

说明：Windows API 是在 C 语言还是主要通用语言的年代开发的，很久之后 C＋＋才出现，因此经常用来在 Windows 和应用程序之间传递数据的是结构体而不是类。

MSG 结构定义如下：

```
typedef struct tagMSG
{
    HWND hwnd;
    UINT message;
    WPARAM wParam;
    LPARAM lParam;
    DWORD time;
    POINT pt;
} MSG;
```

　　MSG 结构体中包含了对于一个消息而言，它和哪个窗口相关，消息本身是什么，消息的附加参数是什么，消息发生投递的时间是什么时候，消息投递时当前光标的位置在哪里？

　　第一个成员变量 hwnd 表示消息所属的窗口。我们通常开发的程序都是窗口应用程序，一个消息一般都是与某个窗口相关联的。例如，在某个活动窗口中按下鼠标左键，产生按键消息就是发送给该窗口的。在 Windows 程序中，用 HWND 类型的变量来标识窗口。

　　第二个成员变量 message 指定了消息的标识符。在 Windows 程序中，消息是由一个数值来表示的，不同的消息对应不同的数值。但是由于数值不便于记忆，所以 Windows 将消息对应的数值定义为 WM_XXX 宏（WM 是 Windows Message 的缩写）的形式，XXX 对应某种消息的英文拼写的大写形式。例如，鼠标左键按下消息是 WM_LBUTTONDOWN，键盘按下消息是 WM_KEYDOWN，字符消息是 WM_CHAR，等等。在程序中我们通常都是以 WM_XXX 宏的形式来使用消息的。

　　第三个和第四个成员变量 wParam 和 lParam，用于指定消息的附加信息。例如，当我们收到一个字符消息的时候，message 成员变量的值就是 WM_CHAR，但用户到底输入的是什么字符，则由 wParam 和 lParam 来说明。

　　最后两个变量 time 和 pt 分别表示消息投递到消息队列中的时间和鼠标的当前位置。pt 的数据类型 POINT 也是一个结构体，其定义如下：

```
typedef struct tagPOINT
{
    LONG x;
    LONG y;
} POINT;
```

### 1.4.3.2　消息来源

Windows 应用程序的消息来源主要有以下 4 种：

　　（1）输入消息：包括键盘和鼠标的输入。这类消息首先放在系统消息队列中，然后由 Windows 将它们送入应用程序消息队列中，由应用程序来处理消息。

　　（2）控制消息：用来与 Windows 的控制对象，如列表框、按钮、复选框等进行双向通信，当用户在列表框中改动当前选择或改变了复选框的状态时发出此类消息。这类消息一般不经过应用程序消息队列，而是直接发送给控制对象。

　　（3）系统消息：对程序化的事件或系统时钟中断做出反应。一些系统消息，像 DDE 消息（动态数据交换消息）要通过 Windows 的系统消息队列，而另一些系统信息则不通过系统消息队列而直接送入应用程序的消息队列，如创建窗口消息。

　　（4）用户消息：这是程序员自己定义并在应用程序中主动发出的，一般由应用程序的某一部分进行内部处理。

### 1.4.3.3　消息队列

　　每个 Windows 应用程序开始执行后，系统都会为该程序创建一个消息队列，它是一个先进先出的缓冲区，这个消息队列用来存放该程序创建的窗口消息。例如，当我们按下鼠标左键，将会产生 WM_LBUTTONDOWN 消息，系统会将这个消息放到窗口所属的应用程序的消息队列中，等待应用程序的处理。

Windows 应用程序将产生的消息依次放到消息队列中，而应用程序则通过一个消息循环不断地从消息队列中取出消息，并进行响应。这种消息机制，就是 Windows 程序运行的机制。

#### 1.4.3.4 进队消息和不进队消息

Windows 程序中的消息可以分为"进队消息"和"不进队消息"。进队消息将由系统放入到应用程序的消息队列中，然后由应用程序取出并发送。不进队消息在系统调用窗口过程时，直接发送给窗口。

不管是进队消息还是不进队消息，最终都由系统调用窗口过程函数对消息进行处理。

#### 1.4.3.5 消息循环

在生成窗口、显示窗口、更新窗口后，需要编写一个消息循环，不断地从消息队列中取出消息，并进行响应。要从消息队列中取出消息，需要调用 GetMessage 函数。该函数的原型声明如下：

```
BOOL GetMessage(
    LPMSG lpMsg,            //①address of structure with message
    HWND hWnd,             //②handle of window
    UINT wMsgFilterMin,    //③first message
    UINT wMsgFilterMax     //④last message
);
```

第一个参数 lpMsg 指向一个消息（MSG）结构体，GetMessage 从线程的消息队列中取出的消息将保存在该结构体对象中。

第二个参数 hWnd 指定接收属于哪一个窗口的消息。通常将其设置为 NULL，用于接收属于调用线程的所有窗口的窗口消息。

第三个参数 wMsgFilterMin 指定要获取的消息的最小值，通常设置为 0。

第四个参数 wMsgFilterMax 指定要获取的消息的最大值，如果 wMsgFilterMin 和 wMsgFilterMax 都设置为 0，则接收所有消息。

GetMessage 函数接收到除 WM_QUIT 外的消息均返回非零值。对于 WM_QUIT 消息，该函数返回零。如果出现了错误，该函数返回 −1，例如，当参数是无效的窗口句柄或 lpMsg 是无效的指针时。

通常编写的消息循环代码如下：

```
MSG msg;
while( GetMessage( &msg,NULL,0,0) )
{
    TranslateMessage( &msg);
    DispatchMessage( &msg);
}
```

Windows 应用程序通过 While 循环来保证程序始终处于运行状态，只有在接收到 WM_QUIT 消息时，While 语句判断的条件为假，循环退出，程序结束。

TranslateMessage 函数用于将虚拟键消息转换为字符消息。字符消息被投递到调用线程的消息队列中，在下一次调用 GetMessage 函数时被取出。当我们敲击键盘上的某个字符键时，系统将产生 WM_KEYDOWN 和 WM_KEYUP 消息。这两个消息的附加参数

（wParam 和 lParam）包含的是虚拟键代码和扫描键等消息，而我们在程序中往往需要得到某个字符的 ASCII 码，TranslateMessage 函数就可以将 WM_KEYDOWN 和 WM_KEYUP 消息的组合转换为一条 WM_CHAR 消息，并将转换后的新消息投递到调用线程的消息队列中。但 TranslateMessage 函数不会修改原有的消息，它只是产生新的消息并投递到消息队列中。

DispatchMessage 函数分派一个消息到窗口过程，由窗口过程函数对消息进行处理。DispatchMessage 实际上是将消息回传给操作系统，由操作系统调用窗口过程函数对消息进行处理（响应）。

Windows 应用程序的消息处理机制（如图 1.6 所示）为：

（1）操作系统接收到应用程序的窗口消息，将消息投递到该应用程序的消息队列中。

（2）应用程序在消息循环中调用 GetMessage 函数，从消息队列中取出一条一条的消息。取出消息后，应用程序可以对消息进行一些预处理，例如，放弃某些消息的响应或者调用 TranslateMessage 产生新的消息。

（3）应用程序调用 DispatchMessage，将消息回传给操作系统。消息是由 MSG 结构体对象来表示的，其中包含了接收消息的窗口的句柄。因此，DispatchMessage 函数总能进行正确的传递。

（4）操作系统利用 WNDCLASSEx 结构体的 lpfnWndProc 成员保存的窗口过程函数的指针调用窗口过程，对消息进行处理（即系统给应用程序发送了消息）。

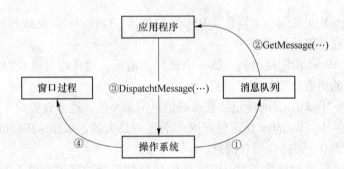

图 1.6  Windows 应用程序的消息处理机制

### 1.4.4  编写窗口过程函数

在完成上述步骤后，剩下的工作就是编写一个窗口过程函数，用于处理发送给窗口的消息。一个 Windows 应用程序的主要代码就集中在窗口过程函数中。

窗口过程函数的声明形式如下：

```
LRESULT CALLBACK WindowProc(
        HWND hwnd,              // handle to window
        UINT message,          // message identifier
        WPARAM wParam,         // first message parameter
        LPARAM lParam          // second message parameter
);
```

窗口过程函数的名字可以随便取，如 SurveyProc，但函数定义的形式和上述声明的形式相同。此外，系统通过窗口过程函数的地址（指针）来调用窗口过程函数，而不是名字。

　　函数的 4 个参数分别对应消息的窗口句柄、消息代码、消息代码的 2 个附加参数。一个程序可以有多个窗口，窗口过程函数的第 1 个参数 hwnd 就标识了接收消息的特定窗口。在窗口过程函数内部使用 switch/case 语句来确定窗口过程接收的是什么消息，以及如何对这个消息进行处理。

# 1.5　动手编写第一个 Windows 程序

## 1.5.1　集成开发环境

　　集成开发环境是集程序的编辑、编译和链接以及程序的运行于一身的开发环境。Visual Studio 2010 把 Visual C＋＋、Visual Basic、C#和 F#等全部集中在一个 Visual Studio 集成环境中，这样做的好处是各部分可以充分利用 Visual Studio 2010 的丰富功能。本书使用 Visual C＋＋作为编程语言，Visual C＋＋2010 是 Visual Studio 2010 的一部分。为了使用 Visual C＋＋ 2010，首先必须安装 Visual Studio 2010。安装完 Visual Studio2010 后第一次启动时，由于系统支持多种语言环境，会让用户选择默认的环境设置，选择 Visual C＋＋后，界面窗口如图 1.7 所示。

图 1.7　Visual Studio 2010 主窗口

使用说明：

　　（1）使用 VS 2010 之前，要先做出一些常见的设置。单击菜单栏【工具】下的【选项】命令，调出【选项】对话框，选择文本编辑器下的 C/C＋＋，选择【行号】复选框，如图 1.8 所示。

　　（2）在【选项】对话框下选择【环境】下的【字体和颜色】，可以调整字体和颜色等，如图 1.9 所示。

## 1.5.2　Windows 程序实例

　　（1）启动 Microsoft Visual Studio 2010，单击【文件】菜单，选择【新建】菜单项，

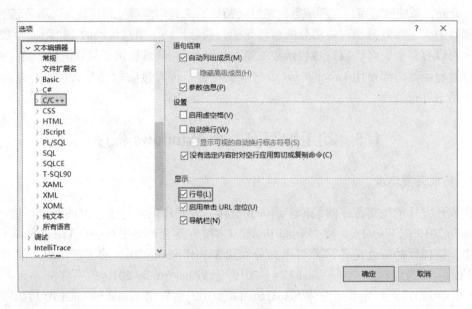

图 1.8　文本编辑窗口

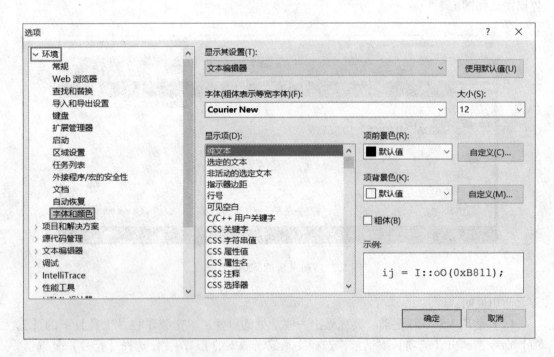

图 1.9　字体和颜色调整选项

在"项目"选项卡下，选择"Win32 项目"，在下方的"名称（N）："文本框中，输入我们的工程名 Ex1_1，在"位置（L）："后选择存储位置，单击【确定】按钮，如图 1.10所示。

（2）在 Win32 应用程序向导-Ex1_1 中，单击"下一步"，选择"空项目"，单击【完成】按钮，如图 1.11 和图 1.12 所示。

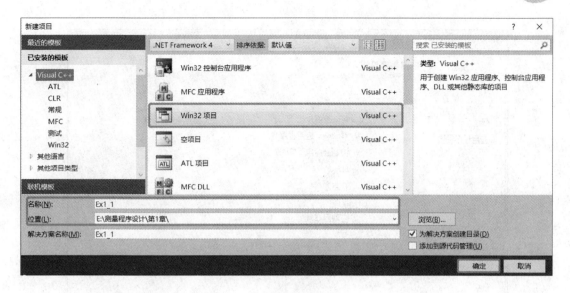

图 1.10 新建项目

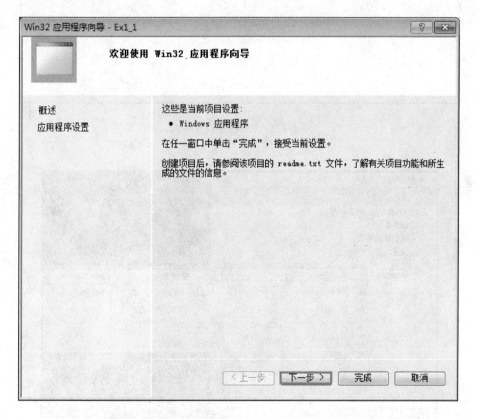

图 1.11 应用程序向导欢迎界面

（3）这样的应用程序外壳并不能做什么，甚至不能运行，我们还要为它加上源文件。在【解决方案资源管理器】中右击【源文件】，选择【添加（D）】，然后选择【新建项（W）…】，弹出"添加新项-Ex1_1"对话框，如图 1.13 和图 1.14 所示。

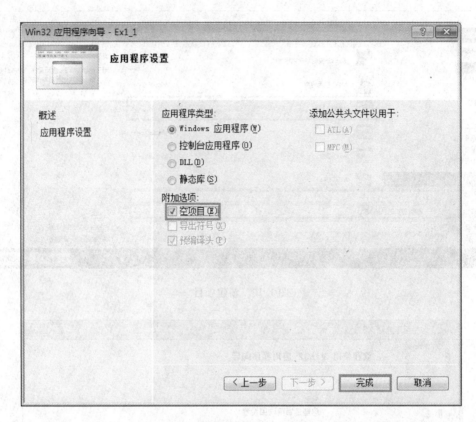

图 1.12   应用程序设置界面

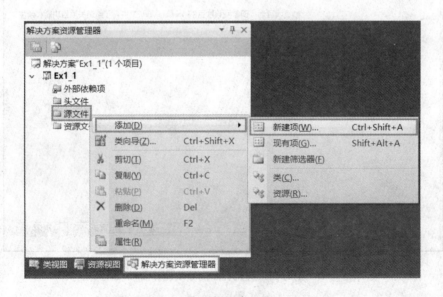

图 1.13   添加新建项界面 1

（4）在"添加新项-Ex1_1"对话框中，选择"C++文件（.cpp）"，在"名称（N）:"文本框中，输入源文件名 Ex1_1，单击【添加】按钮。

图 1.14　添加新建项界面 2

（5）添加源代码。源代码如下：

```cpp
#include < windows. h >
#include < stdio. h >
LRESULT CALLBACK WindowProc(
  HWND hwnd,       // handle to window
  UINT uMsg,       // message identifier
  WPARAM wParam,   // first message parameter
  LPARAM lParam    // second message parameter
);
int WINAPI WinMain(
  HINSTANCE hInstance,       //handle to current instance(当前运行的实例句柄)
  HINSTANCE hPrevInstance,   //handle to previous instance(前一个运行的实例句柄)
  LPSTR lpCmdLine,           //command line(启动程序的命令行字符)
  int nCmdShow               //show state(创建窗口显示的外观)
)
{
  //①设计一个窗口类
  WNDCLASSEX WindowClass;  //Create a window class object
  WindowClass. cbSize = sizeof(WNDCLASSEX);
  WindowClass. style = CS_HREDRAW | CS_VREDRAW;
  WindowClass. lpfnWndProc = WindowProc;
  WindowClass. cbClsExtra = 0;
  WindowClass. cbWndExtra = 0;
  WindowClass. hInstance = hInstance;
  WindowClass. hIcon = LoadIcon(NULL, IDI_ERROR);
```

```
WindowClass.hCursor = LoadCursor(NULL,IDC_CROSS);
/* GetStockObject 函数的原型声明:
HGDIOBJ GetStockObject(int fnObject);//fnObject 指定要获取的对象类型
```
GetStockObject 函数不仅可以用于获取画刷的句柄,还可以用于获取画笔、字体和调色板的句柄,由于 GetStockObject 函数可以返回多种资源对象的句柄,在实际调用该函数前无法确定它返回哪一种资源对象的句柄,因此它的返回值的类型定义为 HGDIOBJ,在实际使用时需要进行类型转换*/
```
 WindowClass.hbrBackground = static_cast<HBRUSH>(GetStockObject(GRAY_
BRUSH));
WindowClass.lpszMenuName = NULL;
WindowClass.lpszClassName = L"Univesity of Science and Technology LiaoNing";
WindowClass.hIconSm = 0;
//②注册窗口类
/* RegisterClassEx 函数原型为 ATOM RegisterClassEx(CONST WNDCLASSEX * lpwcx);。
```
lpwcx:指向一个 WNDCLASSEX 结构的指针。在传递给这个函数之前,必须在结构内填充适当的类的属性返回值,如果函数成功,返回这个窗口类型的标识号;如果函数失败,返回值为 0。*/
```
RegisterClassEx(&WindowClass);
//③生成窗口
HWND hwnd;
hwnd = CreateWindowEx(
    NULL,
    L"Univesity of Science and Technology LiaoNing", //the window class name
    L"辽宁科技大学土木工程学院测绘工程专业",  //the window title
    WS_OVERLAPPEDWINDOW,    //window style as overlapped
    0,  // horizontal position of window
    0,  // vertical position of window
    600,// window width
    400,// window height
    NULL,// handle to parent or owner window
    NULL,// handle to menu or child-window identifier
    hInstance,// handle to application instance
    NULL   // pointer to window-creation data
    );
//④显示及更新窗口
ShowWindow(hwnd,SW_SHOWNORMAL);
//请求 Windows 给程序发送一条重绘窗口工作区的消息
UpdateWindow(hwnd);
//消息循环
MSG msg;  //Windows message structure
while(GetMessage(&msg,NULL,0,0))   //Get any message 从队列中检索一条消息
{
    //对检索的消息执行任何必要的转换
    TranslateMessage(&msg);  //Translate the message
```

```
                    //使 Windows 调用应用程序的 WindowProc()函数处理消息
            DispatchMessage(&msg);    //Dispatch the message
        }
    return 0;
}
//窗口过程函数
LRESULT CALLBACK WindowProc(
    HWND hwnd,         // handle to window
    UINT message,         // message identifier
    WPARAM wParam,    // first message parameter
    LPARAM lParam     // second message parameter
)
{
    switch(message)
    {
    case WM_LBUTTONDOWN:
        MessageBox(hwnd,L"China surveying and mapping!",L"Ex1_1",0);
        HDC hdc;
        hdc = GetDC(hwnd);
        TextOut(hdc,0,100,L"China surveying and mapping",strlen("China surveying
and mapping"));
        ReleaseDC(hwnd,hdc);
        break;
    case WM_PAINT:
        //HDC 类型为设备上下文
        HDC hDC;
        //存放重画区域的相关信息
        PAINTSTRUCT PaintSt;
        //RECT 结构中获得工作区的坐标
        RECT aRect;
        hDC = BeginPaint(hwnd,&PaintSt);
        /* GetClientRect()函数为第一个实参指定的窗口提供其工作区的左上角和右下角坐标。
这两个坐标存储在第二个指针实参传递的 RECT 结构的 aRect 中。* /
        GetClientRect(hwnd,&aRect);
        //SetBkMode(hDC,TRANSPARENT);
         TextOut(hDC,0,0,L"Univesity of Science and Technology LiaoNing",strlen
("Univesity of Science and Technology LiaoNing"));
        EndPaint(hwnd,&PaintSt);
        break;
    case WM_CLOSE:
        if(IDYES == MessageBox(hwnd,L"是否真的结束?",L"Ex1_1",MB_YESNO))
        {
```

```
            DestroyWindow(hwnd);
        }
        break;
    case WM_DESTROY:
        PostQuitMessage(0);
        break;
    default:
        /* DefWindowProc 是 Windows 提供的标准函数,该函数提供默认的消息处理功能,将消息
回传给 Windows* /
        return DefWindowProc(hwnd,message,wParam,lParam);
    }
    return 0;
}
```

## 1.6　VS 2010 本地离线查看 MSDN

MSDN 是微软向开发人员提供的一套帮助系统,其中包含大量的开发文档、技术文章和示例代码。MSDN 包含的信息非常全面,程序员不但可以利用 MSDN 辅助开发,还可以利用 MSDN 进行学习,从而提高自己。

VS 2010 没有自带的 MSDN 显示帮助,默认为浏览器打开,H3 Viewer 是一款由第三方发布的 VS 2010 帮助文档查看器。可独立于 VS 2010 运行的帮助文档查看器,如图 1.15 所示。

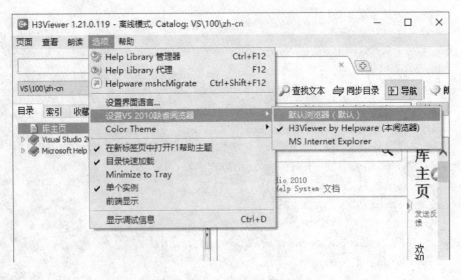

图 1.15　H3 Viewer 界面

**注意**:要以管理员的方式打开 H3 Viewer,否则无法更改。然后就可以使用 H3 Viewer 来查阅 MSDN 了,如图 1.16 所示。具体使用界面如图 1.17 和图 1.18 所示。

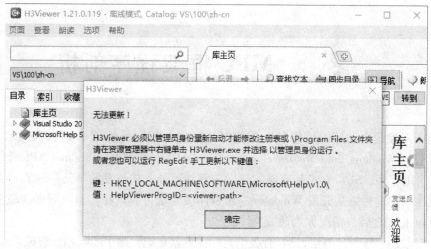

图 1.16 情况说明

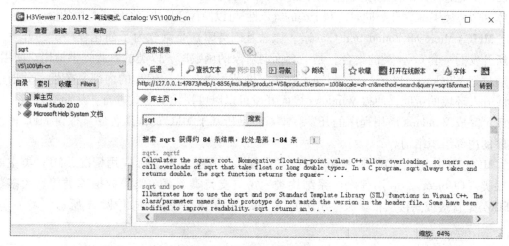

图 1.17 H3Viewe 使用界面 1

图 1.18 H3Viewe 使用界面 2

# 2 MFC 框架程序剖析

在面向对象程序设计的思想还不成熟时，早期的程序员使用 C 语言和微软 Windows 软件开发包（Windows Software Development Kit，SDK）提供的 Windows API 函数来设计 Windows 应用程序。SDK 方式是底层的开发方式，这种方式开发的 Windows 程序习惯称为 Win32 程序。用这种方法开发 Windows 应用程序极其艰苦、乏味。自从面向对象程序设计的思想发展起来之后，情况大为改观。

面向对象的程序设计方法，最具有吸引力的优点就是把程序中的问题分解成若干个对象，从而利于类这种数据类型，把数据和对数据的操作封装在一起，形成一个个有实际意义的程序实体，把大型程序模块化。同时还利于类的继承性，可以使程序员快速地完成程序的设计任务。

MFC（Microsoft Foundation Classes，微软基础类库）是微软为了简化程序员的开发工作所开发的一套 C++ 类的集合，是一套面向对象的函数库，以类的方式提供给用户使用。它通过把 Windows API 函数进行 C++ 封装，屏蔽了 Windows 编程的内部复杂性，并通过集成开发环境的帮助，使得 Windows 界面开发可以以可视化的方式进行，从而有效地帮助程序员完成 Windows 应用程序的开发。本章将剖析基于 MFC 的框架程序，探讨 MFC 框架程序的内部组织结构。

MFC 类的层次结构非常清晰。根据类的派生层次关系和实际应用情况，MFC 类主要有根类（CObject）、应用程序体系结构类、窗口支持类、菜单类、数据库类等。大多数 MFC 类是直接或间接从根类派生出来的。MFC 层次结构图表类别如图 2.1 所示。

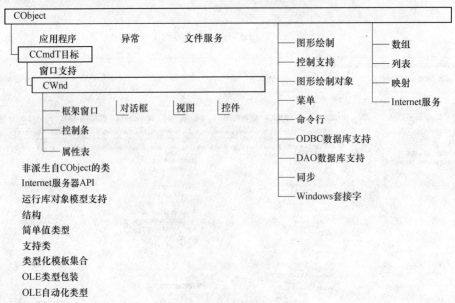

图 2.1　层次结构图表类别

（来源：https://msdn.microsoft.com/zh-cn/library/37f1f848(v=vs.110).aspx）

# 2.1 MFC 应用程序向导

MFC 应用程序向导是一个辅助生成源代码的向导工具，可以帮助自动生成基于 MFC 框架的源代码。该向导的每一个步骤中，都可以根据需要来选择各种特性，从而实现定制应用程序。

【例 2.1】利用 MFC 应用程序向导来创建一个基于 MFC 的单文档界面（SDI）应用程序。

（1）启动 Microsoft Visual Studio 2010，单击【文件】菜单，选择【新建】→【项目】，在新建项目对话框里，选择 MFC 应用程序，在名称（N）文本框中，输入工程名：Ex2_1，如图 2.2 所示。

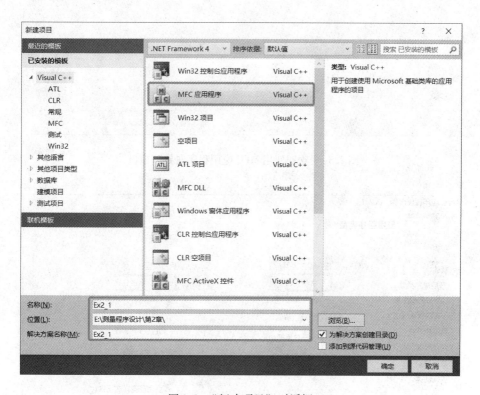

图 2.2 "新建项目"对话框

（2）单击【确定】按钮，出现 MFC 应用程序向导对话框，在"欢迎使用 MFC 应用程序向导"窗口单击【下一步】按钮，如图 2.3 所示。

（3）在"应用程序类型"窗口中选择"单个文档"，项目类型选择"MFC 标准"，如图 2.4 所示。

MFC 应用程序类型有 4 种：单文档程序、多文档程序、基于对话框的程序和多个顶级文档应用程序。

文档程序通常是用来显示文档内容的。文档程序有一个主框架窗口，里面包含一个或多个视图窗口，视图窗口用于显示文档内容。文档通过文档类对象来管理，文档程序把数

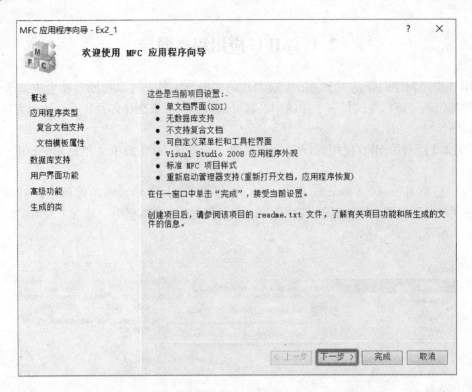

图 2.3  "欢迎使用 MFC 应用程序向导"窗口

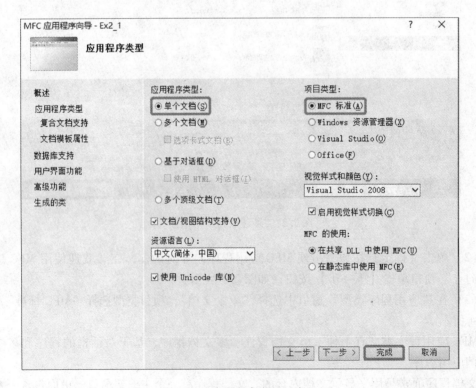

图 2.4  "应用程序类型"窗口

据的管理和显示分离开来。单文档程序顾名思义就是一个程序中只有一个视图窗口和一个文档对象；多文档程序则有多个视图窗口和多个文档对象。

对话框程序没有视图窗口和文档对象等概念，这类程序通常是在对话框上放置控件，然后通过控件的操作和用户交互。基于对话框应用程序功能简单、结构紧凑，虽然不能处理文档，但执行速度快，程序源代码少，开发调试容易。

计算机中每个字符都要使用一个编码来表示，而每个字符究竟使用哪个编码来表示，要取决于使用哪个字符集（charset）。计算机字符集可归类为三种，单字节字符集（SBCS）、多字节字符集（MBCS）和宽字符集（即 Unicode 字符集）。

（1）单字节字符集（SBCS）。SBCS（Single-Bye Character System）的中文意思是单字节字符系统，它的所有字符都只有一个字节的长度。

（2）多字节字符集（MBCS）。为了能够表示其他国家的文字（比如中文），人们对 ASCII 码继续扩展，就是在欧洲字符以及扩展的基础上再扩展，即英文字母和欧洲字符为了和扩展 ASCII 兼容，依然用 1 个字节表示；而对于其他各国自己的字符如中文字符，则用 2 个字节表示。

（3）Unicode 字符集。为了把全世界所有的文字符号都统一进行编码，国际标准化组织 ISO 提出了 Unicode 编码方案，它可以容纳世界上所有文字和符号的字符编码方案。Unicode 是后出来的东西，CRT 库（C 运行时库）为了支持 Unicode，也定义了很多新的内容，现在的数据类型、API 函数都分多字节字符版和宽字符版本。

（4）最后单击【完成】按钮，点击【生成】菜单下的【生成解决方案】菜单项，如图 2.5 所示。

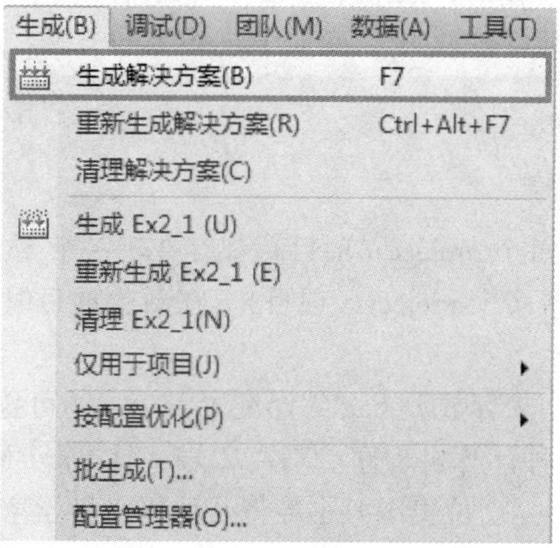

图 2.5 "生成解决方案"选项

（5）开始运行工程。点击【调试】菜单下的【开始执行（不调试）】，或直接按 Ctrl + F5 快捷键来运行工程，运行结果如图 2.6 所示。

在这个程序中，用户没有编写任何代码，就生成了一个带有标题栏，具有最小化框、最大化框，具有系统菜单和一个可调边框的应用程序。这一切都是通过 MFC 应用程序向导生成的。

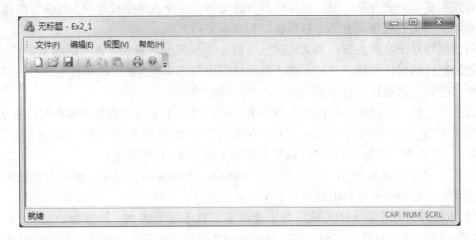

图 2.6　运行效果

## 2.2　基于 MFC 的程序框架剖析

MFC 类库是开发 Windows 应用程序的 C++ 接口。MFC 提供了面向对象的框架，程序开发人员可以基于这一框架开发 Windows 应用程序。

整个 MFC 类库是用 C++ 语言来实现的，它对 Windows 操作系统上的元素进行了 C++ 方式的封装，比如对话框专门有一个对话框类 CDialog，菜单有对应的菜单类 CMenu，文件专门有文件类 CFile，数据库有相应的数据库类 CDatabase，等等。它将大部分 Windows API 函数封装到 C++ 类中，变成了这些类的方法，以类成员函数的形式提供给程序开发人员调用。

### 2.2.1　系统创建的文件和类

Visual C++ 2010 中，每个 project（项目）都存在于一个 Solution（解决方案）中，一个解决方案可以包含一个或多个 project（项目）。在新建项目时，输入的项目名称就和解决方案同名，如图 2.7 所示。

（1）Debug 文件夹是用来存放 Debug 编译配置下生成的可执行程序。

小故事：DEBUG 是一种计算机程序。马克 2 号（Harvard Mark Ⅱ）编制程序的葛丽丝·霍波（Grace Hopper）是一位美国海军准将及计算机科学家，同时也是世界上最早的一批程序设计师之一。有一天，她在调试设备时出现故障，拆开继电器后，发现有只飞蛾被夹扁在触点中间，从而"卡"住了机器的运行。于是，霍波诙谐地把程序故障统称为"臭虫（BUG）"，把排除程序故障叫 DEBUG，而这奇怪的"称呼"，竟成为后来计算机领域的专业行话。如 DOS 系统中的调试程序，程序名称就叫 DEBUG。DEBUG 在 Windows 系统中也是极其重要的编译操作。

（2）Ex2_1.sln 是解决方案文件，平时我们打开工程，只要打开这个文件，就能把该解决方案下面的所有工程都加载到 Visual C++ 2010 中。项目解决方案文件保存了项目设置信息，在开发环境中一般以打开项目解决方案文件的方式来打开指定的项目。

图 2.7　项目解决方案文件夹

（3）在解决方案文件夹下，还存在一个以解决方案名称作为项目文件夹名，在此文件夹下包含该项目中所用到的源代码文件（.cpp，.h）、资源文件（.rc）等，如图 2.8 所示。

图 2.8　项目文件夹文件

项目中所用到的资源程序代码文件（.cpp 和 .h）、资源文件（.rc）等，它们按树型结构形式显示项目的"类""资源"和"文件"。完成这些显示的主要工具，有解决方案资源管理器、资源视图和类视图。

### 2.2.1.1　解决方案资源管理器

解决方案资源管理器将项目中源代码按文件分类显示，如程序源文件（.cpp）、头文件（.h）和资源文件（.rc）等。点击【视图】菜单下的【解决方案资源管理器（P）】菜单项，如图 2.9 所示；调出"解决方案资源管理器"窗口，如图 2.10 所示。

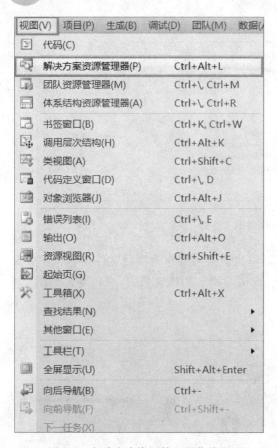

图 2.9　解决方案资源管理器菜单项

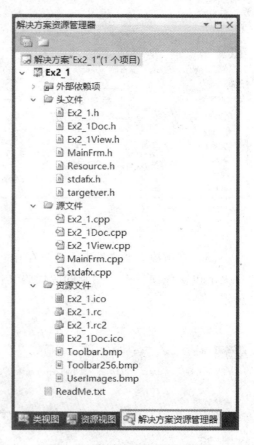

图 2.10　解决方案资源管理器

### 2.2.1.2　资源视图

点击【视图】菜单下的【资源视图（R）】菜单项，如图 2.11 所示；调出"资源视图"窗口，如图 2.12 所示。资源视图包含了 Windows 中各种资源的层次列表，有对话

图 2.11　资源视图菜单项　　　　　　　　　　　　　图 2.12　资源视图

框、按钮、菜单、工具栏、图标、位图、加速键等，并存放在一个独立的资源文件中。在资源视图中可进行添加、删除资源的操作。

### 2.2.1.3 类视图

类视图显示项目中所有的类信息，点击【视图】菜单下的【类视图（A）】菜单项，如图 2.13 所示；调出"类视图"窗口，如图 2.14 所示。窗口能够显示项目中创建的所有类，双击类名前的图标，可以看到类的层次结构。

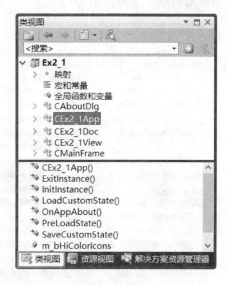

图 2.13　类视图菜单项　　　　　图 2.14　类视图

MFC 应用程序向导帮助生成的代码，单击左边工作区窗格中的类视图标签页，可以看到五个类，如图 2.15 所示。

图 2.15　应用程序向导生成的类

在 MFC 中，类的命名都是以字母"C"开头。对于一个单文档应用程序，都有一个 CMainFrame 类，和一个以"C+工程名+App"为名字的类、一个以"C+工程名+Doc"

为名字的类、一个以"C + 工程名 + View"为名字的类。在刚接触 MFC 的程序时，一定要逐步熟悉 MFC 应用程序向导所生成的这几个类，以及类中的代码。这样才能在阅读程序时，知道哪些类、哪些代码是向导生成的，哪些类、哪些代码是我们自己编写的。

在类视图（ClassView）标签页中的这五个类，每一个都有一个基类，例如，CEx2_1View 派生于 CView；CMainFrame 派生于 CFrameWnd。这些基类都是 MFC 中的类，MFC 类组织图的部分结构如图 2.16 所示。

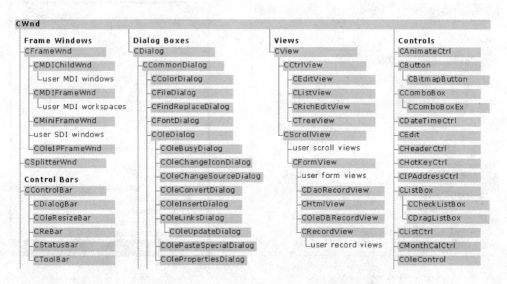

图 2.16　部分 MFC 类组织结构图

在 MFC 类组织结构图中的一部分，可以发现 CFrameWnd 是由 CWnd 派生的，另外，也可以发现从 CWnd 派生的还有 CView 类。这就说明，这个程序中的 CMainFrame 类和 CEx2_1View 类追本溯源有一个共同的基类：CWnd 类。CWnd 类是 MFC 中一个非常重要的类，它封装了与窗口相关的类，几乎所有的窗口都从它派生而来。

## 2.2.2　MFC 程序中的 WinMain 函数

第 1 章 Win32 应用程序有一条很明确的主线：首先进入 WinMain 函数，然后设计窗口类、注册窗口类、生成窗口、显示窗口、更新窗口，最后进入消息循环，将消息路由到窗口过程函数中去处理。遵循这条主线，写程序时就有了一条很清晰的脉络。

在编写 MFC 程序时，找不到这样一条主线，甚至在程序中找不到 WinMain 函数。我们之所以看不见这些，是因为微软在 MFC 的底层框架类中，封装了这些每一个窗口应用程序都需要的步骤，目的主要是为了简化程序员的开发工作，但这也给我们在学习和掌握 MFC 程序时造成了很多不必要的困扰。

为了更好地学习和掌握基于 MFC 的程序，有必要对 MFC 的运行机制以及封装原理有所了解。我们创建的这个 MFC，它也有一个 WinMain 函数，但这个 WinMain 函数在程序编译链接时，由链接器将该函数链接到 Ex2_1 程序中的，我们可以寻找一下。

在安装完 Microsoft Visual Studio 2010 后，在安装目录下，微软提供了部分 MFC 的源代码，我们可以跟踪这些源代码，找出程序运行的脉络。源代码一般在安装目录下的 Microsoft Visual Studio 10.0\VC\atlmfc\src\mfc。找到目录后，可以根据目录结构在机器上查找相应的目录。找到相应的目录后，Windows 7 操作系统下，在资源浏览器的工具栏上选择"搜索"，文本框中输入"WinMain"即可，具体操作如图 2.17～图 2.19 所示。

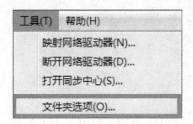

图 2.17 文件夹选项

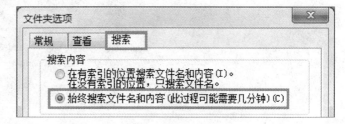

图 2.18 搜索选项

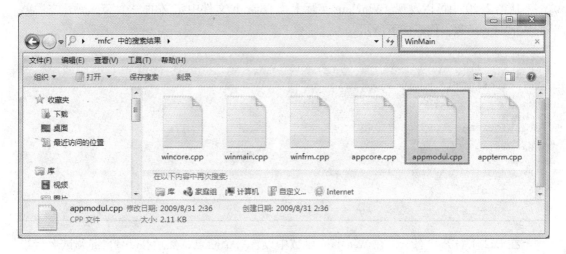

图 2.19 包含"WinMain"文字的搜索结果

WinMain 函数在 appmodul. cpp 这个文件中。在程序编译链接时，由链接器将该函数链接接到 Ex2_1 程序中的，代码如下所示：

```
19   extern "C" int WINAPI
20   _tWinMain(HINSTANCE hInstance, HINSTANCE hPrevInstance,
21     _In_ LPTSTR lpCmdLine, int nCmdShow)
22   #pragma warning(suppress: 4985)
23   {
24       // call shared/exported WinMain
25       return AfxWinMain(hInstance, hPrevInstance, lpCmdLine, nCmdShow);
26   }
```

在_tWinMain 单击鼠标右键，从弹出的快捷菜单中选择【转到定义（G）】菜单项，如图 2.20 所示。

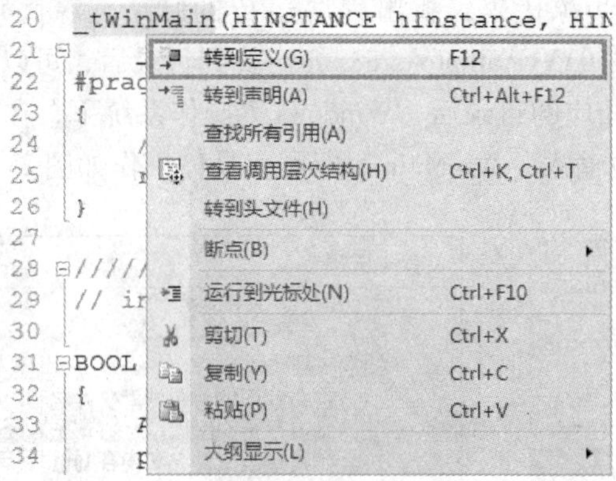

图 2.20　转到定义菜单项

从图 2.20 中可以发现 _tWinMain 实际上是 tchar.h 文件中定义的一个宏，展开之后就是 WinMain 函数，代码如下所示。

```
860  #define _tmain     main
861  #define _tWinMain     WinMain
862  #ifdef _POSIX_
863  #define _tenviron     environ
864  #else
865  #define _tenviron _environ
866  #endif
867  #define __targv     __argv
```

在 Ex2_1 打开状态下，在 WinMain 函数中设置一个断点，然后按下 F5 键调试运行当前程序。可以发现程序确实运行到该断点处停了下来，如图 2.21 所示。这说明 Ex2_1 这个 MFC 程序确实有 WinMain 函数，在程序编译链接时，WinMain 函数就成为该程序的一部分。

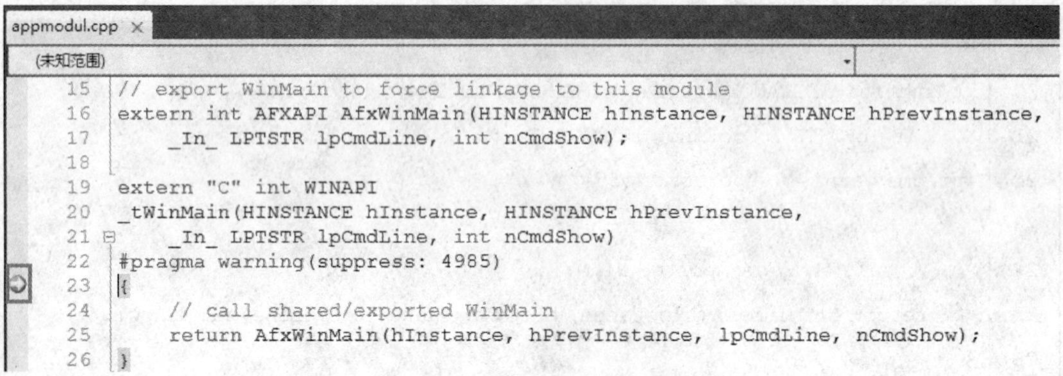

图 2.21　程序运行到 WinMain 断点处

### 2.2.2.1 theApp 全局对象

找到了 WinMain 函数，MFC 程序中的类是如何与其关联起来的呢？

双击类视图标签页中的 CEx2_1App 类，跳转到该类的定义文件（Ex2_1.h）中，可以发现 Cex2_1App 派生于 CwinAppEx 类，后者表示应用程序类，如下所示。

```
17   class Cex2_1App: public CwinAppEx
18   {
19   public:
20       Cex2_1App();
21
22
23   // 重写
24   public:
25       virtual BOOL InitInstance();
26       virtual int ExitInstance();
27
28   // 实现
29       UINT m_nAppLook;
30       BOOL m_bHiColorIcons;
31
32       virtual void PreLoadState();
33       virtual void LoadCustomState();
34       virtual void SaveCustomState();
35
36       afx_msg void OnAppAbout();
37       DECLARE_MESSAGE_MAP()
38   };
```

在类视图标签页中的 Cex2_1App 类上单击，下方出现类中变量及函数，如图 2.22 所示，双击该类的构造函数 Cex2_1App（），就跳转到该类的源文件（Ex2_1.cpp）中，如下所示。

图 2.22　类视图标签页

| 31 | // Cex2_1App 构造 |
|---|---|
| 32 | Cex2_1App::Cex2_1App() |
| 33 | { |
| 34 | 　　m_bHiColorIcons = TRUE; |
| 35 | 　　// 支持重新启动管理器 |
| 36 | 　　m_dwRestartManagerSupportFlags = AFX_RESTART_MANAGER_SUPPORT_ALL_ASPECTS; |
| 37 | #ifdef _MANAGED |
| 38 | 　　// 如果应用程序是利用公共语言运行时支持(/clr)构建的,则: |
| 39 | 　　// 　　1) 必须有此附加设置,"重新启动管理器"支持才能正常工作。 |
| 40 | 　　// 　　2) 在您的项目中,您必须按照生成顺序向 System.Windows.Forms 添加引用。 |
| 41 | 　　System::Windows::Forms::Application::SetUnhandledExceptionMode(System::Windows::Forms::UnhandledExceptionMode::ThrowException); |
| 42 | #endif |
| 43 | 　　// TODO: 将以下应用程序 ID 字符串替换为唯一的 ID 字符串;建议的字符串格式 |
| 44 | 　　//为 CompanyName.ProductName.SubProduct.VersionInformation |
| 45 | 　　SetAppID(_T("Ex2_1.AppID.NoVersion")); |
| 46 | 　　// TODO: 在此处添加构造代码, |
| 47 | 　　// 将所有重要的初始化放置在 InitInstance 中 |
| 48 | } |

在 Cex2_1App 类的构造函数处设置一个断点,然后调试运行 Ex2_1 程序,将发现程序首先停在 Cex2_1App 类的构造函数处,然后点击【调试 (D)】菜单下的【继续 (C)】菜单项,继续运行该程序。这时程序才进入 WinMain 函数,即停在先前 WinMain 函数中设置的断点处,如图 2.23 所示。

图 2.23　程序运行到 CEx2_1App 构造函数断点处

　　通常的理解当中，WinMain 函数就是程序的入口函数，也就是说，程序运行时首先应该调用的是 WinMain 函数。那么在这里为什么程序首先调用 CEx2_1App 类的构造函数呢？

　　在 CEx2_1App 类的源文件中，可以发现程序中定义了一个 CEx2_1App 类型的全局对象 theApp。在全局对象 theApp 处设置一个断点（如图 2.24 所示），然后调试运行 Ex2_1 程序，将发现程序执行的顺序依次是：theApp 全局对象定义处 CEx2_1App 构造函数，然后才是 WinMain 函数。

```
Ex2_1.cpp ×
(全局范围)
31     // CEx2_1App 构造
32   ⊟CEx2_1App::CEx2_1App()
33    {
34         m_bHiColorIcons = TRUE;
35         // 支持重新启动管理器
36         m_dwRestartManagerSupportFlags = AFX_RESTART_MANAGER_SUPPORT_ALL_ASPECTS;
37   ⊟#ifdef _MANAGED
38         // 如果应用程序是利用公共语言运行时支持(/clr)构建的，则：
39         //      1）必须有此附加设置，"重新启动管理器"支持才能正常工作。
40         //      2）在您的项目中，您必须按照生成顺序向 System.Windows.Forms 添加引用。
41         System::Windows::Forms::Application::SetUnhandledExceptionMode(System::Windows::Forms::
42    #endif
43   ⊟     // TODO: 将以下应用程序 ID 字符串替换为唯一的 ID 字符串；建议的字符串格式
44         //为 CompanyName.ProductName.SubProduct.VersionInformation
45         SetAppID( _T("Ex2_1.AppID.NoVersion"));
46         // TODO: 在此处添加构造代码，
47         // 将所有重要的初始化放置在 InitInstance 中
48    }
49   ⊟// 唯一的一个 CEx2_1App 对象
50     CEx2_1App theApp;
```

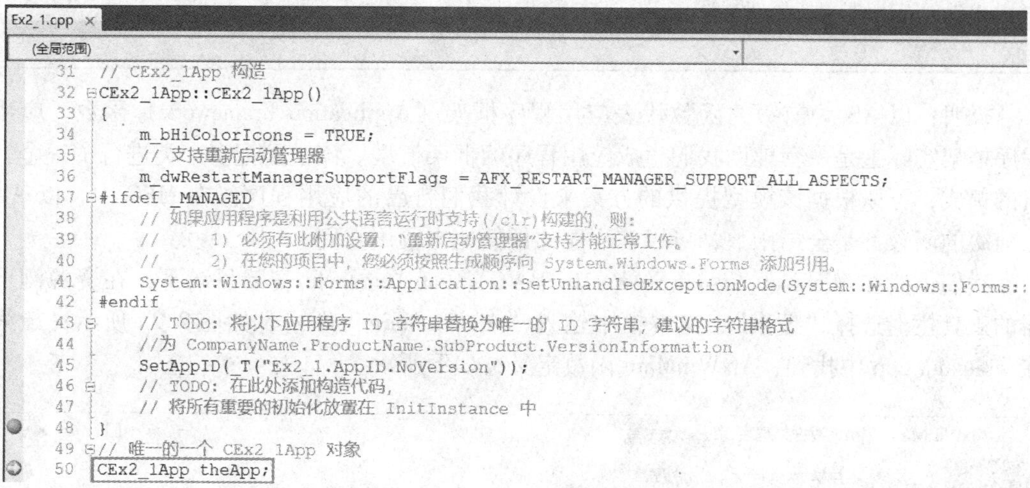

图 2.24　程序运行到全局对象 theApp 断点处

　　在学习 C++ 时说过，无论是全局变量还是全局对象，程序在运行时，在加载 main 函数之前，就已经为全局变量或全局对象分配了内存空间。对一个全局对象来说，此时就会调用该对象的构造函数，并进行初始化操作。这也就是为什么全局变量 theApp 的构造函数会在 WinMain 函数之前执行的原因。

　　那么，为什么要定义一个全局对象 theApp，让它在 WinMain 函数之前执行呢？该对象的作用是什么呢？

　　这是因为 Win32 应用程序的实例是由实例句柄（WinMain 函数的参数 hInstance）来标识的，而对 MFC 程序来说，是通过产生一个应用程序类的对象来唯一标识应用程序的实例。每个 MFC 程序有且仅有一个从应用程序类（CWinAppEx）派生的类（CEx2_1App），每一个 MFC 程序实例有且仅有一个该派生类的实例化对象，也就是 theApp 全局对象，该对象就表示了应用程序本身。

　　当一个子类在构造之前会先调用其父类的构造函数，因此 theApp 对象的构造函数 CEx2_1App 在调用之前，会调用其父类 CWinAppEx 的构造函数，从而就把我们程序自己创建的类与微软提供的基类关联起来了。CWinAppEx 的构造函数完成了程序运行时的一些初始化工作。

### 2.2.2.2　AfxWinMain 函数

　　当程序调用了 CWinAppEx 类的构造函数，并执行了 CEx2_1App 类的构造函数，且产生了 theApp 对象之后，接下来就进入 WinMain 函数。WinMain 函数实际上是通过调用

AfxWinMain 函数来完成它的功能的，如下所示。

```
19   extern "C" int WINAPI
20   _tWinMain (HINSTANCE hInstance, HINSTANCE hPrevInstance,
21       _In_ LPTSTR lpCmdLine, int nCmdShow)
22   #pragma warning (suppress: 4985)
23   {
24       // call shared/exported WinMain
25       return AfxWinMain (hInstance, hPrevInstance, lpCmdLine, nCmdShow);
26   }
```

说明：以 Afx 为前缀的函数代表应用程序框架（Application Framework）函数。应用程序框架实际上是一套辅助我们生成应用程序的框架模型。该模型把多个类进行了一个有机的集成，可以根据该模型提供的方案来设计我们自己的应用程序。在 MFC 中，以 Afx 为前缀的函数都是全局函数，可以在程序的任何地方调用它们。

我们仍然在 Microsoft Visual Studio 10.0\VC\atlmfc\src\mfc 安装目录下，在资源浏览器的工具栏上选择"搜索"，文本框中输入"AfxWinMain"即可，如图 2.25 所示；最终在 winmain.cpp 中找到，AfxWinMain 函数定义，如下所示。

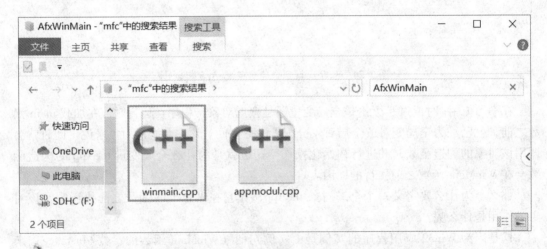

图 2.25　"AfxWinMain" 搜索结果

```
19   int AFXAPI AfxWinMain(HINSTANCE hInstance, HINSTANCE hPrevInstance,
20       _In_ LPTSTR lpCmdLine, int nCmdShow)
21   {
22       ASSERT(hPrevInstance == NULL);
23
24       int nReturnCode = -1;
25       CWinThread* pThread = AfxGetThread();
26       CWinApp*  pApp = AfxGetApp();     //①
27
28       // AFX internal initialization
29       if (! AfxWinInit(hInstance, hPrevInstance, lpCmdLine, nCmdShow))
```

```
30              goto InitFailure;
31
32          // App global initializations (rare)
33          if (pApp != NULL && !pApp -> InitApplication())  //②
34              goto InitFailure;
35
36          // Perform specific initializations
37          if (!pThread -> InitInstance())   //③
38          {
39              if (pThread -> m_pMainWnd != NULL)
40              {
41                  TRACE(traceAppMsg, 0, "Warning: Destroying non - NULL m_pMainWnd\n");
42                  pThread -> m_pMainWnd -> DestroyWindow();
43              }
44              nReturnCode = pThread -> ExitInstance();
45              goto InitFailure;
46          }
47          nReturnCode = pThread -> Run();   //④
48
49      InitFailure:
50      #ifdef _DEBUG
51          // Check for missing AfxLockTempMap calls
52          if (AfxGetModuleThreadState() -> m_nTempMapLock != 0)
53          {
54              TRACE(traceAppMsg, 0, "Warning: Temp map lock count non - zero (% ld).\n",
55                  AfxGetModuleThreadState() -> m_nTempMapLock);
56          }
57          AfxLockTempMaps();
58          AfxUnlockTempMaps(-1);
59      #endif
60
            AfxWinTerm();
            return nReturnCode;
        }
```

①中 AfxGetApp 函数返回的是在 CWinAppEx 构造函数中保存的 this 指针。对于 Ex2_1 程序来说，这个 this 指针实际上指向的是 CEx2_1App 的对象：theApp。也就是说，对于 Ex2_1 程序，pThread 和 pApp 所指向的都是 CEx2_1App 类的对象，即 theApp 全局对象。

pThread 和 pApp 调用了三个函数（②③④），这三个函数就完成了 Win32 程序所需要的几个步骤：设计窗口类、注册窗口类、生成窗口、显示窗口、更新窗口、消息循环，以及窗口过程函数。

pApp 首先调用 InitApplication 函数，该函数完成 MFC 内部管理方面的工作，接着调用 pThread 的 InitInstance 函数。在 Ex2_1 程序中可以发现，从 CWinAppEx 派生出来的应用程序类 CEx2_1App 也有一个 InitInstance 函数，其声明代码如下所示：

virtual BOOL InitInstance( );

从定义可以知道，InitInstance 函数是一个虚函数。根据类的多态性原理可以知道，AfxWinMain 函数实际上调用的是子类 CEx2_1App 的 InitInstance 函数，代码如下所示。

```
54   BOOL CEx2_1App::InitInstance()
55   {
56          // 如果一个运行在 Windows XP 上的应用程序清单指定要
57          // 使用 ComCtl32.dll 版本 6 或更高版本来启用可视化方式，
58          //则需要 InitCommonControlsEx()。否则，将无法创建窗口。
59       INITCOMMONCONTROLSEX InitCtrls;
60          InitCtrls.dwSize = sizeof(InitCtrls);
61          // 将它设置为包括所有要在应用程序中使用的公共控件类。
62
63       InitCtrls.dwICC = ICC_WIN95_CLASSES;
64       InitCommonControlsEx(&InitCtrls);
65       CWinAppEx::InitInstance();
66          // 初始化 OLE 库
67       if (! AfxOleInit())
68       {
69          AfxMessageBox(IDP_OLE_INIT_FAILED);
70          return FALSE;
71       }
72       AfxEnableControlContainer();
73       EnableTaskbarInteraction(FALSE);
74       // 使用 RichEdit 控件需要 AfxInitRichEdit2()
75       // AfxInitRichEdit2();
76          // 标准初始化
77          // 如果未使用这些功能并希望减小
78          // 最终可执行文件的大小，则应移除下列
79          // 不需要的特定初始化例程
80          // 更改用于存储设置的注册表项
81          // TODO: 应适当修改该字符串，
82          // 例如修改为公司或组织名
83       SetRegistryKey(_T("应用程序向导生成的本地应用程序"));
84       LoadStdProfileSettings(4); // 加载标准 INI 文件选项(包括 MRU)
85       InitContextMenuManager();
86       InitKeyboardManager();
87       InitTooltipManager();
88       CMFCToolTipInfo ttParams;
89       ttParams.m_bVislManagerTheme = TRUE;
90       theApp.GetTooltipManager() -> SetTooltipParams(AFX_TOOLTIP_ TYPE_ ALL,
             RUNTIME_ CLASS (CMFCToolTipCtrl), &ttParams);
91          // 注册应用程序的文档模板。文档模板
92          // 将用作文档、框架窗口和视图之间的连接
93       CSingleDocTemplate* pDocTemplate; //创建单文档模板类对象
```

```
94      pDocTemplate = new CSingleDocTemplate(
95          IDR_MAINFRAME,
96          RUNTIME_CLASS(CEx2_1Doc),    //CEx2_1Doc 是应用程序中的文档类
97          RUNTIME_CLASS(CMainFrame),        // CMainFrame 是应用程序中的框架窗口
98          RUNTIME_CLASS(CEx2_1View));   //CEx2_1View 是应用程序中的视图类
99      if (!pDocTemplate)
100         return FALSE;
101     AddDocTemplate(pDocTemplate);//加载文档类对象到应用程序中的视图类
102     // 分析标准 shell 命令、DDE、打开文件操作的命令行
103     CCommandLineInfo cmdInfo;
104     ParseCommandLine(cmdInfo);
105     // 调度在命令行中指定的命令。如果
106     // 用/RegServer、Register、/Unregserver 或/Unregister 启动应用程序,则返回 FALSE。
        if (!ProcessShellCommand(cmdInfo))
107         return FALSE;
108     // 唯一的一个窗口已初始化,因此显示它并对其进行更新
109     m_pMainWnd -> ShowWindow(SW_SHOW);
110     m_pMainWnd -> UpdateWindow();
111     // 仅当具有后缀时才调用 DragAcceptFiles
112     // 在 SDI 应用程序中,这应在 ProcessShellCommand 之后发生
113     return TRUE;
114  }
115
```

### 2.2.3 MFC 框架窗口

#### 2.2.3.1 设计和注册窗口

有了 WinMain 函数,根据创建 Win32 应用程序的步骤,接下来应该设计窗口类和注册窗口类了。

MFC 已经预定义了一些默认的标准窗口类,只须选择所需的窗口类,然后注册就可以了。窗口类的注册是由 AfxEndDeferRegisterClass 函数完成的,该函数的定义位于 wincore.cpp 文件中。

我们创建的这个 MFC 应用程序 Ex2_1,实际上有两个窗口。其中一个是 CMainFrame 类的对象所代表的应用程序框架窗口。该类有一个 PreCreateWindow 函数,在窗口产生之前被调用。该函数的默认实现代码如下所示:

```
153  BOOL CMainFrame::PreCreateWindow(CREATESTRUCT& cs)
154  {
155      if( !CFrameWndEx::PreCreateWindow(cs))
156         return FALSE;
157     // TODO: 在此处通过修改
158     // CREATESTRUCT cs 来修改窗口类或样式
159
160     return TRUE;
161  }
```

在 BOOL CMainFrame::PreCreateWindow（CREATESTRUCT& cs）函数中，首先调用
CFrameWndEx 的 PreCreateWindow 函数（位于 afxframewndex.cpp 中），代码如下所示：

```
407  BOOL CFrameWndEx::PreCreateWindow(CREATESTRUCT& cs)
408  {
409      m_dockManager.Create(this);
410      m_Impl.SetDockingManager(&m_dockManager);
411
412      m_Impl.RestorePosition(cs);
413      return CFrameWnd::PreCreateWindow(cs);
414  }
```

在 CFrameWndEx::PreCreateWindow（CREATESTRUCT& cs）函数中，又调用 CFrameWnd
的 PreCreateWindow 函数。CFrameWnd 的 PreCreateWindow 函数（位于 winfrm.cpp 中），代
码如下所示：

```
571  BOOL CFrameWnd::PreCreateWindow(CREATESTRUCT& cs)
572  {
573      if (cs.lpszClass == NULL)
574      {
575          VERIFY(AfxDeferRegisterClass(AFX_WNDFRAMEORVIEW_REG));
576          cs.lpszClass = _afxWndFrameOrView;  // COLOR_WINDOW background
577      }
578
579      if (cs.style & FWS_ADDTOTITLE)
580          cs.style |= FWS_PREFIXTITLE;
581
582      cs.dwExStyle |= WS_EX_CLIENTEDGE;
583
584      return TRUE;
585  }
```

在该函数中调用了 AfxDeferRegisterClass 函数，可以在 afximpl.h 文件中找到后者的定
义，定义代码如下所示：

```
240  #define AfxDeferRegisterClass(fClass) AfxEndDeferRegisterClass(fClass)
```

由其定义代码可以发现，AfxDeferRegisterClass 实际上是一个宏，真正指向的是
AfxEndDeferRegisterClass 函数。这个函数可完成注册窗口类的功能。AfxEndDeferRegister-
Class 函数首先判断窗口类的类型，然后赋予其相应的类名（wndcls.lpszClassName 变量），
这些类名都是 MFC 预定义的。之后就调用 AfxRegisterClass（位于 wincore.cpp 文件中）函
数注册窗口类。

### 2.2.3.2　生成窗口

根据创建 Win32 应用程序的步骤，设计窗口类并注册窗口类之后，应该是生成窗口
了。在 MFC 程序中，窗口的创建功能是由 CWnd 类的 CreateEx 函数实现的，该函数的声

明位于 afxwin. h 文件中，函数声明如下所示：

```
2330   // advanced creation (allows access to extended styles)
2331       virtual BOOL CreateEx(DWORD dwExStyle, LPCTSTR lpszClassName,
2332           LPCTSTR lpszWindowName, DWORD dwStyle,
2333           int x, int y, int nWidth, int nHeight,
2334           HWND hWndParent, HMENU nIDorHMenu, LPVOID lpParam = NULL);
```

其实现代码位于 wincore. cpp 文件中，具体如下所示：

```
683   BOOL CWnd::CreateEx(DWORD dwExStyle, LPCTSTR lpszClassName,
684       LPCTSTR lpszWindowName, DWORD dwStyle,
685       int x, int y, int nWidth, int nHeight,
686       HWND hWndParent, HMENU nIDorHMenu, LPVOID lpParam)
687   {
688       ASSERT(lpszClassName == NULL ‖ AfxIsValidString(lpszClassName) ‖
689           AfxIsValidAtom(lpszClassName));
690       ENSURE_ARG(lpszWindowName == NULL ‖
      AfxIsValidString(lpszWindowName));
691
692       // allow modification of several common create parameters
693       CREATESTRUCT cs;
694       cs.dwExStyle = dwExStyle;
695       cs.lpszClass = lpszClassName;
696       cs.lpszName = lpszWindowName;
697       cs.style = dwStyle;
698       cs.x = x;
699       cs.y = y;
700       cs.cx = nWidth;
701       cs.cy = nHeight;
702       cs.hwndParent = hWndParent;
703       cs.hMenu = nIDorHMenu;
704       cs.hInstance = AfxGetInstanceHandle();
705       cs.lpCreateParams = lpParam;
706
707       if (!PreCreateWindow(cs))
708       {
709           PostNcDestroy();
710           return FALSE;
711       }
712
713       AfxHookWindowCreate(this);
714       HWND hWnd = ::AfxCtxCreateWindowEx(cs.dwExStyle, cs.lpszClass,
715               cs.lpszName, cs.style, cs.x, cs.y, cs.cx, cs.cy,
716               cs.hwndParent, cs.hMenu, cs.hInstance, cs.lpCreateParams);
717
```

```
718  #ifdef _DEBUG
719      if (hWnd == NULL)
720      {
721          TRACE(traceAppMsg, 0, "Warning: Window creation failed:
722  GetLastError returns 0x% 8.8X\n",
723              GetLastError());
724      }
725  #endif
726
727      if (!AfxUnhookWindowCreate())
728          PostNcDestroy();          // cleanup if CreateWindowEx fails too
729  soon
730
731      if (hWnd == NULL)
732          return FALSE;
733      ASSERT(hWnd == m_hWnd); // should have been set in send msg hook
734      return TRUE;
     }
```

### 2.2.3.3　显示窗口和更新窗口

在 Ex2_1 程序的应用程序类（CEx2_1App）中，InitInstance（）函数有一个 m_pMainWnd 变量。该变量是一个 CWnd 类型的指针，保存了应用程序框架窗口对象的指针。也就是说，它是指向 CMainFrame 对象的指针。在 CEX2_1 类的 InitInstance 函数实现显示窗口和更新窗口，代码如下所示：

```
128  //唯一的一个窗口已初始化,因此显示它并对其进行更新
129  m_pMainWnd -> ShowWindow(SW_SHOW);  //显示应用程序框架窗口
130  m_pMainWnd -> UpdateWindow();  //更新窗口
```

这两行代码的功能是显示应用程序框架窗口和更新这个窗口。

## 2.2.4　消息循环

注册窗口类、生成窗口、显示和更新窗口的工作都已完成，就该进入消息循环。在 AfxWinMain 函数中，CWinThread 类的 pThread 指针调用 Run 函数就是完成消息循环这一任务的。该函数的调用形式如下所示：

```
19   int AFXAPI AfxWinMain(HINSTANCE hInstance, HINSTANCE hPrevInstance,
20     _In_ LPTSTR lpCmdLine, int nCmdShow)
21   {
22       ASSERT(hPrevInstance == NULL);
23
24       int nReturnCode = -1;
25       CWinThread* pThread = AfxGetThread();   //①
26       CWinApp* pApp = AfxGetApp();
27
```

```
28      // AFX internal initialization
29      if (!AfxWinInit(hInstance, hPrevInstance, lpCmdLine, nCmdShow))
30          goto InitFailure;
31
32      // App global initializations(rare)
33      if (pApp != NULL && !pApp -> InitApplication())   //②
34          goto InitFailure;
35
36      // Perform specific initializations
37      if (!pThread -> InitInstance())   //③
38      {
39          if (pThread -> m_pMainWnd != NULL)
40          {
41              TRACE(traceAppMsg, 0, "Warning: Destroying non - NULL m_pMainWnd\
n");
42              pThread -> m_ pMainWnd -> DestroyWindow();
43          }
44          nReturnCode = pThread -> ExitInstance();
45          goto InitFailure;
46      }
47      nReturnCode = pThread -> Run ();    //④
48
49  InitFailure:
50  #ifdef _ DEBUG
51      // Check for missing AfxLockTempMap calls
52      if (AfxGetModuleThreadState() -> m_ nTempMapLock != 0)
53      {
54          TRACE(traceAppMsg, 0, "Warning: Temp map lock count non - zero (% ld). \n",
55              AfxGetModuleThreadState() -> m_ nTempMapLock);
56      }
57      AfxLockTempMaps();
58      AfxUnlockTempMaps( - 1);
59  #endif
60
        AfxWinTerm();
        return nReturnCode;
}
```

CWinThread 类的 Run 函数的定义位于 thrdcore. cpp 文件中，代码如下所示：

```
603  // main running routine until thread exits
604  int CWinThread::Run()
605  {
606      ASSERT_VALID(this);
607      _AFX_THREAD_STATE* pState = AfxGetThreadState();
```

```
608
609        // for tracking the idle time state
610        BOOL bIdle  =  TRUE;
611        LONG lIdleCount  =  0;
612
613        // acquire and dispatch messages until a WM_QUIT message is received.
614        for (;;)
615        {
616            // phase1: check to see if we can do idle work
617            while (bIdle &&
618       !::PeekMessage(&(pState->m_msgCur), NULL, NULL, NULL, PM_NOREMOVE))
619            {
620                // call OnIdle while in bIdle state
621                if (!OnIdle(lIdleCount + +))
622                    bIdle = FALSE; // assume "no idle" state
623            }
624
625            // phase2: pump messages while available
626            do
627            {
628                // pump message, but quit on WM_QUIT
629                if (!PumpMessage())
630                    return ExitInstance();
631
632                // reset "no idle" state after pumping "normal" message
633                //if (IsIdleMessage(&m_msgCur))
634                if (IsIdleMessage(&(pState->m_msgCur)))
635                {
636                    bIdle = TRUE;
637                    lIdleCount  = 0;
638                }
639
640            } while (::PeekMessage(&(pState->m_msgCur), NULL, NULL, NULL,
641       PM_NOREMOVE));
642        }
643    }
```

　　该函数主要结构是一个 for 循环，在接收到一个 WM_QUIT 消息时退出。在此循环中还调用一个 PumpMessage 函数，该函数位于 thrdcore. cpp 中，部分代码如下所示：

```
895    // CWinThread implementation helpers
896
897    BOOL CWinThread::PumpMessage()
898    {
899        return AfxInternalPumpMessage();
900    }
```

该函数又调用一个 AfxInternalPumpMessage 函数，该函数位于 thrdcore. cpp 中，部分代码如下所示（其中 GetMessage 函数接收消息，TranslateMessage 函数用于将虚拟键消息转换为字符消息，DispatchMessage 函数分派一个消息到窗口过程，由窗口过程函数对消息进行处理）：

```
149  BOOL AFXAPI AfxInternalPumpMessage()
150  {
151      _AFX_THREAD_STATE * pState = AfxGetThreadState();
152
153      if (!::GetMessage(&(pState->m_msgCur), NULL, NULL, NULL))
154      {
155  #ifdef _DEBUG
156          TRACE(traceAppMsg, 1, "CWinThread::PumpMessage - Received WM_QUIT.\
     n");
157              pState->m_nDisablePumpCount + +; // application must die
158  #endif
159          // Note: prevents calling message loop things in 'ExitInstance'
160          // will never be decremented
161          return FALSE;
162      }
163
164  #ifdef _DEBUG
165    if (pState->m_nDisablePumpCount !=0)
166      {
167          TRACE(traceAppMsg, 0, "Error: CWinThread::PumpMessage called when not
     permitted.\n");
168          ASSERT(FALSE);
169      }
170  #endif
171
172  #ifdef _DEBUG
173    _AfxTraceMsg(_T("PumpMessage"), &(pState->m_msgCur));
174  #endif
175
176    // process this message
177
178    if (pState->m_msgCur.message != WM_KICKIDLE && !AfxPreTranslateMessage
     (&(pState->m_msgCur)))
179      {
180          ::TranslateMessage(&(pState->m_msgCur));
181          ::DispatchMessage(&(pState->m_msgCur));
182      }
183    return TRUE;
184  }
```

### 2.2.5 窗口过程函数

现在已经进入消息循环，那么 MFC 程序是否也把消息路由给一个窗口过程函数去处理呢？在注册窗口类时使用了 AfxEndDeferRegisterClass 函数，其中有 wndcls. lpfnWndProc = DefWindowProc；这行代码的作用就是设置窗口过程函数。这里指定的是默认的窗口过程：DefWindowProc。但实际上，MFC 程序并不是把所有消息都交给 DefWindowProc 这一默认窗口过程来处理，而是做了一种转换，采用了一种叫做消息映射的技术，由消息响应函数来处理各种消息。其实现代码位于 wincore. cpp 文件中，如下所示：

```
4829  BOOL AFXAPI AfxEndDeferRegisterClass(LONG fToRegister)
4830  {
4831     // mask off all classes that are already registered
4832     AFX_MODULE_STATE*  pModuleState = AfxGetModuleState();
4833     fToRegister &= ~pModuleState->m_fRegisteredClasses;
4834     if (fToRegister == 0)
4835        return TRUE;
4836
4837     LONG fRegisteredClasses = 0;
4838
4839     // common initialization
4840     WNDCLASS wndcls;
4841     memset(&wndcls, 0, sizeof(WNDCLASS));    // start with NULL defaults
4842     wndcls.lpfnWndProc = DefWindowProc;
4843     wndcls.hInstance = AfxGetInstanceHandle();
4844     wndcls.hCursor = afxData.hcurArrow;
```

MFC 程序的运行过程总结如下：

（1）首先利用全局应用程序对象 theApp 启动应用程序。正是由于产生了这个全局对象，基类 CWinAppEx 中的 this 指针才能指向这个对象。如果没有这个全局对象，程序在编译时不会出错，但在运行时就会出错。

（2）调用全局应用程序对象的构造函数，从而就会调用其基类 CWinAppEx 的构造函数。后者完成了应用程序的一些初始化工作，并将应用程序对象的指针保存起来。

（3）进入 WinMain 函数。在 AfxWinMain 函数中可以获得子类（对 Ex2_1 程序来说，就是 CEx2_1App 类）的指针，利用此指针调用虚函数：InitInstance 函数。根据多态性原理，实际上调用的是子类（CEx2_1App）的 InitInstance 函数。后者完成应用程序的一些初始化工作，包括窗口类的注册、生成、窗口的显示和更新。期间会多次调用 CreateEx 函数，因为一个单文档 MFC 应用程序有多个窗口，包括框架窗口、工具条、状态条等。

（4）进入消息循环。虽然也设置了默认的窗口过程函数，但是，MFC 应用程序实际上是采用消息循环映射处理机制来处理各种消息的。当收到 WM_QUIT 消息时，退出消息循环，程序结束。

### 2.2.6 文档/视图结构

创建的 MFC 程序除了主框架窗口外，还有一个窗口是视类窗口，对应的类是 CView

类。CView 类也派生于 CWnd 类。框架窗口是视类窗口的一个父窗口，它们之间的关系如图 2.26 所示。

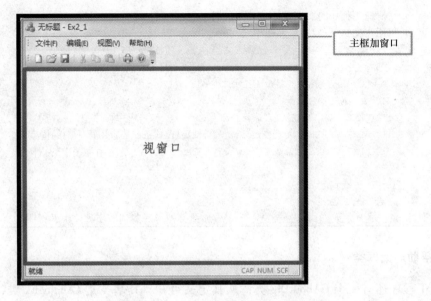

图 2.26　主框架窗口和视窗口之间的关系

视类窗口始终覆盖在框架类窗口之上。框架窗口就像一面墙，而视类窗口就像墙纸，它始终挡在这面墙的前面，你对这面墙的所有操作，其实都是在这面墙纸上进行的。同样的道理也适用于框架窗口和视窗口。也就是说，所有的操作，包括鼠标单击、鼠标移动等操作，都只能是由视类窗口捕获。

Ex2_1 程序中还有一个 CEx2_1Doc 类，如图 2.27 所示。它派生于 CDocument 类。其基类是 CCmdTarget，而它又派生于 CObject 类，从而，可以知道这个 CEx2_1Doc 类不是一个窗口类，而是一个文档类。

MFC 提供了一个文档/视（Document/View）结构，其中文档就是 CDocument 类，视就是指 CView 类。Microsoft 在设计基础类库时，考虑到要把数据本身与它的显示分离开，于是就采用文档类和视类结构来实现这一想法。数据的存储和加载由文档类来完成，数据的显示和修改则由视图来完成，从而把数据管理和显示方法分离开来。

在 CEx2_1App 类的 InitInstance 函数实现代码，可以看到其中定义了一个单文档模板对象指针 pDocTemplate 变量。该对象把文档对象、框架对象、视类对象有机地组织在一起，程序接着利用 AddDocTemplate 函数把这个单文档模板添加到文档模板中，从而把这三个类组织成一个整体，具体代码如下所示：

图 2.27　文档类

```
54  BOOL CEx2_1App::InitInstance()
55  {
    ......
98      // 注册应用程序的文档模板。文档模板
99      // 将用作文档、框架窗口和视图之间的连接
100     CSingleDocTemplate* pDocTemplate;  //创建单文档模板类对象
101
102     pDocTemplate = new CSingleDocTemplate(
103         IDR_MAINFRAME,
104         RUNTIME_CLASS(CEx2_1Doc), //CEx2_1Doc 是应用程序中的文档类
105         RUNTIME_CLASS(CMainFrame), // CMainFrame 是应用程序中的框架窗口
106         RUNTIME_CLASS(CEx2_1View)); //CEx2_1View 是应用程序中的视图类
107
108     if (!pDocTemplate)
109         return FALSE;
110     AddDocTemplate(pDocTemplate);//加载文档类对象到应用程序中的视图类
```

### 2.2.7　帮助对话框类

　　Ex2_1 程序还有一个 CAboutDlg 类，从其定义可知，其基类是 CDialogEx 类，CDialogEx 又间接派生于 CWnd 类。因此，CAboutDlg 类也是一个窗口类。其主要作用是为用户提供一些与程序有关的帮助消息，例如版本号等。该类是一个无关紧要的类，可有可无，其操作命令及运行结果如图 2.28 和图 2.29 所示。

图 2.28　打开帮助窗口类的操作　　　　　　　　　　图 2.29　帮助窗口

## 2.3　MFC 消息映射机制

　　Windows 应用程序是基于消息编程的。如果利用程序画一条直线，即在程序运行过程中，当单击鼠标左键时，可以获得一个点，即线条的起点。接着按住鼠标左键并拖动一段距离后松开鼠标，此时也可以获得一个点，即线条的终点。也就是说，我们会捕获两个消息，一个是鼠标左键按下消息（WM_LBUTTONDOWN），在该消息响应函数中可以获得将要绘制的线条的起点；另一个是鼠标左键弹起的消息（WM_LBUTTONUP），在该消息响应函数中可以获得将要绘制的线条的终点。有了这两个点，就可以绘制出一条线。

　　在 MFC 中，它不再使用消息循环代码以及在窗口过程函数中的 switch 结构来处理 Win32 的消息，而是使用独特的消息映射机制。所谓消息映射（Message Map）机制，就是将 MFC 类中的消息与消息处理函数一一对应起来的机制。在 MFC 中，任何一个从类

CCmdTarget（MFC 消息映射体系的一个基类）派生的类，理论上均可处理消息，且都有相应的消息映射函数。

### 2.3.1 MFC 类向导

为了给视类添加鼠标左键按下消息的响应，在 VC++ 中可以利用 MFC 类向导工具来实现给类添加消息响应的方法。

MFC 类向导是 Visual C++ 中一个很重要的组成部分。它可以帮助我们创建一个新类、为已有类添加成员变量、添加消息和命令的响应函数以及虚函数的重写等，从而简化编程过程。

在 Visual C++ 开发环境界面中，打开【项目】菜单，选择【类向导（Z）】菜单项命令，如图 2.30 所示；这时会弹出 MFC 类向导对话框，如图 2.31 所示。

图 2.30　类向导菜单项

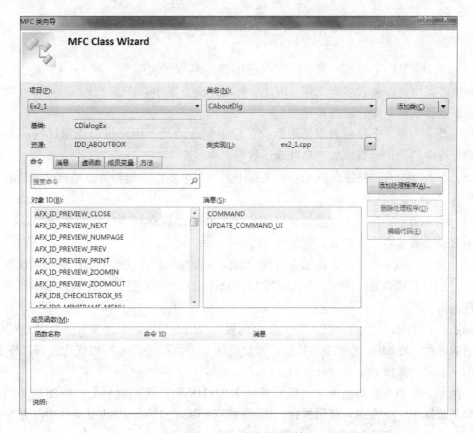

图 2.31　MFC 类向导对话框

### 2.3.1.1 消息选项卡

消息选项卡的界面如图2.32所示，可以通过此选项卡处理消息映射，为消息添加或删除处理函数，查看已被处理的消息并定位消息处理函数代码。

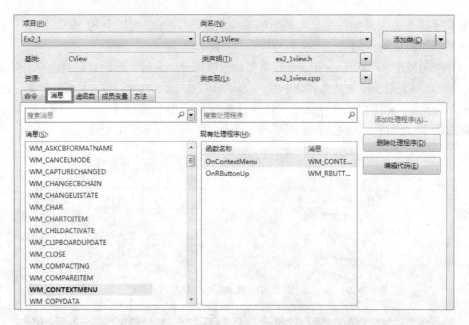

图2.32 消息选项卡

（1）项目（P）下拉列表框给出了当前工程的名称。实际上，对VC++来说，一个项目解决方案中可以包含多个工程，因此，如果解决方案中有许多个工程，可以在项目下拉列表框选择当前需要处理的工程。

（2）类名（N）下拉列表框显示当前工程中包含的类，用户可以选择任何一个存在于当前工程中的类，为其添加消息处理函数等。

（3）添加类（C）按钮允许用户在工程中添加一个新类。新类可以是自己创建的，也可以从ActiveX库中选取。

（4）添加处理程序（A）按钮允许用户向现有处理程序列表框中添加一个新的消息处理函数或重载基类的虚函数。

（5）删除处理程序（D）按钮允许用户删除现有处理程序列表框中所选中的函数。

（6）编辑代码（E）按钮打开编辑窗口，允许用户对现有处理程序列表框中所选中的项进行编辑。

例如，利用MFC类向导给工程Ex2_1的视类CEx2_1View添加WM_LBUTTONDOWN消息响应函数，在MFC类向导对话框的消息选项卡上按照①→⑥顺序依次进行如图2.33中所示一系列的操作。

通过①→⑥的一系列操作，实现了WM_LBUTTONDOWN消息映射，并提供了相应消息处理函数框架。单击编辑代码按钮，即可跳转到CEx2_1View类的源文件中，并定位于OnLButtonDown函数定义的代码处，添加相应代码，如下所示：

```
void CEx2_1View::OnLButtonDown(UINT nFlags, CPoint point)
{
    // TODO: 在此添加消息处理程序代码和/或调用默认值
    AfxMessageBox(_T("科大测绘,中国测绘!"));
    CView::OnLButtonDown(nFlags, point);
}
```

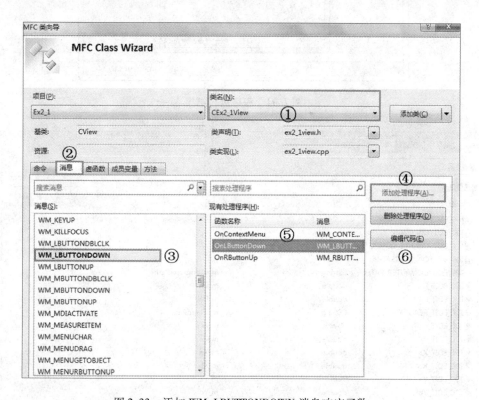

图 2.33　添加 WM_LBUTTONDOWN 消息响应函数

其中 AfxMessageBox 是 MFC 中显示消息框的函数，是一个全局函数。_T 是为了让字符串同时支持 Unicode 字符集和多字节字符集环境。程序运行效果如图 2.34 所示。

### 2.3.1.2　成员变量选项卡

单击 MFC 类向导对话框上的成员变量选项卡，如图 2.35 所示。通过此选项卡，可以添加或删除与对话框上的控件相关联的成员变量，以便程序利用这些成员变量与对话框上的控件进行信息交换。

（1）控件 ID 显示对话框中控件的 ID 号；类型项表示成员变量的类型；成员项表示成员变量的名字。

（2）添加变量按钮，用于给选定的控件添加成员变量。

（3）删除变量按钮，用于删除选定的控件的成员变量。

### 2.3.1.3　方法选项卡

单击 MFC 类向导对话框上的方法选项卡，如图 2.36 所示。通过此选项卡，可以添加

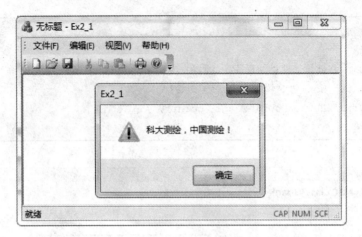

图 2.34 程序运行结果

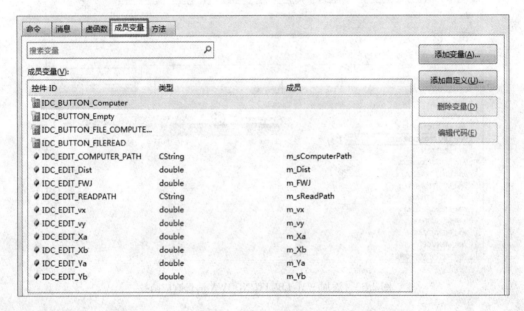

图 2.35 成员变量选项卡

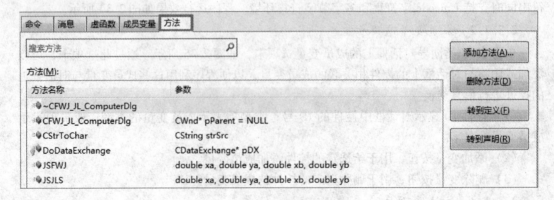

图 2.36 方法选项卡

自定义方法，删除现有方法。

（1）添加方法按钮常用于添加自定义函数。

（2）删除方法按钮用于删除现有方法列表框中的方法。

### 2.3.2 消息映射机制

#### 2.3.2.1 映射机制

在 Ex2_1 工程的源程序，将会发现利用 MFC 类向导为视类增加了一个鼠标左键，按下这一消息响应函数之后，在源文件中会增加三处代码。

（1）消息响应函数原型。在 CEx2_1View 类的头文件中，有如图 2.37 所示代码。

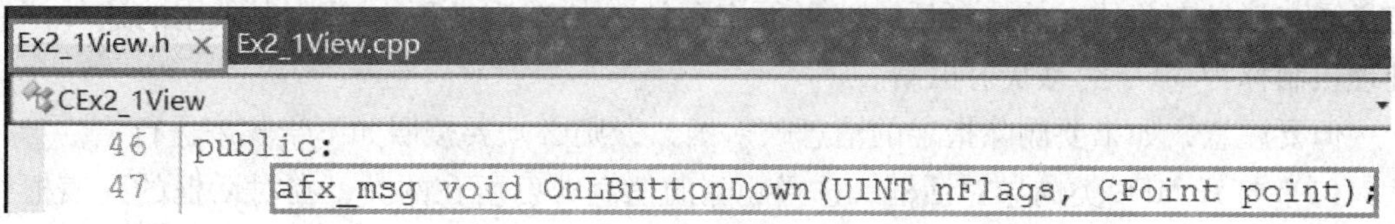

```
Ex2_1View.h ×    Ex2_1View.cpp
CEx2_1View
    46    public:
    47        afx_msg void OnLButtonDown(UINT nFlags, CPoint point);
```

图 2.37　CEx2_1View 类的头文件新增内容

（2）ON_WM_LBUTTONDOWN 消息映射宏。在 CEx2_1View 类的源文件中，有如图 2.38 所示代码。

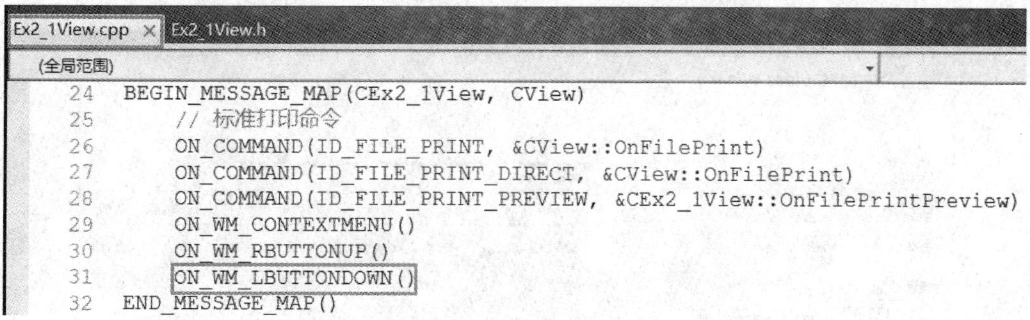

```
Ex2_1View.cpp ×    Ex2_1View.h
(全局范围)
    24    BEGIN_MESSAGE_MAP(CEx2_1View, CView)
    25        // 标准打印命令
    26        ON_COMMAND(ID_FILE_PRINT, &CView::OnFilePrint)
    27        ON_COMMAND(ID_FILE_PRINT_DIRECT, &CView::OnFilePrint)
    28        ON_COMMAND(ID_FILE_PRINT_PREVIEW, &CEx2_1View::OnFilePrintPreview)
    29        ON_WM_CONTEXTMENU()
    30        ON_WM_RBUTTONUP()
    31        ON_WM_LBUTTONDOWN()
    32    END_MESSAGE_MAP()
```

图 2.38　CEx2_1View 类的源文件中新增的宏

在代码中，BEGIN_MESSAGE_MAP 和 END_MESSAGE_MAP 这两个宏之间定义了 CEx2_1View 类的消息映射表，其中有一个 ON_WM_LBUTTONDOWN 的消息映射宏，作用是把鼠标左键按下消息（WM_LBUTTONDOWN）与一个消息响应函数关联起来。通过这种机制，一旦有消息产生，程序就会调用相应的消息响应函数来进行处理。

（3）消息响应函数的定义。在 CEx2_1View 类的源文件中，可以看到 OnLButtonDown 函数的定义，如图 2.39 所示。

可以看到一个 MFC 消息响应函数在程序中有三处相关消息：函数原型声明、函数实现以及用来关联消息和消息响应函数的宏。其中，头文件中是消息响应函数原型的声明；源文件中有两处：一处是在两个 BEGIN_MESSAGE_MAP 与 END_MESSAGE_MAP（）之间的消息映射宏，另一处是源文件中的消息响应函数的实现代码。在 MFC 程序中，只要

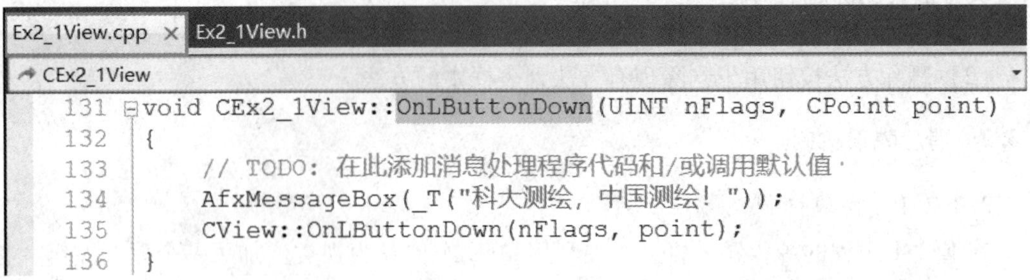

```
Ex2_1View.cpp  ×   Ex2_1View.h
CEx2_1View
131  □void CEx2_1View::OnLButtonDown(UINT nFlags, CPoint point)
132   {
133        // TODO: 在此添加消息处理程序代码和/或调用默认值·
134        AfxMessageBox(_T("科大测绘，中国测绘！"));
135        CView::OnLButtonDown(nFlags, point);
136   }
```

图 2.39　CEx2_1View 类的源文件中新增的函数定义

定义了与消息有关的三处信息后，就可以实现消息的响应处理。MFC 中采用的这种消息处理机制称为 MFC 消息映射机制。

但要注意，如果要删除指定的消息映射函数，则必须要按照如下步骤来进行：

（1）打开 MFC 类向导对话框，选择删除的消息映射所在的类，在对话框的列表框中选定要删除的消息映射函数。

（2）单击删除处理程序按钮，关闭 MFC 类向导对话框。

（3）在该消息映射函数所在类的实现文件 .cpp 中，将该消息映射函数的定义部分全部删除。通过鼠标选中删除的代码部分，按键盘上的 Delete 键即可完成删除，如图 2.40 所示。

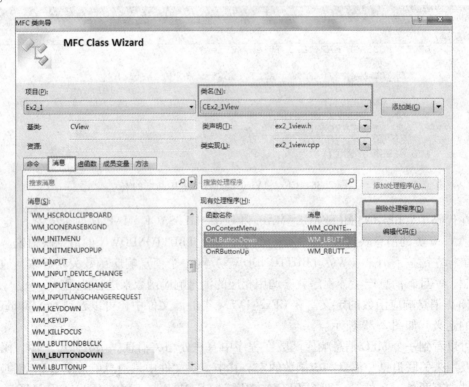

图 2.40　删除处理程序

2.3.2.2 MFC 消息分类

MFC 把消息主要分成三种。

（1）窗口消息。窗口消息用于窗口的内部运作，可用于一般窗口，也可以是对话框、控件等，因为对话框和控件也是窗口。该类消息通常以 WM_作为其 ID 前缀（不包括 WM_COMMAND），主要包括鼠标消息和键盘消息等，例如 WM_CHAR，WM_LBUTTONDOWN 等。窗口消息一般由窗口类对象或视图类对象来处理，MFC 为这些消息中的绝大部分提供了缺省的操作。

（2）控件通知消息。对控件进行操作时所引发的消息，是由控件和子窗口发送到其父窗口的 WM_COMMAND 通知消息。例如，只要编辑控件中的当前内容被改变，编辑控件就会发送一个包含该控件通知码 EN_CHANGE 的 WM_COMMAND 通知消息到其父窗口。

（3）命令消息。命令消息用于处理用户请求。命令按钮是由菜单、按钮（包括工具栏）和快捷键等应用程序界面对象发送的 WM_COMMAND 通知消息。命令消息能被多种对象处理，包括文档、文档模板、窗口、视图和应用程序本身等对象。

消息发送和处理的一般过程为：消息发送→消息映射→消息处理。

（1）消息发送可以由 Windows 系统发送，也可以由控件通知或菜单（命令）发送。

（2）消息映射就是建立消息 ID 和消息处理函数之间的链接。

（3）消息处理就是调用消息处理函数对发送的消息进行处理。

MFC 消息映射机制的具体实现方法是：

在每个能接收和处理消息的类中，定义一个消息和消息函数静态对照表，即消息映射表。在消息映射表中，消息与对应的消息处理函数指针是成对出现的。某个类能处理的所有消息及其对应的消息处理函数的地址，都列在这个类所对应的静态表中。当有消息需要处理时，程序只要搜索该消息静态表，查看表中是否含有该消息，就可知道该类能否处理此消息。如果能处理该消息，则同样依照静态表，很容易找到并调用对应的消息处理函数。

# 2.4 程序调试

Visual C++开发工具之所以广受欢迎，与其强大的调试功能密不可分。调试技术是捕捉程序 bug 的强大武器。最基本的调试方法就是在某行设个断点，然后按 F5 键启动调试，Visual C++就会在断点那一行停下来，开发者就可以查看此处变量的值，确定其值是否为预期值。

要在某行设断点，可在某行前面空白处用鼠标单击，然后出现一个红色的圆圈，如图 2.41 所示（图左方框）。

设了断点后，就可以在程序调试执行中，在断点行停下来。启动调试执行，按 F5 键或单击【调试】菜单中的【启动调试】菜单项，就可以在设置的端点处停下来；程序停下来，就可以查看现场变量的值。查看调试运行过程中变量的值叫监视，单击【调试】菜单下的【窗口】下的【监视】下的【监视 1】来打开监视窗口，如图 2.42 所示；然后在监视窗口的名称一列中输入变量名，如图 2.43 所示，可以查询相关变量。

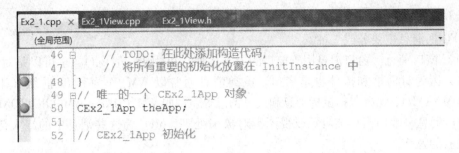

```
Ex2_1.cpp  ×   Ex2_1View.cpp      Ex2_1View.h
(全局范围)
46 ⊟      // TODO: 在此处添加构造代码,
47        // 将所有重要的初始化放置在 InitInstance 中
48 |}
49 ⊟// 唯一的一个 CEx2_1App 对象
50 |CEx2_1App theApp;
51 |
52 |// CEx2_1App 初始化
```

图 2.41　设置断点

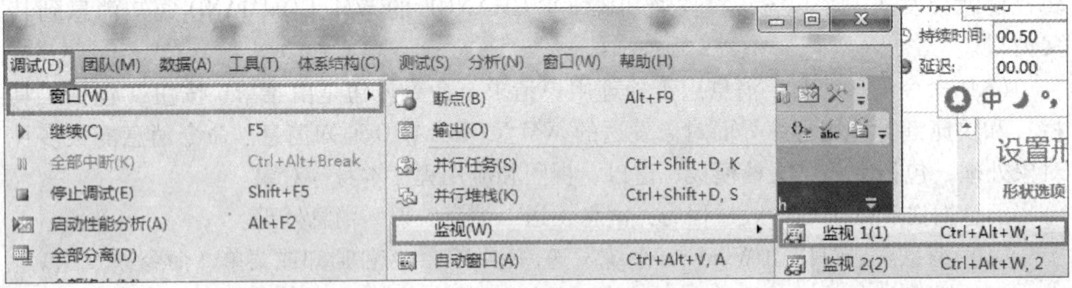

图 2.42　打开监视窗口菜单项

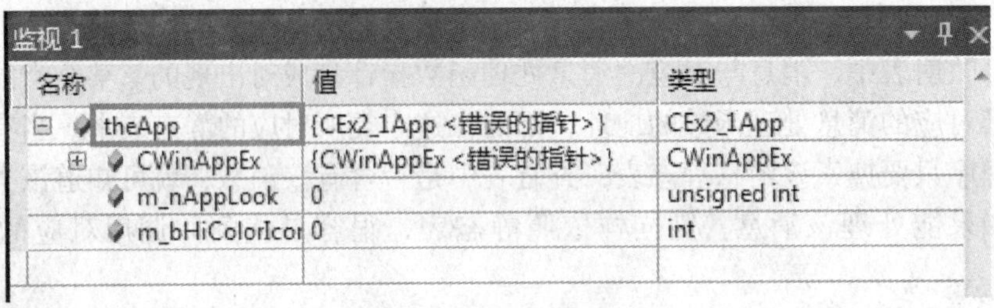

| 监视 1 | | |
| --- | --- | --- |
| 名称 | 值 | 类型 |
| ⊟ ● theApp | {CEx2_1App <错误的指针>} | CEx2_1App |
| ⊞ ● CWinAppEx | {CWinAppEx <错误的指针>} | CWinAppEx |
| ● m_nAppLook | 0 | unsigned int |
| ● m_bHiColorIcor | 0 | int |

图 2.43　查询变量

按 F10 键或单击【调试】菜单下的【逐过程】使得程序向前走一步,停在下一个代码行,此时需要监视的值发生了变化,如图 2.44 所示。其值可以和我们预期的理论值进行比较,如果不对,可以修改程序重新运行。

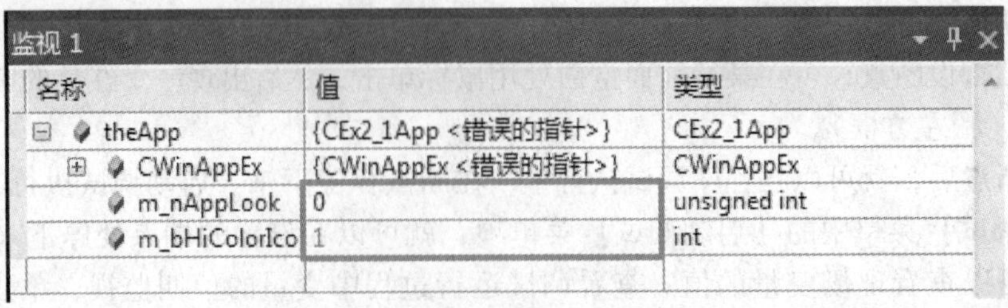

| 监视 1 | | |
| --- | --- | --- |
| 名称 | 值 | 类型 |
| ⊟ ● theApp | {CEx2_1App <错误的指针>} | CEx2_1App |
| ⊞ ● CWinAppEx | {CWinAppEx <错误的指针>} | CWinAppEx |
| ● m_nAppLook | 0 | unsigned int |
| ● m_bHiColorIco | 1 | int |

图 2.44　查询变量变化值

　　在【调试】菜单下提供了【逐语句（F11）】和【逐过程（F10）】两个菜单项，如图2.45所示，这两种方式都叫单步执行。对于某行只有语句来说，逐过程和逐语句是一样的效果，都是执行该语句。如果某行有函数，逐过程不会进到函数内部中去，只会执行到函数行的下一代码行，并可以看到函数返回的结果；而逐语句指的是碰到函数的时候，会进入函数内部单步执行。

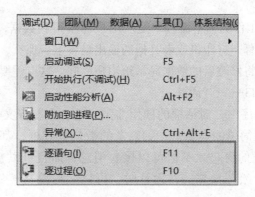

图2.45　逐语句和逐过程菜单项

# 3 对 话 框

Windows 应用程序工作的基本流程，是从用户那里得到数据，经过相应的处理之后，再把处理结果输出到屏幕、打印机或者其他的输出设备上。那么，应用程序是如何从用户那里得到数据，并且再将修改后的数据显示给用户的呢？这就需要用到 Windows 应用程序中一个很重要的用户接口——对话框。

在 Windows 应用程序中，对话框的使用非常广泛，在打开文件、查询以及其他数据交换时都会用到。从最简单的消息框，到复杂的数据处理框，都可以用对话框来完成。对话框其实是一个真正的窗口，不但可以接收消息，而且可以被移动、关闭，甚至可以在它的客户区中进行绘图操作。在设计时，可以把控件直接放到对话框上以实现各种操作。

对话框本身是一个弹出式窗口，其作用是提供显示相关信息、接收用户的输入数据及某些按钮响应。从外观上看，对话框不像普通窗口那样带有常规的菜单栏、工具栏、文档窗口和状态栏。一个对话框通常是由灰色背景构成，上面嵌入若干控件来响应用户的某些操作，如图 3.1 所示。

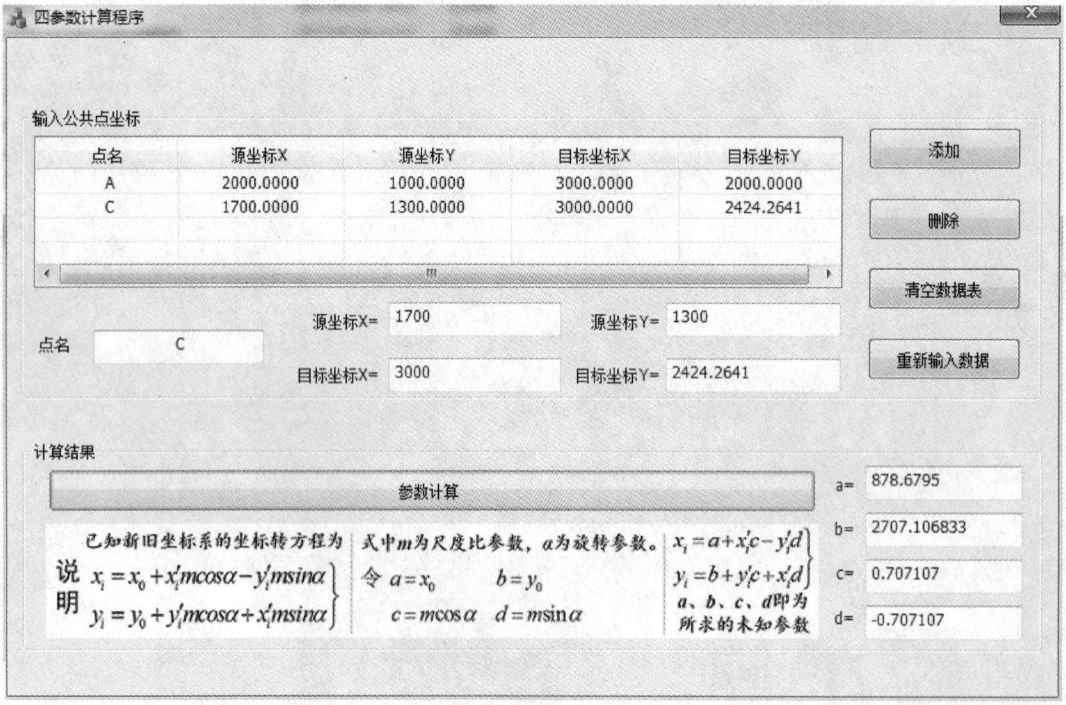

四参数计算程序

输入公共点坐标

| 点名 | 源坐标X | 源坐标Y | 目标坐标X | 目标坐标Y |
| --- | --- | --- | --- | --- |
| A | 2000.0000 | 1000.0000 | 3000.0000 | 2000.0000 |
| C | 1700.0000 | 1300.0000 | 3000.0000 | 2424.2641 |

添加　删除　清空数据表　重新输入数据

点名　C
源坐标X= 1700　源坐标Y= 1300
目标坐标X= 3000　目标坐标Y= 2424.2641

计算结果

参数计算

a= 878.6795
b= 2707.106833
c= 0.707107
d= -0.707107

说明 已知新旧坐标系的坐标转方程为

$$\left.\begin{array}{l} x_i = x_0 + x_i' m\cos\alpha - y_i' m\sin\alpha \\ y_i = y_0 + y_i' m\cos\alpha + x_i' m\sin\alpha \end{array}\right\}$$

式中 $m$ 为尺度比参数，$\alpha$ 为旋转参数。

令 $a = x_0$　$b = y_0$
$c = m\cos\alpha$　$d = m\sin\alpha$

$$\left.\begin{array}{l} x_i = a + x_i' c - y_i' d \\ y_i = b + y_i' c + x_i' d \end{array}\right\}$$

$a$、$b$、$c$、$d$ 即为所求的未知参数

图 3.1 对话框举例

# 3.1 理解对话框

对话框通常是由对话框模板和对话框类组成。对话框模板是用来定义对话框的特性（如对话框的大小、位置和风格等）以及对话框控件的位置和类型；对话框类用来对对话框资源进行管理，提供编程接口。

A 创建对话框的步骤

第一步，创建对话框资源，主要包括创建新的对话框模板、设置对话框属性和为对话框添加各种控件；

第二步，生成对话框类，主要包括新建对话框类、添加控件变量和控件的消息处理函数等；

第三步，创建对话框对象并显示对话框。

用户在程序中创建的对话框类，一般都是 CDialogEx 类的派生类。CDialogEx 类是程序中所有新建对话框类的基类。CDialogEx 类是从 CDialog 类中派生出来的。CDialog 类的常用函数如表 3.1 所示，而 CDialog 又是从 CWnd 类派生出来的，继承了 CWnd 类的成员函数，具有 CWnd 类的基本功能。

**表 3.1 CDialog 类的常用函数**

| 成 员 函 数 | 函 数 功 能 |
|---|---|
| CDialog::CDialog() | 调用派生类构造函数,根据对话框资源模板定义一个对话框 |
| CDialog::DoModal() | 创建模态对话框,显示对话框窗口 |
| CDialog::Create() | 根据对话框资源模板创建非模态对话框窗口 |
| CDialog::OnOk() | 单击 Ok 按钮调用该函数,接受对话框输入的数据,关闭对话框 |
| CDialog::OnCancel() | 单击 Cancel 按钮或 ESC 按钮调用该函数,不接受对话框输入的数据,关闭对话框 |
| CDialog::OnInitDialog() | WM_INITDIALOG 的消息处理函数,在调用 DoModal() 或 Create() 函数时发送 WM_INITDIALOG 消息,在显示对话框前调用该函数进行初始化工作 |
| CDialog::EndDialog() | 关闭模态对话框窗口 |
| CDialog::ShowDialog() | 显示或隐藏对话框窗口 |
| CDialog::DestroyWindow() | 关闭非模态对话框窗口 |
| CDialog::UpdateData() | 通过调用 DoDataExchange() 设置或获取对话框控件的数据 |
| CDialog::DoDataExchange() | 被 UpdateData() 调用以实现对话框数据交换 |
| CDialog::GetWindowText() | 获取对话框窗口的标题 |
| CDialog::SetWindowText() | 设置对话框窗口的标题 |
| CDialog::GetDlgItemText() | 获取对话框中控件的文本 |
| CDialog::SetDlgItemText() | 设置对话框中控件的文本 |
| CDialog::GetDlgItem() | 获取控件或子窗口的指针 |
| CDialog::MoveWindow() | 移动对话框窗口 |
| CDialog::EnableWindow() | 禁用对话框窗口 |

B　对话框的种类

对话框有两类：模态（Modal）对话框和非模态（Modeless）对话框。

（1）模态对话框。模态对话框是指当其显示时，程序会暂停执行，直到关闭这个模态对话框后，才能继续执行程序中其他任务。模态对话框垄断了用户的输入，当一个模态对话框打开时，用户只能与该对话框进行交互，而其他用户界面对象接收不到输入信息，即模态对话框要求用户做出某种选择。模态对话框使用 CDialog::DoModal 函数来创建，DoModal 函数会启动一个模态对话框自己的消息循环，这也是模态对话框要关闭后才能使用程序其他窗口的原因。DoModal 函数在对话框关闭后才返回。

（2）非模态对话框。非模态对话框显示时，允许转而执行其他任务，而不用关闭这个对话框，类似于 Word 里的查找和替换对话框。非模态对话框使用 CDialog::Create 函数实现，由于 Create 函数不会启动新的消息循环，对话框与应用程序共用一个消息循环，因此就不会独占用户输入。

# 3.2　理　解　控　件

A　控件介绍

对话框可以看成是一个大容器，在它上面能够放置各种各样的标准控件和扩展控件，控件是嵌入在对话框或其他窗口中的一个特殊的小窗口，是实现用户各种操作响应的主要工具。对话框通过控件与用户进行交互，使程序支持用户输入的手段更加丰富。

在 MFC 中，每一种控件都有对应的类来实现，例如按钮控件由类 CButton 实现，编辑框控件由类 CEdit 实现，日期控件由类 CDateTimeCtrl 实现。所有的控件类也都是由 CWnd 类派生来的，因此，控件实际上也是窗口，所有控件都可以使用窗口类 CWnd 中的方法。所以，控件通常作为对话框的子窗口而创建。另外，控件也可以出现在视类窗口、工具栏和状态条中。

B　常用控件介绍

Windows 提供的控件按照其操作效果和特征，主要分为标准控件和公共控件两类：

（1）标准控件也就是常用控件，包括静态文本框控件、按钮、编辑框、列表框、组合框和滚动条等，可满足程序界面设计。

（2）公共控件包括滑动条、进展条、列表视图控件、树视图控件、标签控件和日期时间控件等，可实现应用程序用户界面设计风格的多样化。

单击【视图】菜单，选择【工具箱】菜单项，如图 3.2 所示；调出【工具箱】窗口中的【对话框编辑器】，如图 3.3 所示，用户能够从【工具箱】窗口中选择所需的控件将其通过拖拽的方式添加到对话框上。

C　常用控件及其对应的控件类

MFC 的控件类封装了控件的功能，表 3.2 中列出了一些常用的控件及其对应的控件类。

上述 MFC 控件类都是从窗口类派生的，继承了 CWnd 窗口类的成员函数，具有窗口的一般功能和通用属性。用户可以使用窗口类的成员函数 ShowWindow、MoveWindow 和 EnableWindow 等窗口管理函数进行管理，实现控件的显示、隐藏、禁用、移动位置等操作；还可以利用其他相关成员函数，来设置控件的大小和风格。

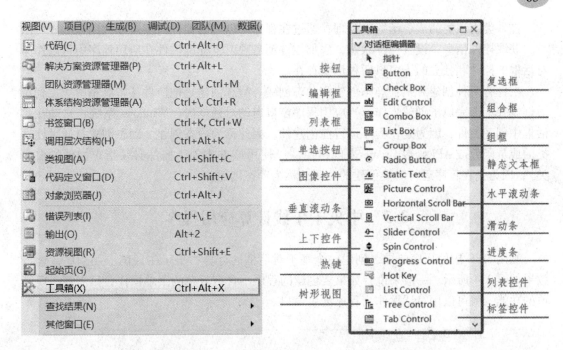

图 3.2 【工具箱】菜单项          图 3.3 工具箱

**表 3.2 常用控件及其对应的控件类**

| 控 件 | 功 能 | 对应控件类 |
|---|---|---|
| 静态文本框<br>（Static Text） | 显示文本，一般不能接受输入信息 | CStatic |
| 图像控件<br>（Picture Control） | 显示位图、图标、方框和图元文件，一般不能接受输入信息 | CStatic |
| 编辑框<br>（Edit Control） | 输入并编辑正文，支持单行和多行编辑 | CEdit |
| 按钮<br>（Button） | 响应用户的输入，触发相应的事件 | CButton |
| 复选框<br>（Check Box） | 用作选择标记，可以有选中、未选中和不确定三种状态 | CButton |
| 单选按钮<br>（Radio Button） | 用来从两个或多个选项中选中一项 | CButton |
| 组框<br>（Group Box） | 显示正文和方框，主要用来将相关的一些控件（用于共同的目的）组织在一起 | CStatic |
| 列表框<br>（List Box） | 显示一个列表，用户可以从该列表中选择一项或多项 | CListBox |
| 组合框<br>（Combo Box） | 是一个编辑框和一个列表框的组合，分为简易式、下拉式和下拉列表式 | CComboBox |
| 滚动条<br>（Stroll Bar） | 主要用来从一个预定义范围值中迅速而有效地选择一个整数值 | CScrollBar |

控件类由该类的成员函数来管理，通过在程序中创建的控件对象可以调用这些成员函数，获取控件信息，设置控件状态，添加控件消息映射。标准控件在应用程序中可以作为对话框的控件和独立的子窗口两种形式存在。

控件有两种创建方式：静态创建和动态创建。静态创建是把控件从工具箱中拖拉到对话框模板上即完成了创建工作。当应用程序窗口启动对话框时，Windows 系统将自动在对话框中创建控件，因为是在程序运行前创建的，因此称为静态创建。动态创建是通过控件类的成员函数或 API 函数 Create 来创建控件（使用该方式创建控件必须指定控件的窗口类），因为是在程序运行时候创建的，因此称为动态创建。

## 3.3    中央子午线计算应用程序

利用 MFC 应用程序向导，创建一个基于对话框的计算中央子午线的应用程序，运行效果如图 3.4 所示。一般来说，如果要创建的程序不含有复杂的菜单操作，只需要实现简单的功能，就可以用对话框作为程序的主窗口。

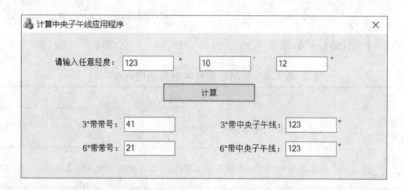

图 3.4    中央子午线计算应用程序运行效果

### 3.3.1    理论基础

大地坐标系和空间三维直角坐标系一般适用于少数高级控制点的定位，或作为点位的初始观测值；而对于地形图的测绘和工程测量中确定大量地面点位来说，是不直观和不方便的。这就需要采用地图投影的方法，将地球表面点位化算到平面上。由椭球面变换为平面的地图投影方法一般采用高斯－克吕格投影（简称高斯投影），高斯投影的方法首先是将地球按经线划分成带，称为投影带，如图 3.5 所示。根据投影的经度范围与中央子午线的位置不同，可分为下列 2 种：

（1）统一 6°带高斯投影。投影带从格林尼治子午线（经度为 0°）起，每隔经度 6°划分为一带（称统一 6°带），自西向东将整个地球划分为 60 个带。带号从首子午线开始，用阿拉伯数字表示。位于各带中央的子午线称本带中央子午线，第一个 6°带中央子午线的经度为 3°。已知任意点经度 $L$，计算所在 6°带的带号公式为

$$N = \text{Int}\left[(L+3) \div 6 + 0.5\right] \quad (\text{Int 为取整函数})$$

其中，带号 $N$ 与中央子午线经度 $L_0$ 的关系为 $L_0 = 6N - 3$。

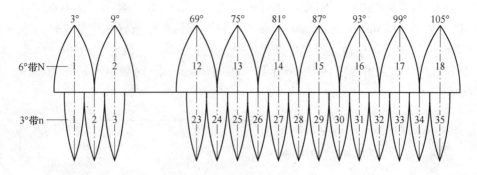

图 3.5　中央子午线及带号

（2）统一 3°带高斯投影。在 6°带基础上划分，从东经 1.5°子午线起，自西向东将整个地球划分为 120 个带，已知任意点经度 $L$，计算所在 3°带带号公式为

$$N = \mathrm{Int}(L \div 3 + 0.5) \quad （\mathrm{Int} \text{ 为取整函数}）$$

其中，带号 $N$ 与中央子午线经度 $L_0$ 的关系为 $L_0 = 3N$。

在 GNSS 静态测量数据后处理和实时动态定位测量（RTK）中，必须要确定测区所在位置的中央子午线。因此，在不清楚测区所在的中央子午线时，可以根据 GNSS 在测区内测定的任一点经度来确定其所在的中央子午线。

### 3.3.2　创建应用程序的具体步骤

（1）进入 Visual C++ 编程环境，点击【文件】菜单下的【新建】下的【项目】菜单项命令，打开"新建项目"对话框，如图 3.6 所示。在左侧的"已安装的模板"中选

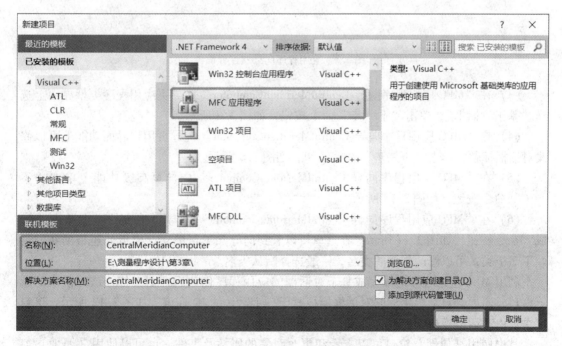

图 3.6　"新建项目"对话框

择"Visual C++"，再选择"MFC应用程序"选项，在下方"名称"编辑框中输入相应程序项目名称CentralMeridianComputer，在"位置"编辑框中选择相应的文件名和文件路径，或者单击"浏览"按钮选择文件保存路径，完成后单击"确定"按钮。

（2）在"MFC应用程序向导-CentralMeridianComputer"向导页上选择下一步，如图3.7所示。

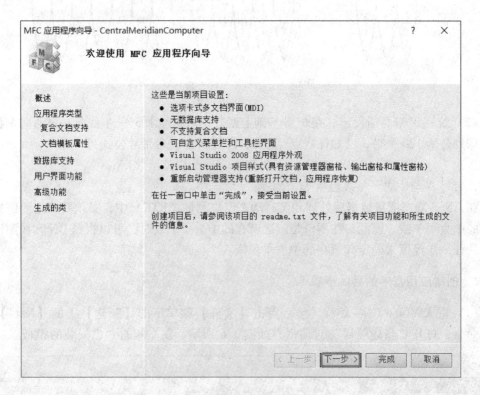

图3.7　应用程序向导欢迎界面

（3）在"MFC应用程序向导-CentralMeridianComputer"向导页应用程序类型界面上选择"基于对话框"，单击"下一步"命令按钮，如图3.8所示。

（4）在"MFC应用程序向导-CentralMeridianComputer"向导页用户界面功能上可以修改对话框标题，单击"下一步"命令按钮，如图3.9所示。

（5）在"MFC应用程序向导-CentralMeridianComputer"向导页高级功能上单击"下一步"命令按钮，如图3.10所示。

（6）在"MFC应用程序向导-CentralMeridianComputer"向导页生成的类上单击"完成"命令按钮，如图3.11所示。在这里可以看到向导除了帮助建立模板外还帮助我们创建了2个类，可以修改创建的类名，一般选择默认类名。

利用MFC应用程序向导完成基于对话框的应用程序创建后，则会打开该对话框的编辑窗口，向导会自动给生成的对话框模板赋予一个默认的ID标识，如图3.12所示。该窗口主要由对话框模板、控件工具箱、属性窗口和布局工具栏组成。

其中使用【属性】窗口可以查看和更改对象的属性及事件，也可以使用【属性】窗口编辑和查看文件、项目和解决方案的属性。

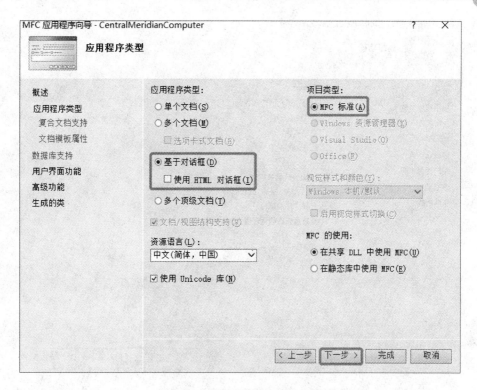

图3.8　应用类型窗口界面

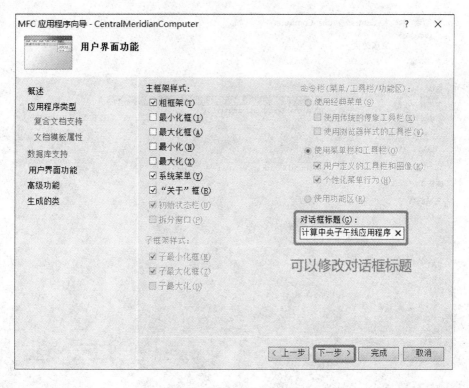

图3.9　用户界面功能界面

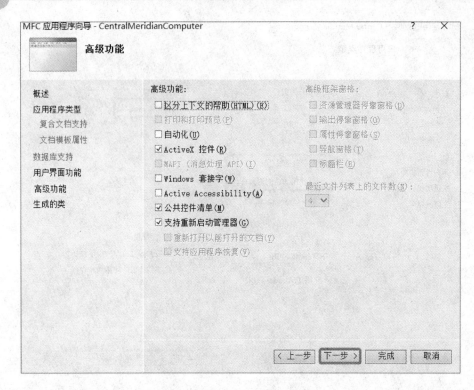

图 3.10　高级功能界面

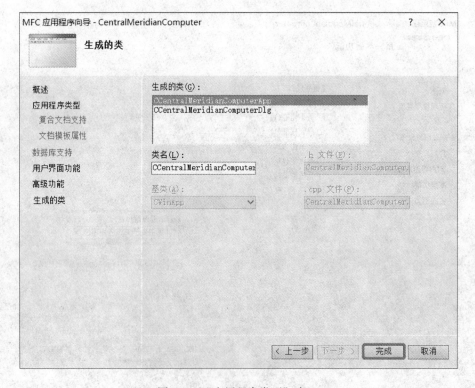

图 3.11　"应用程序类型"窗口

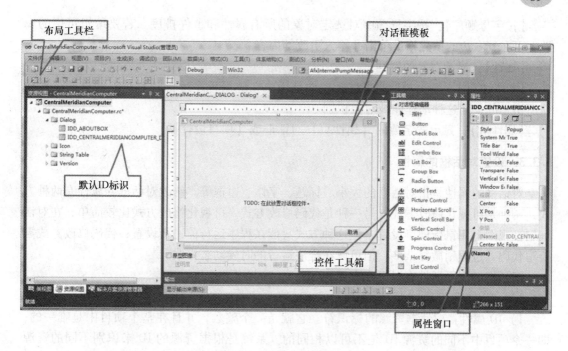

图 3.12　缺省的对话框资源

（1）打开【属性】窗口的方法。鼠标右键单击对象，在弹出的菜单中选择【属性】命令，弹出如图 3.13 所示的对话框属性列表。

图 3.13　对话框属性列表

（2）【属性】窗口

【对象名】：列出当前选定的一个或多个对象。只有活动编辑器或设计器中的对象可见。当选择多个对象时，只出现所有选定对象的通用属性。

【按分类顺序】：按类别列出选定对象的所有属性及属性值。

【按字母顺序】：按字母顺序对选定对象的所有属性和事件排序。若要编辑可用的属性，可在其右边的单元格中单击并输入更改的内容。

【属性】：显示对象的属性。

【控件事件】：显示对象的事件。事件是用户在应用程序运行时对对象做出的某种动作所引发的，而这种动作能被对象识别。

【属性页】：显示选定项的【属性页】对话框或【项目设计器】。

### 3.3.3　设置对话框的属性

对话框的属性是指对话框的大小、标题、字体、边框等。修改对话框的属性有两种方式，一种是可视化修改方式，另一种是代码修改方式。可视化修改方式比较简单，在对话框属性视图上用鼠标即可设置，但这种方式只能在程序运行前进行设置；代码修改方式需要写代码，过程稍微复杂些，但可以在程序运行的时候动态修改。

对话框的主要属性有以下几方面：

（1）ID 属性和 Caption 属性

1）ID 属性：对话框资源的标识符。它就是一个整数，并且在整个项目中是唯一的，即一个项目中不同的资源 ID 是不可以相同的。系统是根据资源的 ID 来识别不同的资源的。资源的 ID 可以设置，并且最好要见名知意。ID 的定义通常由系统定义，比如该对话框的 ID 为 IDD_CENTRALMERIDIANCOMPUTER_DIALOG，如图 3.14 所示，定义的地方在项目的 Resource.h 中。

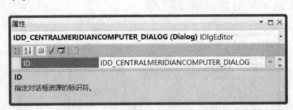

图 3.14　ID 属性

2）Caption 属性：在对话框标题栏中显示的文本。它是一个字符串，通过该属性可以修改对话框的标题文字。比如设置对话框标题文字为"计算中央子午线应用程序"后，对话框标题栏显示如图 3.15 所示。

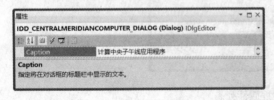

图 3.15　Caption 属性及对话框显示效果

（2）X Pos、Y Pos 和 Center 属性

1）X Pos：程序运行后，对话框左上角在屏幕上所处的 X 坐标，以像素为单位，方向朝右。

2）Y Pos：程序运行后，对话框左上角在屏幕上所处的 Y 坐标，以像素为单位，方向朝下。

3）Center 属性：对话框运行是否处于屏幕中央。

（3）Visible 属性。对话框是否可见，值为 True 时，对话框可以显示；值为 False 时，对话框不显示。

（4）Border 属性。设置对话框的边框样式，有 4 个值：

None：对话框没有边框和标题栏。

Thin：对话框有细的边框。

Resizing：对话框边框可调整大小，程序运行后，鼠标放到对话框边框处，当箭头改变的时候，就可以按住左键进行拖拉。

Dialog Frame：对话框的边框，且显示标题栏，这是 Border 属性默认值。

（5）Font（Size）属性。对话框的字体属性，包括字体的大小、字形（粗体、斜体等）、字符集等。单击 Font 属性后面的省略号按钮，会出现系统设置字体对话框。设置后，对话框所有控件上的文本字体都会发生改变。

（6）Disabled 属性。是否在程序刚运行的时候禁用对话框。值为 True 时对话框有效，此时对话框可以响应各种事件；值为 False 时对话框无效，不响应事件，此时，对话框关闭、拖动等操作都没有反应，所以运行后无法通过正常途径关闭，只能在任务管理器中结束其进程。

（7）Absolute Align 属性。设置对话框相对于屏幕对齐。值为 True 时，对话框运行后将位于屏幕左上角，对话框的左边和上边对齐；值为 False 时，对话框不对齐。

（8）Maximize Box 和 Minimize Box 属性。这两个属性用来显示对话框标题栏上的最大化和最小化按钮。值为 True 时候，则为显示；值为 False 时，则不显示。默认情况下时不显示。

（9）Title Bar 属性。表示对话框是否显示标题栏。值为 True 时，显示标题栏；值为 False 时，不显示标题栏。默认是显示标题栏。

### 3.3.4 添加控件并设置属性

如果要设计对话框，就要在对话框模板上添加控件工具箱上的控件，最后添加相应的具体代码。

#### 3.3.4.1 添加控件

A 静态文本控件

静态文本（Static Text）控件是一种单向交互的控件，只能支持应用程序的输出，而不能接受用户的输入，主要起说明和装饰作用。MFC 的 CStatic 类封装了静态文本控件。

如单击控件工具箱上的静态文本框（Static Text）控件，如图 3.16 所示，并按住鼠标键不放，拖到对话框模板中。在对话框内按住鼠标左键不放，拖出一个虚线框，拖动虚框的边界可以改变对话框或控件的大小，如图 3.17 所示，在 VS 2010 的状态栏会显示所选对象的坐标和尺寸。

静态文本控件的常用属性如下：

（1）Name 属性：设置控件的名字，在代码中代表该控件对象；

（2）Caption 属性：设置控件上显示的内容（如：请输入任意经度：　）；

（3）Align text 属性：设置文本的对齐方式；

（4）Border 属性：设置边框风格；

（5）Visible 属性：确定控件在运行时是否可见；

（6）Disable 属性：确定控件是否禁用。

图 3.16　Static Text 控件在工具箱的位置

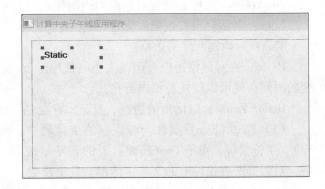

图 3.17　Static Text 控件

**B　编辑框控件**

编辑框（Edit Control）是一个让用户从键盘输入和编辑文本的矩形窗口，用户可以通过它很方便地输入各种文本、数字或者口令，也可使用它来编辑和修改简单的文本内容，如图 3.18 所示。

图 3.18　编辑框控件

当编辑框被激活且具有输入焦点时，就会出现一个闪动的插入符（又称为文本光标），表明当前插入点的位置。MFC 的 CEdit 类封装了编辑框控件。常用的控件属性有：

（1）ID 属性：设置控件的名字，在代码中代表该控件对象（如：ID_EDIT_du）。

（2）Multiline 属性：允许正文框多行输出或多行输入。

（3）Read Only 属性：是否允许在编辑框中输入和编辑文本。

（4）Password 属性：将输入的字符是否隐藏为星号（＊）。

**C　命令按钮**

命令按钮的作用是对用户的鼠标单击作出反应并触发相应的事件，在按钮中既可以显示正文，也可以显示位图，如图 3.19 所示。

**3.3.4.2　属性设置**

选中控件或对话框后，右击点击"属性（R）"，弹出属性窗口设置控件或对话框的各种属性，如图 3.20 所示常用的控件属性有：

图 3.19　命令按钮

（1）ID 属性：控件的标识符，每个控件都有默认的 ID，通常以 IDC_为前缀，其值由系统 Developer Studio 提供。Windows 依靠 ID 来区分不同的控件。

（2）Caption 属性：控件的标题，大多数控件有默认的标题，用户可以自行设置控件的标题，还可以使用"&"标记设置该控件的助记符（相当于快捷键，可以用 Alt + 助记符操作控件）。

（3）Group 属性：指定控件组中的第一个控件，如果该项被选中时，此控件后的所有控件都被看成同一组，用户可以用键盘上的方向键在同一组控件中进行切换。

（4）Tap Stop 属性：该属性被选中，用户可以使用 Tab 键来选择控件，获取控件焦点。用户可以通过 Ctrl + D 键重新设置控件的 Tab 顺序。

（5）Visible 属性：该属性被选中，控件在初始化时可见，否则不可见。

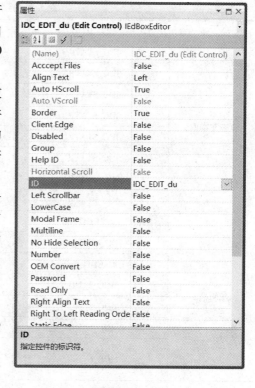

图 3.20 属性设置

（6）Disable 属性：该属性被选中，控件在初始化时被禁止使用，呈灰色显示。

（7）&Help ID 属性：该属性被选中，为控件创建一个相关的帮助标识符。

### 3.3.4.3 实例 ID

对话框中需要的控件如图 3.21 所示，对应的控件类型、ID、标题、属性等信息如表 3.3 所示。

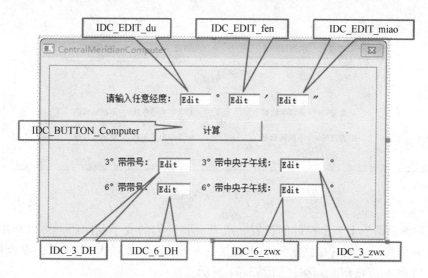

图 3.21 中央子午线计算应用程序控件布局

表 3.3  控件的基本设置

| 控 件 | 控件 ID 号 | 标  题 | 属性 |
|--------|-----------|--------|------|
| 静态文本框 | IDC_STATIC | 请输入任意经度： | 默认 |
|  | IDC_STATIC | ° | 默认 |
|  | IDC_STATIC | ' | 默认 |
|  | IDC_STATIC | " | 默认 |
|  | IDC_STATIC | 3°带带号： | 默认 |
|  | IDC_STATIC | 3°带中央子午线： | 默认 |
|  | IDC_STATIC | 6°带带号： | 默认 |
|  | IDC_STATIC | 6°带中央子午线： | 默认 |
| 编辑框 | IDC_EDIT_du |  | 默认 |
|  | IDC_EDIT_fen |  | 默认 |
|  | IDC_EDIT_miao |  | 默认 |
|  | IDC_3_DH |  | 默认 |
|  | IDC_3_zwx |  | 默认 |
|  | IDC_6_DH |  | 默认 |
|  | IDC_6_zwx |  | 默认 |
| 按钮 | IDC_BUTTON_Computer | 计算 | 默认 |

### 3.3.4.4  控件的调整

如果在对话框中添加了多个控件，可以根据需要调整对话框的大小，方法是在对话框资源编辑器中选中对话框本身，然后拖动其外围边框上出现蓝色小方框，直到合适的大小时松开鼠标，即可完成其大小的调整，如图 3.22 所示。

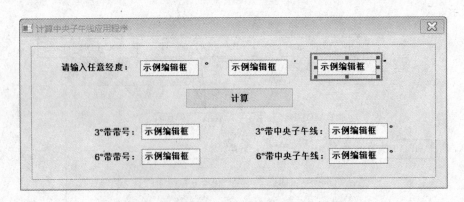

图 3.22  控件调整

为了调整对话框上多个控件的位置，或者设置它们的大小及间距，可以利用 VC＋＋ 2010 开发环境窗口中的【格式】菜单下提供的各种功能，如图 3.23 所示；或者利用 Dialog 工具栏上的相应按钮来调整，如图 3.24 所示。

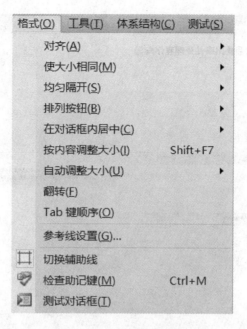

图 3.23 格式菜单的内容

图 3.24 对话框编辑器工具栏

注意：只有在当前编辑窗口为对话框窗口时，格式菜单和对话框编辑器工具栏才会出现。如果窗口上没有显示对话框编辑器工具栏，可以在 VC++ 开发窗口中，在其工具栏上的空白处单击鼠标右键，从弹出的快捷菜单中选择【对话框编辑器】菜单命令即可。

### 3.3.5 建立消息映射

在"计算"按钮上右击【添加事件处理程序】，如图 3.25 所示，然后在"事件处理程序向导"对话框中选择消息类型，并接受系统建议的"函数处理程序名称"，如图 3.26 所示。

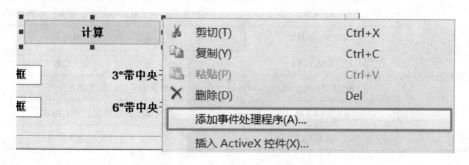

图 3.25 "添加事件处理程序"菜单项

图 3.26　"事件处理程序向导"对话框

　　选择 BN_CLICKED 这个消息类型（也称消息的通知码），控件发送与事件对应的消息进行相关的通信。不同控件发送的消息的通知码是不一样的，表 3.4 中为不同子窗口控件通知码与对应事件。

表 3.4　子窗口控件通知码与对应事件

| 子窗口控件 | 消息通知码 | 对　应　事　件 |
| --- | --- | --- |
| 按钮控件 | BN_CLICKED | 用户在按钮子窗口中单击 |
| | BN_DOUBLECLICKED | 用户在按钮子窗口中双击 |
| 编辑框控件 | EN_CHANGE | 用户在编辑框子窗口中更改了输入框中的数据 |
| | EN_ERRSPACE | 编辑框的空间已用完 |
| | EN_MAXTEXT | 输入的正文数超过了编辑框的最大容量 |
| | EN_SETFOCUS | 编辑框子窗口获得输入焦点 |
| | EN_UPDATE | 编辑框子窗口将更新显示内容 |
| | EN_KILLFOCUS | 编辑框子窗口失去输入焦点 |

　　单击"添加编辑"按钮，根据功能需求，编写相应函数的代码，代码如下：

```
//计算命令按钮相应函数代码
void CCentralMeridianComputerDlg::OnBnClickedButtonComputer()
{
    // TODO: 在此添加控件通知处理程序代码
    double m_du,m_fen,m_miao;    //度分秒
    int m_3_DH,m_3_ZYZWX;        //3度带号及中央子午线
    int m_6_DH,m_6_ZYZWX;        //6度带号及中央子午线
    CString str_du,str_fen,str_miao;    //将文本框中的内容赋予字符串变量
    //CWnd* GetDlgItem(int nID) const;
    //这个函数返回一个指向由参数nID指定的控件或子窗口对象的指针
    //大多数情况下,这个函数都是在对话框中使用的
    //void GetWindowText(CString& rString) const;
    //这个函数获取控件上显示的文本
    GetDlgItem(IDC_EDIT_du)->GetWindowText(str_du);
    GetDlgItem(IDC_EDIT_fen)->GetWindowText(str_fen);
    GetDlgItem(IDC_EDIT_miao)->GetWindowText(str_miao);
    //为了进行数值计算,必须将字符形式的内容转换为数值
    //double _wtof(const wchar_t * str);返回double型数值
    m_du = _wtof(str_du);
    m_fen = _wtof(str_fen);
    m_miao = _wtof(str_miao);
    //计算3°带带号
    m_3_DH = (int)((m_du+m_fen/60.+m_miao/3600.)/3.+0.5);
    //计算3°带中央子午线
    m_3_ZYZWX = 3* m_3_DH;
    //计算6°带带号
    m_6_DH = (int)(((m_du+m_fen/60.+m_miao/3600.)+3)/6.+0.5);
    //计算6°带中央子午线
    m_6_ZYZWX = 6* m_6_DH-3;
    //wchar_t * _itow(int value,wchar_t * str,int radix);
    //将任意类型的数字转换为字符串
    //int value 被转换的整数,wchar_t * str 转换后储存的字符数组
    //int radix 转换进制数,如2,8,10,16 进制等
    //void SetWindowText(LPCTSTR lpszString);
    //这个函数设置控件上显示的文本
    wchar_t ch_3_DH[6],ch_3_zwx[6],ch_6_DH[6],ch_6_zwx[6];
    //3°带带号
    _itow(m_3_DH,ch_3_DH,10);
    GetDlgItem(IDC_3_DH)->SetWindowText(ch_3_DH);
    //3°带中央子午线计算
    _itow(m_3_ZYZWX,ch_3_zwx,10);
    GetDlgItem(IDC_3_zwx)->SetWindowText(ch_3_zwx);
```

```
//6°带带号
_itow(m_6_DH,ch_6_DH,10);
GetDlgItem(IDC_6_DH)->SetWindowText(ch_6_DH);
//6°带中央子午线计算
_itow(m_6_ZYZWX,ch_6_zwx,10);
GetDlgItem(IDC_6_zwx)->SetWindowText(ch_6_zwx);
}
```

在 CentralMeridianComputerDlg 类的源代码中，可以看到类向导帮助我们添加了哪些新内容：

（1）通过类向导在 CentralMeridianComputerDlg. h 文件中增加了消息映射函数的声明 afx_msg void OnBnClickedButtonComputer（），如图 3.27 所示。

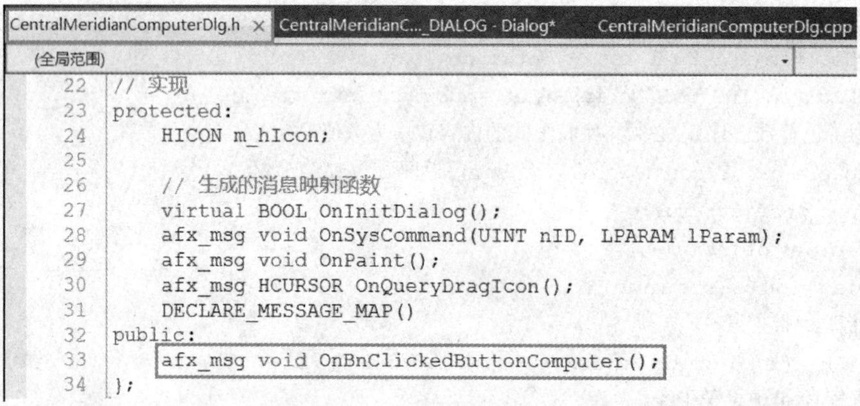

```
CentralMeridianComputerDlg.h ×   CentralMeridianC... DIALOG - Dialog*   CentralMeridianComputerDlg.cpp
(全局范围)                                                                              ▼
22    // 实现
23    protected:
24        HICON m_hIcon;
25
26        // 生成的消息映射函数
27        virtual BOOL OnInitDialog();
28        afx_msg void OnSysCommand(UINT nID, LPARAM lParam);
29        afx_msg void OnPaint();
30        afx_msg HCURSOR OnQueryDragIcon();
31        DECLARE_MESSAGE_MAP()
32    public:
33        afx_msg void OnBnClickedButtonComputer();
34    };
```

图 3.27　CentralMeridianComputerDlg 类中 OnBnClickedButtonComputer 函数声明

（2）通过类向导在 CentralMeridianComputerDlg. cpp 文件的前面消息映射中间增加了消息映射宏 ON_BN_CLICKED（IDC_BUTTON_Computer，OnBUTTONComputer），如图 3.28 所示；并添加了一个空的消息处理函数的框架 void CentralMeridianComputerDlg：：OnBUTTON Computer（），如图 3.29 所示。

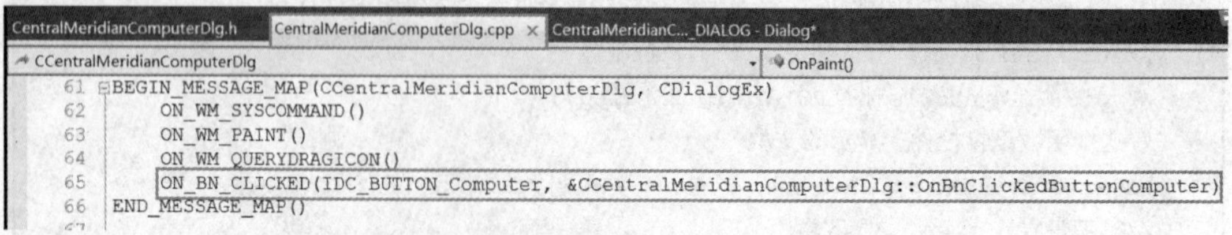

```
CentralMeridianComputerDlg.h    CentralMeridianComputerDlg.cpp ×   CentralMeridianC... DIALOG - Dialog*
CCentralMeridianComputerDlg                                              ▼   OnPaint()
61    BEGIN_MESSAGE_MAP(CCentralMeridianComputerDlg, CDialogEx)
62        ON_WM_SYSCOMMAND()
63        ON_WM_PAINT()
64        ON_WM_QUERYDRAGICON()
65        ON_BN_CLICKED(IDC_BUTTON_Computer, &CCentralMeridianComputerDlg::OnBnClickedButtonComputer)
66    END_MESSAGE_MAP()
```

图 3.28　CentralMeridianComputerDlg 类中 OnBnClickedButtonComputer 消息映射宏

### 3.3.6　编译并运行程序

单击【生成】菜单下面的【生成解决方案】菜单项，如图 3.30 所示，检查程序代码是否有问题,没有问题,单击【调试】菜单下面的【开始执行(不调试)】菜单项,如图3.31所示;运行结果如图3.32所示。

图 3.29 CentralMeridianComputerDlg 类中 OnBnClickedButtonComputer 函数定义框架

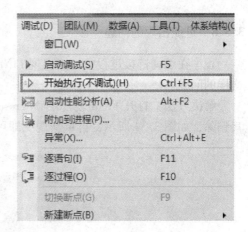

图 3.30 "生成解决方案"菜单项        图 3.31 "开始执行"菜单项

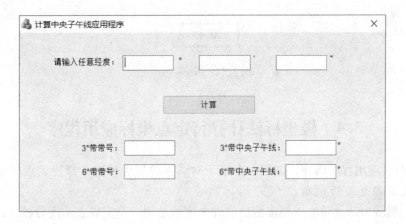

图 3.32 运行效果

### 3.3.7 输入数据显示结果

将需要计算的数据输入到对话框中,点击"计算"即可得到结果,计算结果如图3.33所示。

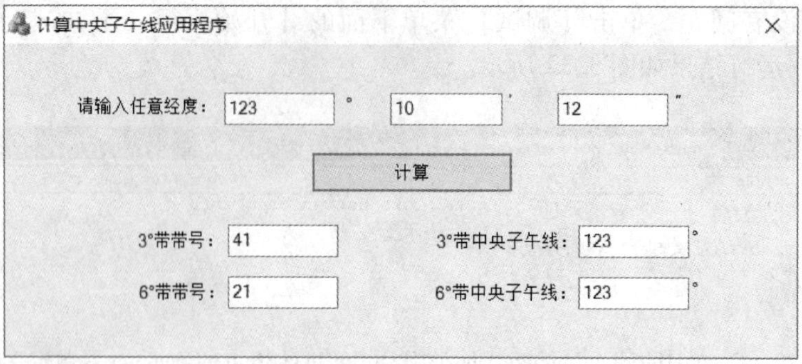

计算中央子午线应用程序 ✕

请输入任意经度：123 ° 10 ′ 12 ″

计算

3°带带号：41    3°带中央子午线：123 °

6°带带号：21    6°带中央子午线：123 °

图 3.33 计算结果

### 3.3.8 可能出现的问题

程序在编译链接过程中可能出现 LINK：fatal error LNK1120：1 个无法解析的外部命令这样的问题。

解决方法：打开 VS 安装目录\Microsoft Visual Studio 10.0\VC\bin，找到 cvtres.exe 将其删除，如图 3.34 所示，再重新调试即可解决。

cvtres.exe

图 3.34 cvtres.exe

## 3.4 极坐标法计算待定点坐标应用程序

利用 MFC 应用程序向导，创建一个基于对话框的极坐标法计算待定点坐标的应用程序，运行效果如图 3.35 所示。

说明：测量中涉及角度，很多测量软件采用的是用一个实数表示度分秒，即小数点前面是度，小数点后 2 位代表分，分后面位代表秒，其中分后面 2 位代表整数秒，其余代表小数秒。如 $AB$ 方位角是 28.28297375，代表实际方位角为 $28°28'29.7375''$。

### 3.4.1 理论基础

在工程测量和地形测量中，用极坐标法测定地面点的平面位置是最常用的方法，如图 3.36 所示，已知 $A(x_A, y_A)$，$AB$ 两点之间的水平距离为 $S_{AB}$，$AB$ 边的坐标方位角为 $\alpha_{AB}$，

求 $B$ 点坐标（$x_B$，$y_B$）。

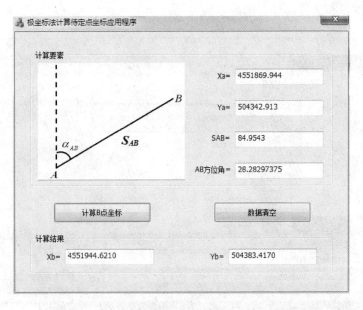

图 3.35　极坐标法计算待定点坐标应用程序运行效果

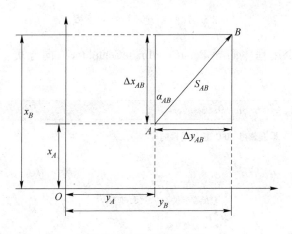

图 3.36　极坐标法定位

$$\begin{cases} x_B = x_A + \Delta x_{AB} \\ y_B = y_A + \Delta y_{AB} \end{cases} \quad \text{其中} \begin{cases} \Delta x_{AB} = x_B - x_A = S_{AB}\cos\alpha_{AB} \\ \Delta y_{AB} = y_B - y_A = S_{AB}\sin\alpha_{AB} \end{cases}$$

注意：$A$ 点至 $B$ 点与 $B$ 点至 $A$ 点的坐标增量绝对值相等但符号相反，

$$\begin{cases} \Delta x_{BA} = x_A - x_B = S_{BA}\cos\alpha_{BA} \\ \Delta y_{BA} = y_A - y_B = S_{BA}\sin\alpha_{BA} \end{cases}。$$

### 3.4.2　创建应用程序的具体步骤

（1）进入 Visual C++编程环境，点击【文件】菜单下的【新建】下的【项目】菜单项命令，打开"新建项目"对话框，如图 3.37 所示。选择"MFC 应用程序"选项，在

"名称"编辑框中输入相应程序项目名称 PolarCoordinateComputer，在"位置"编辑框中选择相应的文件名和文件路径，单击"确定"按钮。

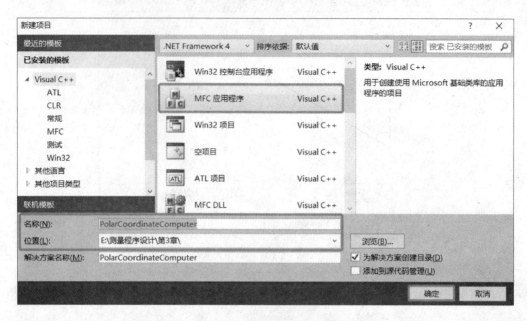

图 3.37　"新建项目"对话框

（2）在"MFC 应用程序向导-PolarCoordinateComputer"向导页上选择下一步，如图 3.38 所示。

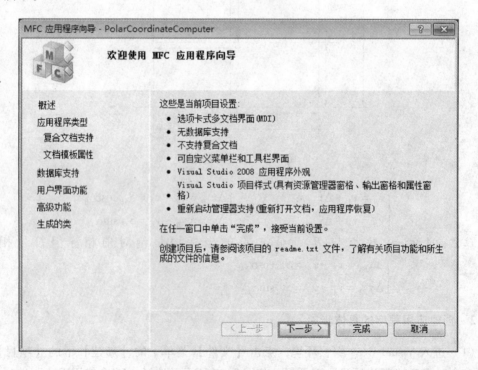

图 3.38　应用程序向导欢迎界面

（3）在"MFC 应用程序向导-PolarCoordinateComputer"向导页上选择"基于对话框"，点击"完成"命令按钮，如图 3.39 所示。

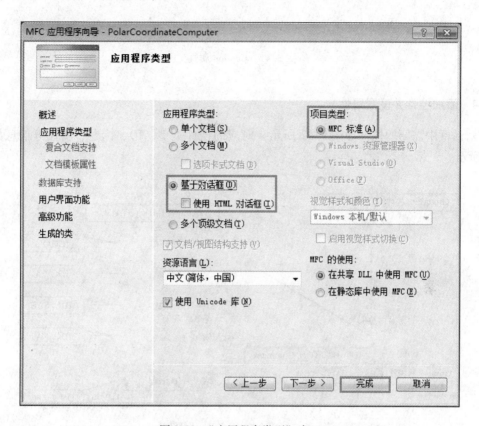

图 3.39 "应用程序类型"窗口

### 3.4.3 设置对话框的属性

选中新建对话框，在其属性窗口中 Caption 中输入"极坐标法计算待定点坐标应用程序"，如图 3.40 所示；对话框标题栏将被更改为"极坐标法计算待定点坐标应用程序"，显示效果如图 3.41 所示。

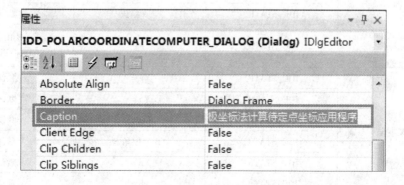

图 3.40 Caption 属性设置

图 3.41　Caption 属性

### 3.4.4　添加控件并设置属性

　　对话框中需要的控件如图 3.42 所示，对应的控件类型、ID、标题、属性等信息如表
3.5 所示。

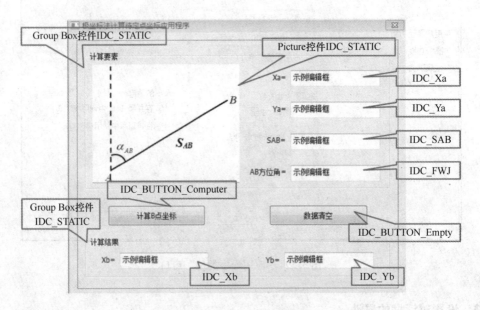

图 3.42　极坐标法计算待定点坐标应用程序控件布局

**表 3.5　控件的基本设置**

| 控　件 | 控件 ID 号 | 标　题 | 属　性 |
|---|---|---|---|
| 组框 | IDC_STATIC | 计算要素 | 默认 |
| | IDC_STATIC | 计算结果 | 默认 |
| Picture 控件 | IDC_STATIC | — | Image：IDB_BITMAP1<br>Type：BitMap |
| 静态文本框 | IDC_STATIC | Xa = | 默认 |
| | IDC_STATIC | Ya = | 默认 |
| | IDC_STATIC | SAB = | 默认 |
| | IDC_STATIC | AB 方位角 = | 默认 |
| | IDC_STATIC | Xb = | 默认 |
| | IDC_STATIC | Yb = | 默认 |

续表3.5

| 控 件 | 控件 ID 号 | 标 题 | 属 性 |
|---|---|---|---|
| 编辑框 | IDC_Xa | | 默认 |
| | IDC_Ya | | 默认 |
| | IDC_SAB | | 默认 |
| | IDC_FWJ | | 默认 |
| | IDC_Xb | | 默认 |
| | IDC_Yb | | 默认 |
| 按钮 | IDC_BUTTON_Computer | 计算 | 默认 |
| | IDC_BUTTON_Empty | 数据清空 | 默认 |

### 3.4.4.1 添加组框控件

在控件工具箱中选择 Group Box 添加到对话框中，右击添加的组框控件，从弹出的快捷菜单中选择属性菜单项，将其 Caption 属性内容改为"计算要素"，如图 3.43 所示。

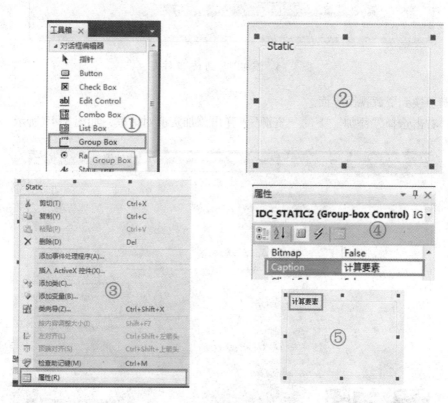

图 3.43 添加组框控件

说明：组框控件（GroupBox）用来显示一个文本标题和一个矩形边框，通常用来作为一组控件周围的虚拟边界，并将一组控件组织在一起。组框控件通常是作为控件组的容器，一般使用 GroupBox 控件对窗体上的控件集合进行逻辑分组。

### 3.4.4.2　添加 Picture 图片控件

图片控件（Picture Control）提供了一种方便显示图形的方法，只要在其属性对话框上选择要显示的图形类型和要显示的图形，就可以直接显示出来，而不需要编写任何代码。具体添加方法如下：

（1）将要加载的图片（位图资源大小与对话框图片设置最好相近）拷贝到项目所在目录下的 res 文件夹中，如图 3.44 所示。

图 3.44　添加图片到 res 文件夹

（2）切换到资源视图界面。

（3）右击选择"添加"下的"资源"，弹出添加资源对话框，如图 3.45 所示。

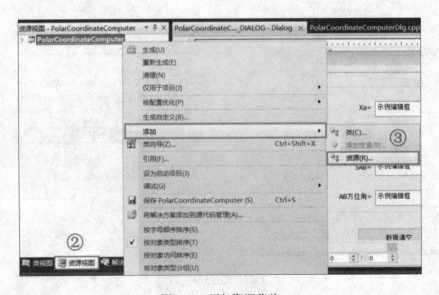

图 3.45　添加资源菜单

（4）选择"Bitmap"命令，点击"导入"命令按钮，打开导入对话框，如图 3.46 所示。

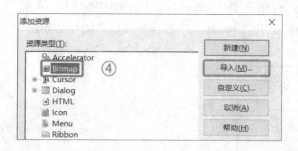

图 3.46　导入图片对话框

（5）打开 res 文件夹，导入 ＊.bmp 位图资源文件，如图 3.47 所示。位图资源大小与对话框图片设置最好相近。

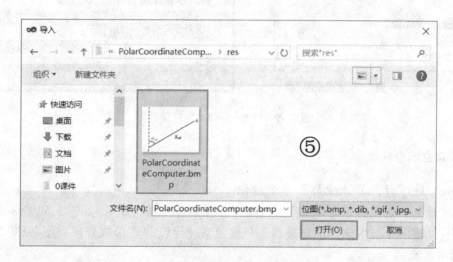

图 3.47　选择导入图片

（6）切换到资源视图界面，在 Bitmap 文件夹下可以看到刚添加的图片，如图 3.48 所示。

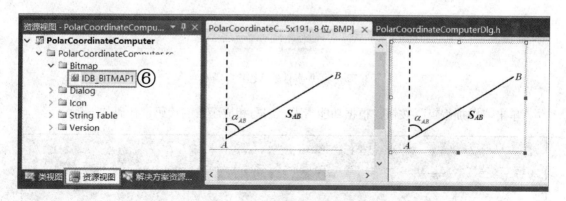

图 3.48　查看导入图片

（7）在控件工具栏中选择 PictureControl 控件添加到对话框中，在属性窗口中将"Type"改为"Bitmap"，在"Image"中选择要加载的图片，如图 3.49 所示。

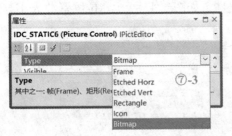

图 3.49　PictureControl 控件设置

### 3.4.5　建立消息映射

#### 3.4.5.1　"计算 B 点坐标"命令按钮

在"计算 B 点坐标"命令按钮上右击"添加事件处理程序"，如图 3.50 所示；然后在"事件处理向导"中选择消息类型，并接受系统建议的"函数处理程序名称"，如图 3.51 所示。

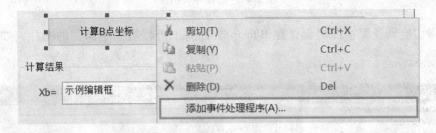

图 3.50　"添加事件处理程序"菜单项

单击"添加编辑"按钮，根据功能需求，编写相应函数的代码，代码如下：

```
/////////////////////////极坐标法计算 B 点坐标/////////////////////////
void CPolarCoordinateComputerDlg::OnBnClickedButtonComputer()
{
    double m_xa,m_ya,m_xb,m_yb; //A、B 两点坐标
    double m_Sab,m_fwj; //距离和方位角
```

```
        //定义字符串变量来接收文本框控件的数据
        CString str_xa,str_ya,str_Sab,str_fwj;
        //int GetDlgItemText(int nID, CString& rString) const;
        //这个函数将返回对话框中指定 ID 控件上的文本，也就是说，GetDlgItemText 函数
        //把 GetDlgItem 和 GetWindowText 这两个函数的功能组合起来
        GetDlgItemText(IDC_Xa,str_xa);
        GetDlgItemText(IDC_Ya,str_ya);
        GetDlgItemText(IDC_SAB,str_Sab);
        GetDlgItemText(IDC_FWJ,str_fwj);
        //double _wtof(const wchar_t * str);
        //将一个数字组成的字符串转换成为 double 型数值
        m_xa = _wtof(str_xa);
        m_ya = _wtof(str_ya);
        m_Sab = _wtof(str_Sab);
        m_fwj = _wtof(str_fwj);
        //计算 B 点坐标
        m_fwj = AngleToRadian(m_fwj);//调用函数 AngleToRadian 将角度化成弧度
        m_xb = m_xa + m_Sab* cos(m_fwj);
        m_yb = m_ya + m_Sab* sin(m_fwj);
        //将计算结果按照 4 位小数显示
        CString str;
        //CString 的 Format 方法给我们进行字符串的转换带来了很大的方便
        //比如常见的 int、float 和 double 这些数字类型转换为 CString 字符串
        //function Format(const Format: string; const Args: array of const)
        str.Format(_T("%.4lf"), m_xb); //%.1f 表示十进制浮点数(double)
        //void SetDlgItemText(int nID,LPCTSTR lpszString);
        //这个函数将设置对话框中指定 ID 控件上的文本,也就是说,SetDlgItemText 函数
        //把 GetDlgItem 和 SetWindowText 这两个函数的功能组合起来
        SetDlgItemText(IDC_Xb, str);
        str.Format(_T("%.4lf"), m_yb);
        SetDlgItemText(IDC_Yb, str);
}
```

在 PolarCoordinateComputerDlg 类的源代码中，可以看到类向导帮助我们添加了哪些新内容：

（1）类向导在 PolarCoordinateComputerDlg.h 文件中增加了消息映射函数的声明 afx_msg void OnBnClickedButtonComputer（），如图 3.52 所示。

（2）在 CentralMeridianComputerDlg.cpp 文件的前面消息映射中间增加了消息映射宏 ON_BN_CLICKED（IDC_BUTTON_Computer，&CPolarCoordinateComputerDlg::OnBnClickedButtonComputer），如图 3.53 所示；并添加了一个空的消息处理函数的框架 void CentralMeridianComputerDlg::OnBUTTONComputer（），如图 3.54 所示。

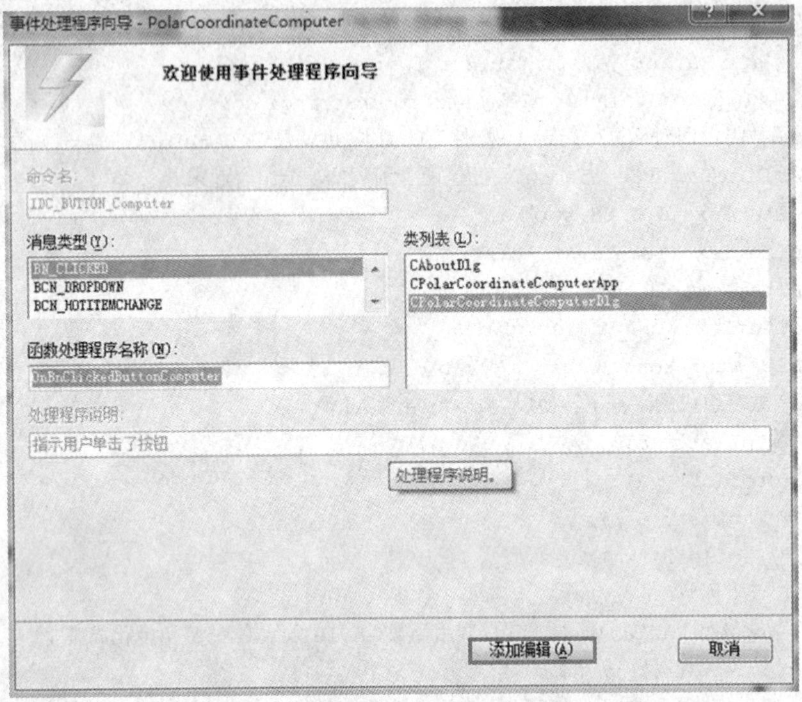

图 3.51  "事件处理程序向导"对话框

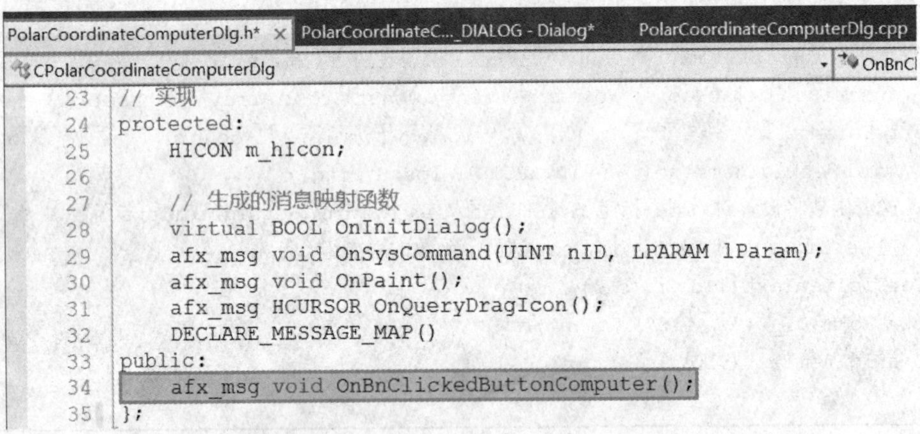

图 3.52  PolarCoordinateComputerDlg 类中 OnBnClickedButtonComputer 函数声明

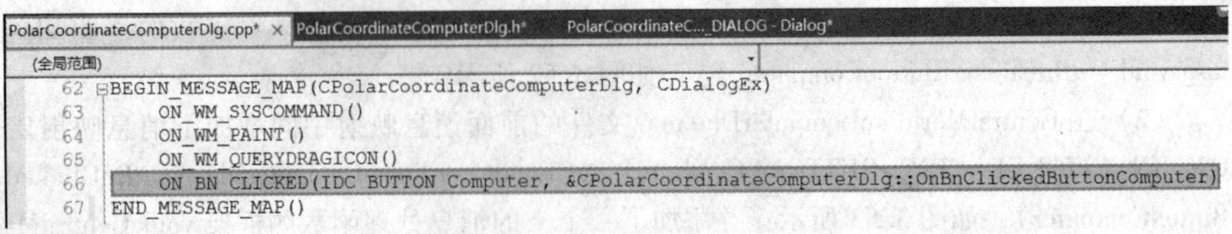

图 3.53  PolarCoordinateComputerDlg 类中 OnBnClickedButtonComputer 消息映射宏

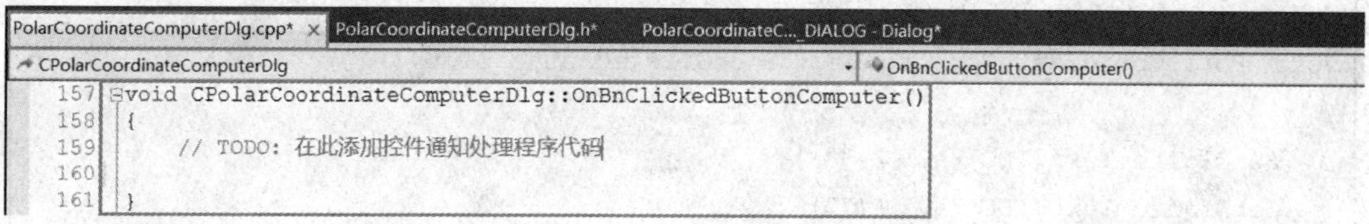

```
PolarCoordinateComputerDlg.cpp* ×   PolarCoordinateComputerDlg.h*      PolarCoordinateC... DIALOG - Dialog*
CPolarCoordinateComputerDlg                                    ▼  OnBnClickedButtonComputer()
157 □void CPolarCoordinateComputerDlg::OnBnClickedButtonComputer()
158  {
159      // TODO: 在此添加控件通知处理程序代码
160
161  }
```

图 3.54　PolarCoordinateComputerDlg 类中 OnBnClickedButtonComputer 函数定义框架

### 3.4.5.2　"数据清空"命令按钮

在"数据清空"命令按钮上右击"添加事件处理程序",如图 3.55 所示;然后在"事件处理向导"中选择消息类型,并接受系统建议的"函数处理程序名称",如图 3.56 所示。

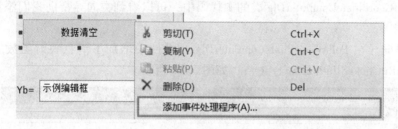

图 3.55　"添加事件处理程序"菜单项

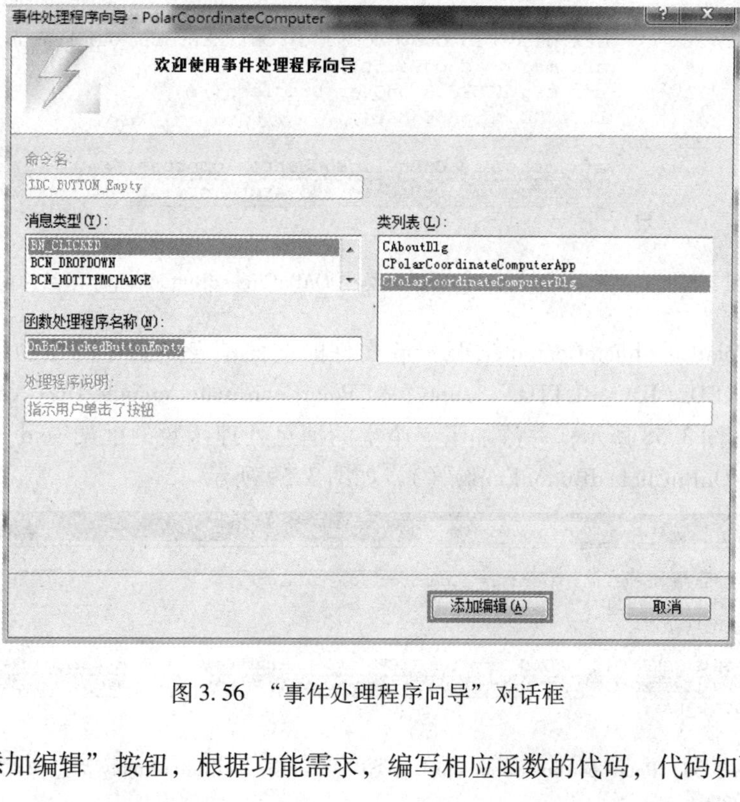

图 3.56　"事件处理程序向导"对话框

单击"添加编辑"按钮,根据功能需求,编写相应函数的代码,代码如下:

```
//////////////////////////数据清空//////////////////////////
void CPolarCoordinateComputerDlg::OnBnClickedButtonEmpty()
{
    SetDlgItemText(IDC_Xa, _T(""));
    SetDlgItemText(IDC_Ya, _T(""));
    SetDlgItemText(IDC_Xb, _T(""));
    SetDlgItemText(IDC_Yb, _T(""));
    SetDlgItemText(IDC_SAB, _T(""));
    SetDlgItemText(IDC_FWJ, _T(""));
    GetDlgItem(IDC_Xa) -> SetFocus();/////Xa 获得焦点
}
```

在 PolarCoordinateComputerDlg 类的源代码中，可以看到类向导帮助我们添加了哪些新内容：

（1）类向导在 PolarCoordinateComputerDlg. h 文件中增加了消息映射函数的声明 afx_msg void OnBnClickedButtonEmpty（）;，如图 3. 57 所示。

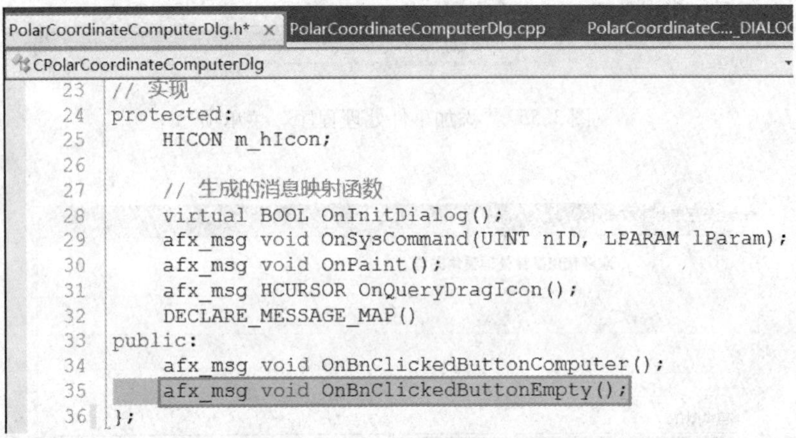

```
PolarCoordinateComputerDlg.h* ×  PolarCoordinateComputerDlg.cpp    PolarCoordinateC..._DIALOG
CPolarCoordinateComputerDlg
    23      // 实现
    24    protected:
    25          HICON m_hIcon;
    26
    27          // 生成的消息映射函数
    28      virtual BOOL OnInitDialog();
    29      afx_msg void OnSysCommand(UINT nID, LPARAM lParam);
    30      afx_msg void OnPaint();
    31      afx_msg HCURSOR OnQueryDragIcon();
    32      DECLARE_MESSAGE_MAP()
    33    public:
    34      afx_msg void OnBnClickedButtonComputer();
    35      afx_msg void OnBnClickedButtonEmpty();
    36    };
```

图 3. 57　PolarCoordinateComputerDlg 类中 OnBnClickedButtonEmpty 函数声明

（2）在 PolarCoordinateComputerDlg. cpp 文件的前面消息映射中间增加了消息映射宏 ON_BN_CLICKED（IDC_BUTTON_Empty，&CPolarCoordinateComputerDlg::OnBnClickedButtonEmpty），如图 3. 58 所示；并添加了一个空的消息处理函数的框架 void PolarCoordinateComputerDlg::OnBnClickedButtonEmpty（），如图 3. 59 所示。

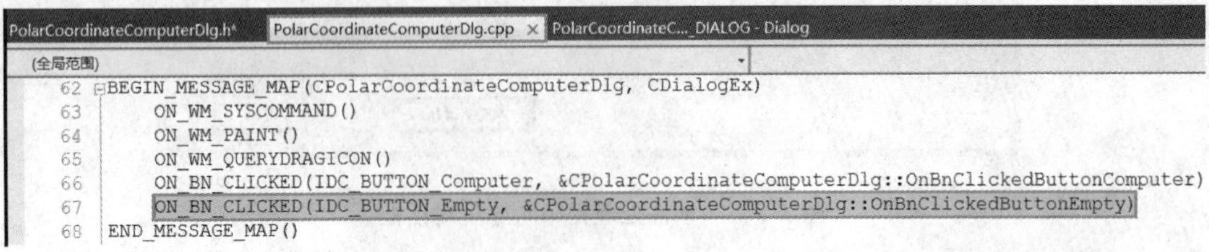

```
PolarCoordinateComputerDlg.h*    PolarCoordinateComputerDlg.cpp ×  PolarCoordinateC..._DIALOG - Dialog
(全局范围)
    62  BEGIN_MESSAGE_MAP(CPolarCoordinateComputerDlg, CDialogEx)
    63      ON_WM_SYSCOMMAND()
    64      ON_WM_PAINT()
    65      ON_WM_QUERYDRAGICON()
    66      ON_BN_CLICKED(IDC_BUTTON_Computer, &CPolarCoordinateComputerDlg::OnBnClickedButtonComputer)
    67      ON_BN_CLICKED(IDC_BUTTON_Empty, &CPolarCoordinateComputerDlg::OnBnClickedButtonEmpty)
    68  END_MESSAGE_MAP()
```

图 3. 58　PolarCoordinateComputerDlg 类中 OnBnClickedButtonEmpty 消息映射宏

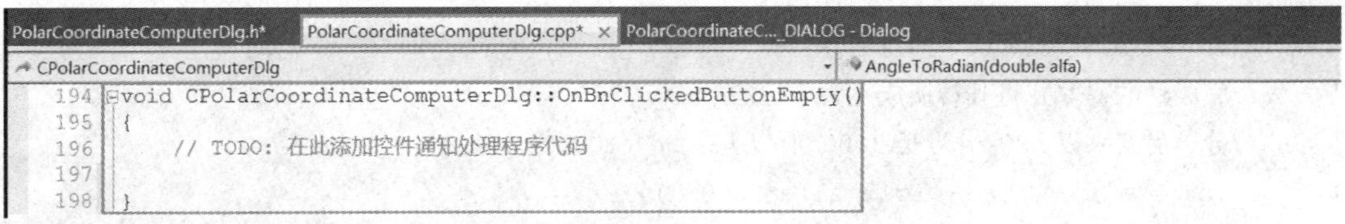

```
PolarCoordinateComputerDlg.h*    PolarCoordinateComputerDlg.cpp*  ×   PolarCoordinateC... DIALOG - Dialog
CPolarCoordinateComputerDlg                                    ▼  AngleToRadian(double alfa)
194  ☐void CPolarCoordinateComputerDlg::OnBnClickedButtonEmpty()
195   {
196        // TODO: 在此添加控件通知处理程序代码
197
198   }
```

图 3.59  PolarCoordinateComputerDlg 类中 OnBnClickedButtonEmpty 函数定义框架

### 3.4.6  添加函数

在极坐标法计算待定点坐标程序中，要用到角度化弧度函数，添加函数的过程如下：

（1）切换到类视图界面；

（2）在 CPolarCoordinateComputerDlg 右击"添加函数"弹出添加成员函数向导对话框，如图 3.60 所示。

图 3.60  添加函数菜单

（3）在"添加成员函数向导"对话框中，将增加的函数返回类型、函数名、参数类型、参数名等信息填入，点击"完成"，如图 3.61 所示。

PolarCoordinateComputerDlg.cpp 下增加了 double AngleToRadian（double alfa）空函数，根据功能需求，编写相应函数代码：

```
//角度化弧度函数,如果角度是123°12′34″,程序中角度的格式是123.1234
double CPolarCoordinateComputerDlg::AngleToRadian(double alfa)
{
    double alfa1,alfa2;
    //加一个微小变量来处理,防止出现12.30,程序将其变成12.2999999……这样的形式
    alfa = alfa + 0.00000000000001;
    //double floor(double arg);
    //floor 函数函数返回参数不大于 arg 的最大整数
    //完成度和分的提取并将其转换成以度为单位的形式
```

```
alfa1 = floor(alfa) + floor((alfa - floor(alfa)) * 100. )/60;
//完成秒的提取并将其转换成度为单位的形式
//分子需要乘以100,分母是3600,所以上下约掉100,最后除36
alfa2 = (alfa * 100. - floor(alfa * 100.0))/36;
alfa1 + = alfa2;
return(alfa1/180. * PI);
}
```

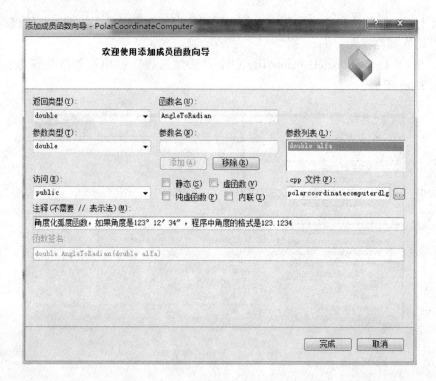

图 3.61　添加 AngleToRadian 成员函数向导

说明:

（1）类向导在 PolarCoordinateComputerDlg. h 文件中增加了函数的声明 double AngleTo-Radian（double alfa）;，如图 3.62 所示。

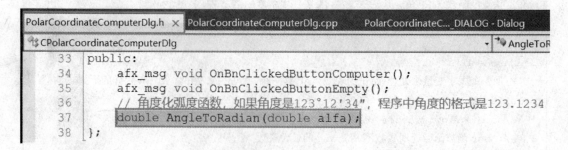

图 3.62　AngleToRadian 函数声明

（2）在 CentralMeridianComputerDlg. cpp 文件添加了一个空的消息处理函数的框架 double CPolarCoordinateComputerDlg::AngleToRadian（double alfa），如图 3.63 所示。

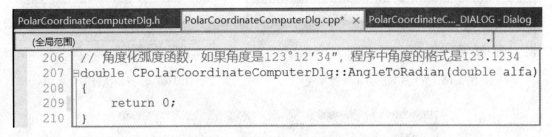

```
206   // 角度化弧度函数，如果角度是123°12'34"，程序中角度的格式是123.1234
207  double CPolarCoordinateComputerDlg::AngleToRadian(double alfa)
208  {
209      return 0;
210  }
```

图 3.63 AngleToRadian 函数定义框架

### 3.4.7 程序补充

（1）程序中要用到 π，使用时需要在 CPolarCoordinateComputerDlg. h 文件中定义常变量 PI，如图 3.64 所示。

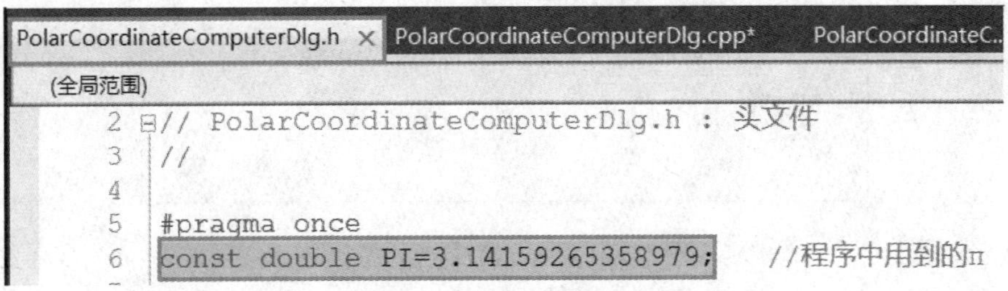

```
2  // PolarCoordinateComputerDlg.h : 头文件
3  //
4
5  #pragma once
6  const double PI=3.14159265358979;      //程序中用到的π
```

图 3.64 定义常变量 PI

（2）程序中要用到数学函数，在 CPolarCoordinateComputerDlg. cpp 包含 #include "math. h" 头文件，如图 3.65 所示。

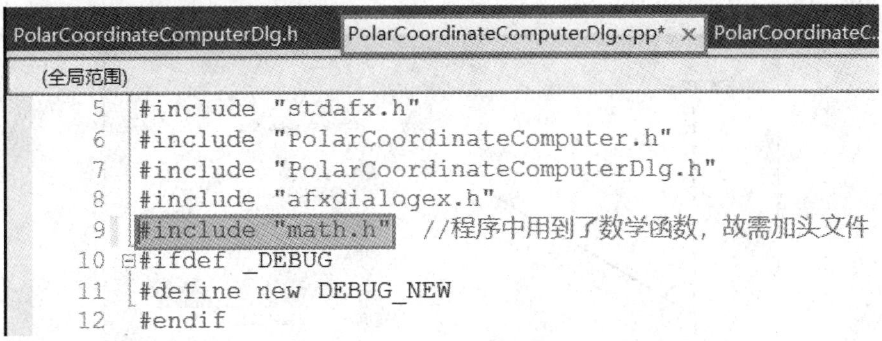

```
5   #include "stdafx.h"
6   #include "PolarCoordinateComputer.h"
7   #include "PolarCoordinateComputerDlg.h"
8   #include "afxdialogex.h"
9   #include "math.h"   //程序中用到了数学函数，故需加头文件
10  #ifdef _DEBUG
11  #define new DEBUG_NEW
12  #endif
```

图 3.65 添加#include "math. h" 头文件

### 3.4.8 编译并运行程序

单击【生成】菜单下面的【生成解决方案】菜单项，如图 3.66 所示；检查程序代码是否有问题，没有问题，单击【调试】菜单下面的【开始执行（不调试）】菜单项，如

图 3.67 所示；运行效果如图 3.68 所示。

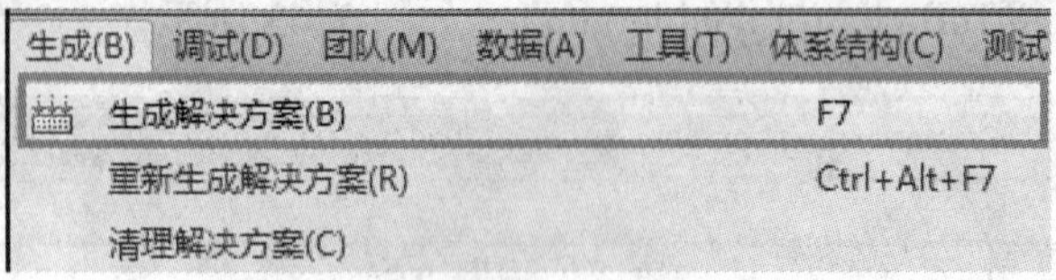

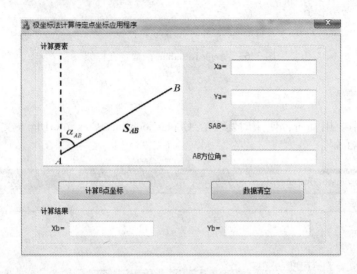

图 3.66　"生成解决方案"菜单项 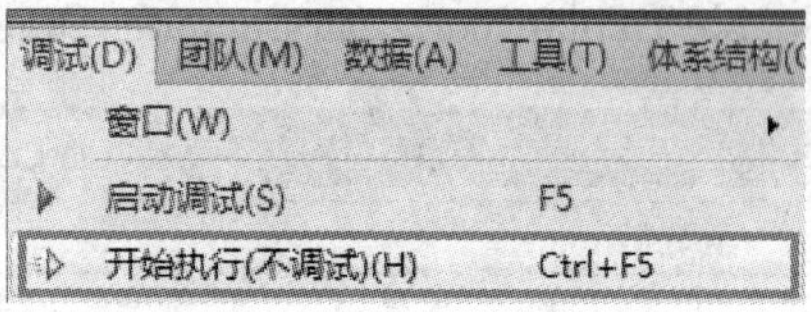　　　　　图 3.67　"开始执行"菜单项

图 3.68　运行效果

### 3.4.9　输入数据显示结果

将需要计算的数据输入到对话框中（注意角度的格式），点击"计算 B 点坐标"即可得到结果，计算结果如图 3.69 所示。

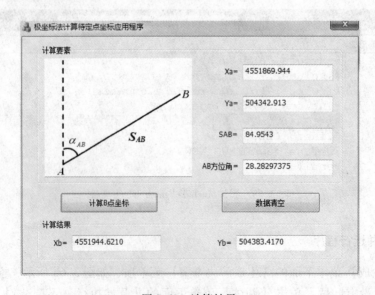

图 3.69　计算结果

### 3.4.10 出现问题

在我们用图形控件 Picture Control 对话框上添加图片时，可能会出现 error RC2108：expected numerical dialog constant，如图 3.70 所示。

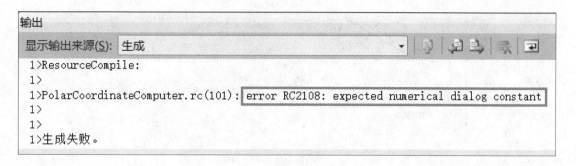

图 3.70 error RC2108

**解决方法：**

双击打开 PolarCoordinateComputer \ PolarCoordinateComputer 文件里的 PolarCoordinateComputer. rc，在如图 3.71 所示的位置上增加 " Static "，SS_BITMAP 即可。

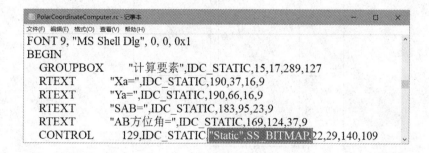

图 3.71 解决方法

## 3.5 方位角及距离计算应用程序

利用 MFC 应用程序向导，创建一个基于对话框的方位角及距离计算的应用程序，运行效果如图 3.72 所示。

### 3.5.1 理论基础

测量中常用方位角表示直线的方向，方位角可以根据 $A(x_A, y_A)$，$B(x_B, y_B)$ 两点坐标计算得到，另外可以利用两点坐标求出地面点间的水平距离 $D_{AB}$，如图 3.73 所示。

$$\Delta x_{AB} = x_B - x_A$$
$$\Delta y_{AB} = y_B - y_A$$

$$D_{AB} = \sqrt{(x_B - x_A)^2 + (y_B - y_A)^2} = \frac{\Delta y_{AB}}{\sin\alpha_{AB}} = \frac{\Delta x_{AB}}{\cos\alpha_{AB}}$$

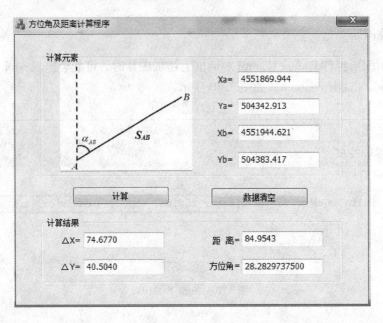

图 3.72　方位角及距离计算应用程序运行效果

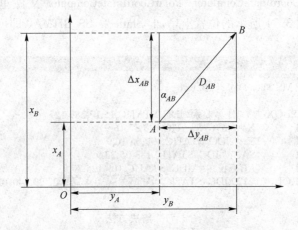

图 3.73　方位角及距离计算

$$\tan R_{AB} = \frac{\Delta y_{AB}}{\Delta x_{AB}} \Rightarrow R_{AB} = \arctan \frac{y_B - y_A}{x_B - x_A}$$

计算出 $R_{AB}$ 为其线段 $AB$ 的象限角，应根据 $\Delta x_{AB}$，$\Delta y_{AB}$ 的正负，判断其所在的象限，根据象限角和方位角之间的关系计算出方位角：

当 $\Delta x_{AB} > 0$ 且 $\Delta y_{AB} > 0$，方位角为 $\alpha_{AB} = R_{AB}$

当 $\Delta x_{AB} < 0$，方位角为 $\alpha_{AB} = R_{AB} + 180°$

当 $\Delta x_{AB} > 0$ 且 $\Delta y_{AB} < 0$，方位角为 $\alpha_{AB} = R_{AB} + 360°$

当 $\Delta x_{AB} = 0$ 且 $\Delta y_{AB} > 0$，方位角为 $\alpha_{AB} = 90°$

当 $\Delta x_{AB} = 0$ 且 $\Delta y_{AB} < 0$，方位角为 $\alpha_{AB} = 270°$

当 $\Delta x_{AB} > 0$ 且 $\Delta y_{AB} = 0$，方位角为 $\alpha_{AB} = 0°$

当 $\Delta x_{AB} < 0$ 且 $\Delta y_{AB} = 0$，方位角为 $\alpha_{AB} = 180°$

### 3.5.2 创建应用程序的具体步骤

（1）进入 Visual C++ 编程环境，点击【文件】菜单下的【新建】下的【项目】菜单项命令，打开"新建项目"对话框，如图 3.74 所示。选择"MFC 应用程序"选项，在"名称"编辑框中输入相应程序项目名称 FWJ_JL_Computer，在"位置"编辑框中选择相应的文件名和文件路径，单击"确定"按钮。

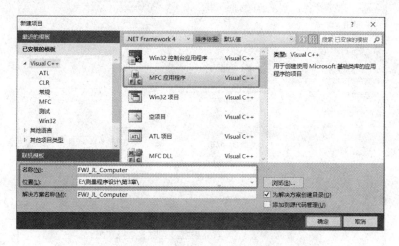

图 3.74 "新建项目"对话框

（2）在"MFC 应用程序向导-FWJ_JL_Computer"向导页上选择下一步，如图 3.75 所示。

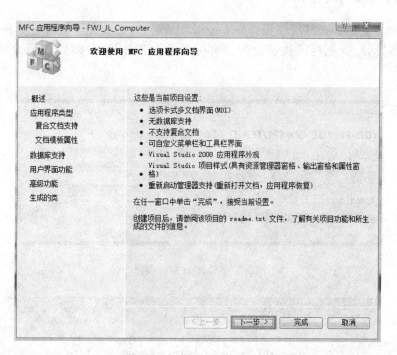

图 3.75 应用程序向导欢迎界面

"MFC 应用程序向导-FWJ_JL_Computer"向导页上选择"基于对话框",点击"完成"命令按钮,如图 3.76 所示。

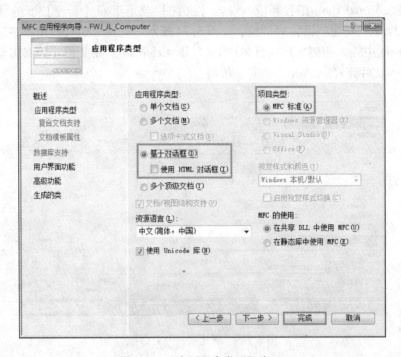

图 3.76   "应用程序类型"窗口

### 3.5.3   设置对话框的属性

选中新建对话框,在其属性窗口中 Caption 中输入"方位角及距离计算程序",如图 3.77 所示;对话框标题栏将被更改为"方位角及距离计算程序",显示效果如图 3.78 所示。

图 3.77   Caption 属性设置

图 3.78   Caption 属性显示效果

### 3.5.4 添加控件并设置属性

对话框中需要的控件如图 3.79 所示，对应的控件类型、ID、标题、属性、变量类别、变量类型和成员变量等信息如表 3.6 所示。

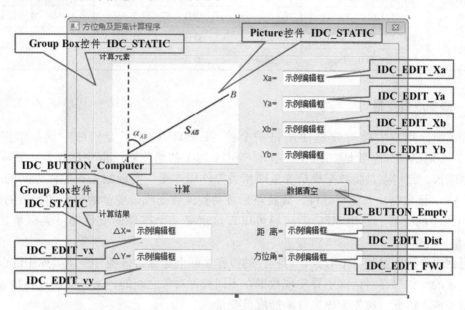

图 3.79 方位角及距离计算程序应用程序控件布局

**表 3.6 控件的基本设置**

| 控件 | 控件 ID 号 | 标题 | 属性 | 变量类别 | 变量类型 | 成员变量 |
|------|-----------|------|------|---------|---------|---------|
| 组框 | IDC_STATIC | 计算元素 | 默认 | | | |
| | IDC_STATIC | 计算结果 | 默认 | | | |
| 图像控件 | IDC_STATIC | — | Type：Bitmap | | | |
| 静态文本框 | IDC_STATIC | Xa = | 默认 | | | |
| | IDC_STATIC | Ya = | 默认 | | | |
| | IDC_STATIC | Xb = | 默认 | | | |
| | IDC_STATIC | Yb = | 默认 | | | |
| | IDC_STATIC | ΔX = | 默认 | | | |
| | IDC_STATIC | Δy = | 默认 | | | |
| | IDC_STATIC | 距离 = | 默认 | | | |
| | IDC_STATIC | 方位角 = | 默认 | | | |
| 编辑框 | IDC_EDIT_Xa | | 默认 | Value | double | m_Xa |
| | IDC_EDIT_Ya | | 默认 | Value | double | m_Ya |
| | IDC_EDIT_Xb | | 默认 | Value | double | m_Xb |
| | IDC_EDIT_Yb | | 默认 | Value | double | m_Yb |
| | IDC_EDIT_vx | | 默认 | Value | double | m_vx |

| 控件 | 控件 ID 号 | 标题 | 属性 | 变量类别 | 变量类型 | 成员变量 |
|------|-----------|------|------|---------|---------|---------|
| 编辑框 | IDC_EDIT_vy | | 默认 | Value | double | m_vy |
| | IDC_EDIT_Dist | | 默认 | Value | double | m_Dist |
| | IDC_EDIT_FWJ | | 默认 | Value | double | m_FWJ |
| 按钮 | IDC_BUTTON_Computer | 计算 | 默认 | | | |
| | IDC_BUTTON_Empty | 数据清空 | 默认 | | | |

### 3.5.5  添加成员变量

为了能让用户直接有效地使用每一个控件，MFC 提供了专门的对话框数据交换（DDX）和对话框数据验证（DDV）技术。DDX 用于初始化对话框中的控件，获取用户的数据输入，其特点是将数据成员变量同相关控件相连接，实现数据在控件之间的传递；DDV 用于验证数据输入的有效性，其特点是自动验证数据成员变量的类型和数值的范围，并发出相应的警告。使用 MFC 类向导可以直接定义一个控件的成员变量类型及其数据范围。

对话框中控件就是一个对象，对控件的操作实际上是通过该控件所属类库中的成员函数来实现的。如果在对话框中要实现数据在不同控件对象之间的传递，应通过其相应的成员变量完成。因此，应先为该控件添加成员变量。

举例说明控件添加成员变量步骤：

（1）打开【项目】菜单下的【类向导】菜单项，如图 3.80 所示；弹出 MFC 类向导对话框，选择"成员变量"标签，在"类名"列表框中选择 CFWJ_JL_ComputerDlg 类，如图 3.81 所示。

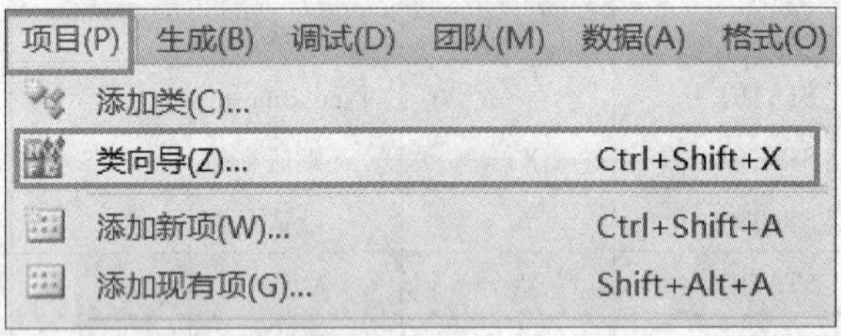

图 3.80  类向导菜单项

（2）在控件 ID 列表框中选择要关联的控件 ID 为"IDC_EDIT_Xa"，然后单击"添加变量"按钮，如图 3.82 所示；显示"添加成员变量"对话框，在"成员变量名称"输入框中填写与控件相关联成员变量 m_Xa，在"类别"中选择 Value，变量类型选择"double"，如图 3.83 所示；添加完效果如图 3.84 所示。

注意：对于大多数控件而言，在"类别"框内可以选择 Value 或 Control 类型，其中，Control 对应的变量类型为 MFC 控件类，Value 对应的变量类型为基本数据类型。如果控件内容只是被提取后参与计算或者计算后直接赋值时，选择 Value 即可，但如果让控件还有一些行为产生，应选择 Control。

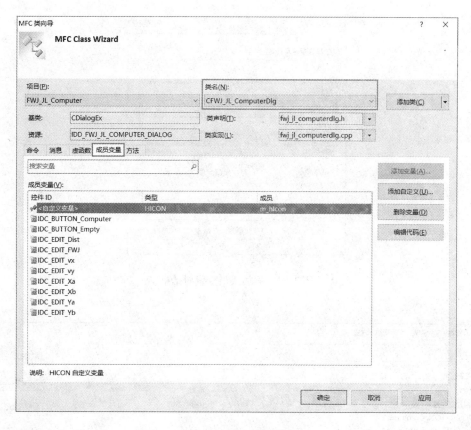

图 3.81 MFC 类向导

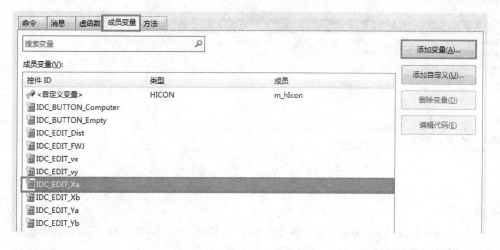

图 3.82 添加变量命令按钮

　　利用同样的方法，将其余控件按照 3.5.4 小节添加控件并设置属性中要求分别与对话框类的成员变量相关联，点击【类视图】可以看到下面自动增加了几个新的成员变量，如图 3.85 所示。在 FWJ_JL_ComputerDlg 类的源代码中，可以看到类向导帮助我们添加了

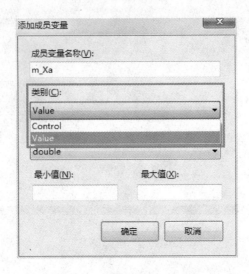

图 3.83　添加成员变量对话框

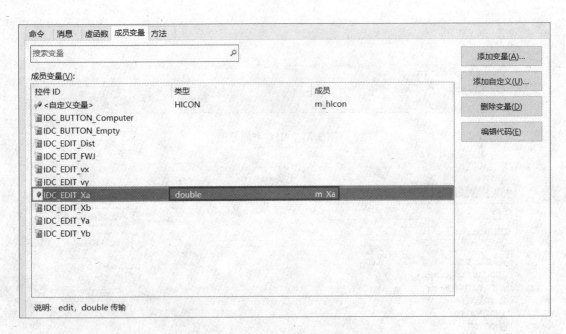

图 3.84　添加完成员变量效果

哪些新内容：

（1）在 FWJ_JL_ComputerDlg. h 头文件中，可以看到在 CFWJ_JL_ComputerDlg 类中增加了几个新的公有成员变量的定义，如图 3.86 所示。

（2）在 FWJ_JL_ComputerDlg. cpp 中 FWJ_JL_ComputerDlg 类的构造函数中，可以看到这几个成员变量进行了初始化，将它们分别赋值为 0，如图 3.87 所示。

（3）成员变量与控件关联的位置是在 FWJ_JL_ComputerDlg 类的源文件中，有一个 DoDataExchange 函数。这个函数由程序框架调用，以完成对话框数据的交换和校验。在这

图 3.85　类视图下增加的变量

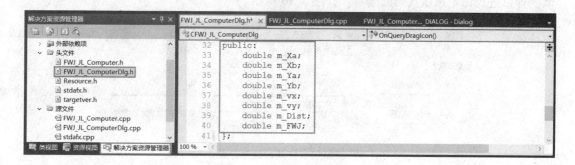

图 3.86　新增变量的定义

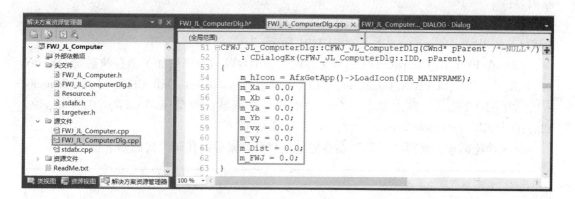

图 3.87　新增变量的初始化

个函数内部调用了 DDX_Text 函数，其功能就是将 ID 指定的控件与特定的类成员变量相关联，如图 3.88 所示。因此，就是在 DoDataExchange 函数内部实现了对话框控件与类成员变量的关联。

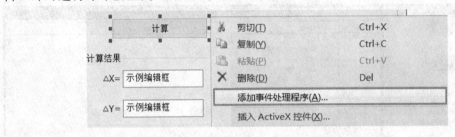

图 3.88　成员变量相关联

### 3.5.6　建立消息映射

#### 3.5.6.1　计算命令按钮消息映射

在"计算"命令按钮上右击"添加事件处理程序",如图 3.89 所示;然后在"事件处理向导"中选择消息类型,并接受系统建议的"函数处理程序名称",单击"添加编辑"即可进行命令按钮代码的编写,如图 3.90 所示。

| | | | |
|---|---|---|---|
| 计算 | ✂ 剪切(T) | Ctrl+X | |
| | 复制(Y) | Ctrl+C | |
| 计算结果 | 粘贴(P) | Ctrl+V | |
| △X= 示例编辑框 | ✕ 删除(D) | Del | |
| | 添加事件处理程序(A)... | | |
| △Y= 示例编辑框 | 插入 ActiveX 控件(X)... | | |

图 3.89　"添加事件处理程序"菜单项

说明:在 FWJ_JL_ComputerDlg 类的源代码中,可以看到类向导帮助我们添加了哪些新内容:

(1)类向导在 FWJ_JL_ComputerDlg.h 文件中增加了消息映射函数的声明 afx_msg void OnBnClickedButtonComputer();,如图 3.91 所示。

(2)在 FWJ_JL_ComputerDlg.cpp 文件的前面消息映射中间增加了消息映射宏 ON_BN _CLICKED(IDC_BUTTON_Computer,&CFWJ_JL_ComputerDlg::OnBnClickedButtonComput-er),如图 3.92 所示,并添加了一个空的消息处理函数的框架 void CFWJ_JL_Computer Dlg::OnBnClickedButtonComputer(),如图 3.93 所示。

根据功能需求,编写"计算"命令按钮消息处理函数的代码,代码如下:

```
//计算命令按钮消息处理函数
void CFWJ_JL_ComputerDlg::OnBnClickedButtonComputer()
{
    // TODO: 在此添加控件通知处理程序代码
    //数据交换是由 DoDataExchange 函数完成的,在程序代码中不直接调用这个函数
    //而是通过 CWnd 类的成员函数:UpdateData 来调用。通过调用后者来初始化对话框
```

```
//控件或从对话框获取数据。
//BOOL UpdateData(BOOL bSaveAndValidate = TRUE);
//函数有一个 BOOL 类型的参数,如果其值为 TRUE,则说明该函数正在获取对话框的数据
//如果其值为 FALSE,则说明该函数正在初始化对话框的控件
UpdateData(true);
m_vx = m_Xb - m_Xa; //△x
m_vy = m_Yb - m_Ya; //△y
if(m_vx == 0 && m_vy == 0)
    AfxMessageBox(TEXT("您选择的是同一个点!"),MB_OK|MB_ICONINFORMATION);
else
    {
        m_Dist = JSJLS(m_Xa,m_Ya,m_Xb,m_Yb); //计算距离 S
        m_FWJ = JSFWJ(m_Xa,m_Ya,m_Xb,m_Yb); //计算方位角
        UpdateData(false);
        //将计算结果按照指定位数输出
        CString str;
        str.Format(_T("%.4lf"), m_vx); //4 位小数显示
        SetDlgItemText(IDC_EDIT_vx, str);
        str.Format(_T("%.4lf"), m_vy); //4 位小数显示
        SetDlgItemText(IDC_EDIT_vy, str);
        str.Format(_T("%.4lf"), m_Dist); //4 位小数显示
        SetDlgItemText(IDC_EDIT_Dist, str);
        str.Format(_T("%.10lf"), m_FWJ); //10 位小数显示
        SetDlgItemText(IDC_EDIT_FWJ, str);
    }
}
```

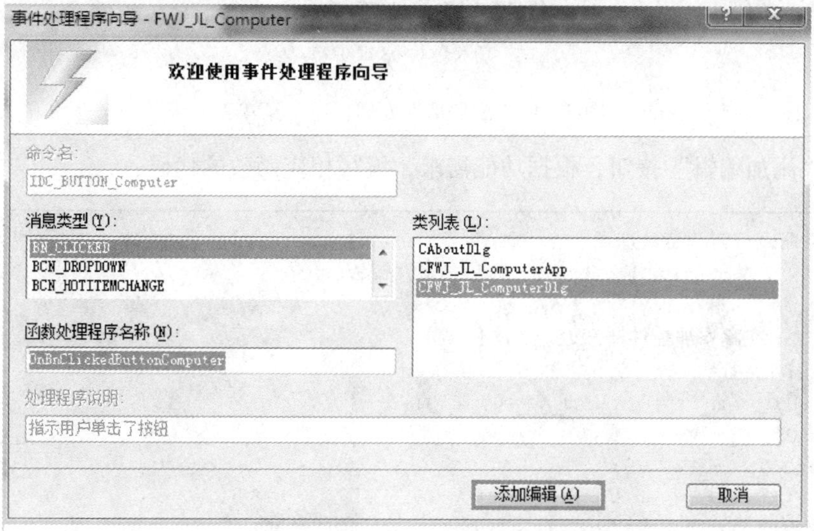

图 3.90 "事件处理程序向导"对话框

```
     FWJ_JL_ComputerDlg.h* ×   FWJ_JL_ComputerDlg.cpp   FWJ_JL_Computer... DIALOG - Dialog
(全局范围)
  40        double m_FWJ;
  41        afx_msg void OnBnClickedButtonComputer();
  42   };
```

图 3.91    FWJ_JL_ComputerDlg 类中 OnBnClickedButtonComputer 函数声明

```
     FWJ_JL_ComputerDlg.h*   FWJ_JL_ComputerDlg.cpp* ×   FWJ_JL_Computer... DIALOG - Dialog
CFWJ_JL_ComputerDlg                                          OnInitDialog()
  78 BEGIN_MESSAGE_MAP(CFWJ_JL_ComputerDlg, CDialogEx)
  79     ON_WM_SYSCOMMAND()
  80     ON_WM_PAINT()
  81     ON_WM_QUERYDRAGICON()
  82     ON_BN_CLICKED(IDC_BUTTON_Computer, &CFWJ_JL_ComputerDlg::OnBnClickedButtonComputer)
  83 END_MESSAGE_MAP()
```

图 3.92    FWJ_JL_ComputerDlg 类中 OnBnClickedButtonComputer 消息映射宏

```
     FWJ_JL_ComputerDlg.h*   FWJ_JL_ComputerDlg.cpp* ×   FWJ_JL_Computer... DIALOG - Dialog
(全局范围)
 173 void CFWJ_JL_ComputerDlg::OnBnClickedButtonComputer()
 174 {
 175     // TODO: 在此添加控件通知处理程序代码
 176
 177 }
```

图 3.93    FWJ_JL_ComputerDlg 类中 OnBnClickedButtonComputer 函数定义框架

### 3.5.6.2 "数据清空"命令按钮消息映射

在"数据清空"命令按钮上右击"添加事件处理程序",如图 3.94 所示;然后在"事件处理向导"中选择消息类型,并接受系统建议的"函数处理程序名称",如图 3.95 所示。

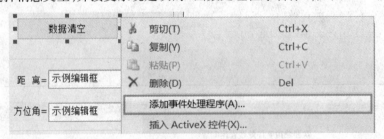

图 3.94    "添加事件处理程序"菜单项

单击"添加编辑"按钮,根据功能需求,编写相应函数的代码:

```
//数据清空命令按钮消息处理函数
void CFWJ_JL_ComputerDlg::OnBnClickedButtonEmpty()
{
    // TODO: 在此添加控件通知处理程序代码
    UpdateData(true);
    m_Xa = 0;    m_Ya = 0;    m_Xb = 0;    m_Yb = 0;
    m_vx = 0;    m_vy = 0;
    m_Dist = 0;  m_FWJ = 0;
    UpdateData(false);
    GetDlgItem(IDC_EDIT_Xa) -> SetFocus();
}
```

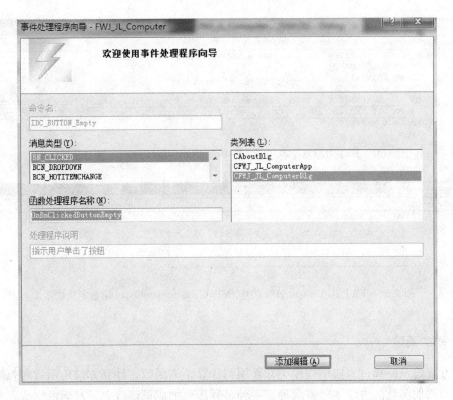

图 3.95 "事件处理程序向导"对话框

同样，在 FWJ_JL_ComputerDlg 类的源代码中，可以看到类向导帮助我们添加了哪些新内容：

（1）类向导在 FWJ_JL_ComputerDlg. h 文件中增加了消息映射函数的声明 afx_msg void OnBnClickedButtonEmpty( );，如图 3.96 所示。

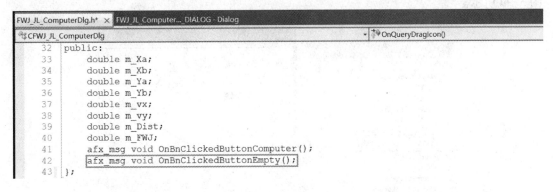

图 3.96 FWJ_JL_ComputerDlg 类中 OnBnClickedButtonEmpty 函数声明

（2）在 FWJ_JL_ComputerDlg. cpp 文件的前面消息映射中间增加了消息映射宏 ON_BN _CLICKED（IDC_BUTTON_Empty，&CFWJ_JL_ComputerDlg∷OnBnClickedButtonEmpty），如图 3.97 所示；并添加了一个空的消息处理函数的框架 void CFWJ_JL_ComputerDlg∷On BnClickedButtonEmpty（），如图 3.98 所示。

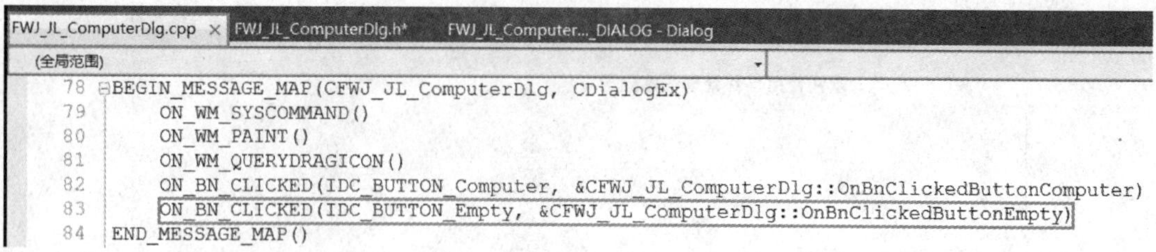

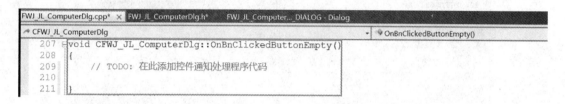

图 3.97　FWJ_JL_ComputerDlg 类中 OnBnClickedButtonEmpty 消息映射宏

```
207  void CFWJ_JL_ComputerDlg::OnBnClickedButtonEmpty()
208  {
209      // TODO：在此添加控件通知处理程序代码
210
211  }
```

图 3.98　FWJ_JL_ComputerDlg 类中 OnBnClickedButtonEmpty 函数定义框架

### 3.5.7　添加函数

在方位角及距离计算应用程序中，要用到计算距离函数、计算方位角函数和弧度化角度函数。添加函数的方法主要有两种：一种是利用添加成员函数向导对话框完成，另一种是直接在程序中编写。

#### 3.5.7.1　利用添加成员函数向导对话框

以计算距离函数为例，说明添加函数的过程如下：

（1）切换到类视图界面。

（2）在 CFWJ_JL_ComputerDlg 右击"添加函数"弹出添加成员函数向导对话框，如图 3.99 所示。

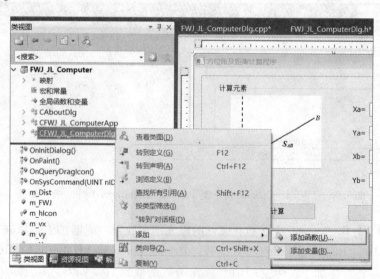

图 3.99　添加函数菜单

（3）在"添加成员函数向导"对话框，将增加的函数返回类型、函数名、参数类型、参数名等信息填入，如图3.100所示。点击"完成"，FWJ_JL_ComputerDlg.cpp下增加了JSJLS（double xa，double ya，double xb，double yb）函数，根据功能需求，编写相应函数代码。

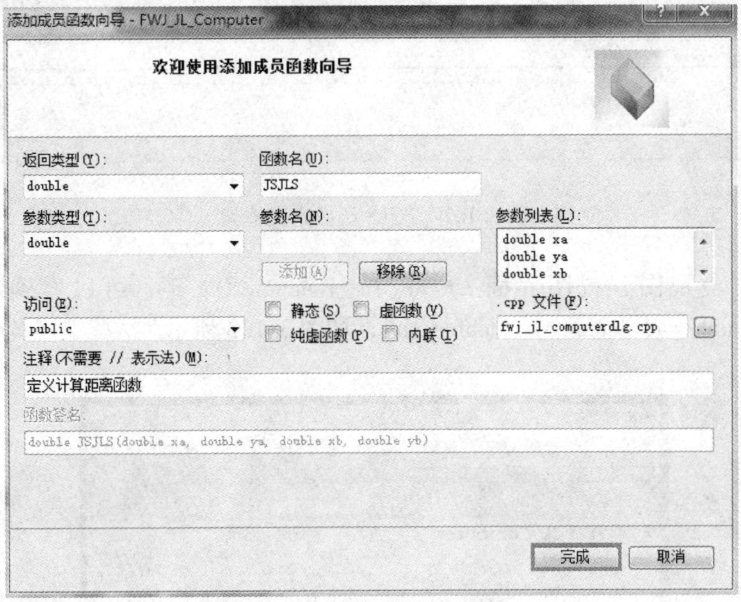

图3.100　添加JSJLS成员函数向导

注意：如果有多个形参，每增加一个形参时，首先要在【参数类型（T）:】下选择与之对应的参数类型，然后再【参数名（N）:】下添加参数名，最后点击【添加（A）】，则在【参数列表（L）:】中会出现添加后的形参。全部形参添加完成后，在下方【函数签名:】会看到函数首部的内容，可以帮助检查函数首部是否正确。

说明：在FWJ_JL_ComputerDlg类的源代码中，可以看到成员函数向导帮助我们添加了哪些新内容？根据上述步骤，可以看到编译系统为我们在程序中增加了一些内容：

1）在CFWJ_JL_ComputerDlg.h头文件中增加了函数声明，如图3.101所示。

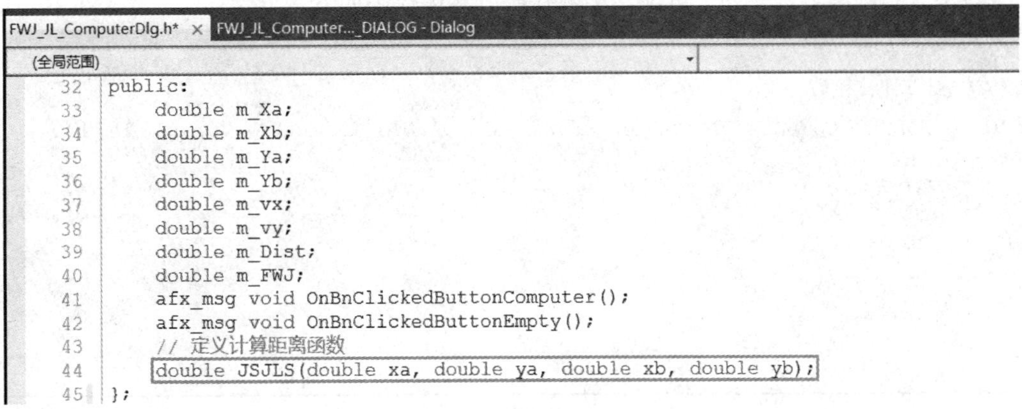

```
32    public:
33        double m_Xa;
34        double m_Xb;
35        double m_Ya;
36        double m_Yb;
37        double m_vx;
38        double m_vy;
39        double m_Dist;
40        double m_FWJ;
41        afx_msg void OnBnClickedButtonComputer();
42        afx_msg void OnBnClickedButtonEmpty();
43        // 定义计算距离函数
44        double JSJLS(double xa, double ya, double xb, double yb);
45    };
```

图3.101　JSJLS函数声明

2）在 FWJ_JL_ComputerDlg. cpp 源文件中增加空的消息处理函数的框架 double CFWJ_ JL_ComputerDlg::JSJLS（double xa, double ya, double xb, double yb），如图 3. 102 所示。

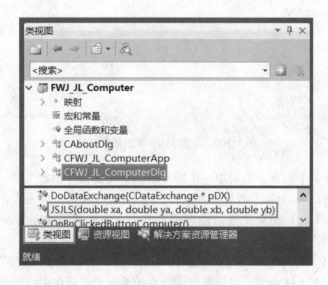

图 3. 102　JSJLS 函数定义框架

（4）在"类视图"视图界面 CFWJ_JL_ComputerDlg 下，可以看到增加了 JSJLS（double xa, double ya, double xb, double yb），如图 3. 103 所示。

图 3. 103　类视图显示

双击后调到函数定义处，可编写函数代码，具体代码如下：

```
// 定义计算距离函数
double CFWJ_JL_ComputerDlg::JSJLS(double xa, double ya, double xb, double yb)
{
    double vx,vy;
    vx = xb - xa;
    vy = yb - ya;
    return(sqrt(vx* vx + vy* vy));
}
```

同样方式完成计算方位角函数添加，如图 3. 104 所示。

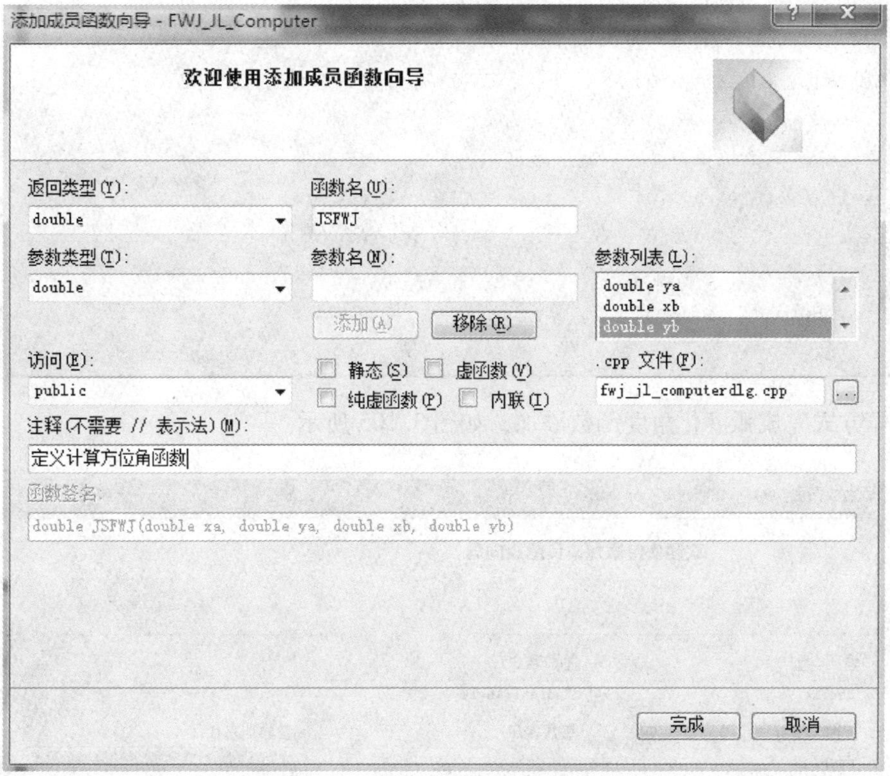

图 3.104　添加 JSFWJ 成员函数向导

具体代码如下：

```cpp
// 定义计算方位角函数
double CFWJ_JL_ComputerDlg::JSFWJ(double xa, double ya, double xb, double yb)
{
    double vx,vy,FWJ;
    vx = xb - xa;   vy = yb - ya;

    //当△x_AB = 0 且△y_AB > 0,方位角为 α_AB = 90°
    if(vx == 0 && vy > 0)           FWJ = PI/2.0;

    //当△x_AB = 0 且△y_AB < 0,方位角为 α_AB = 270°
    else if(vx == 0 && vy < 0)      FWJ = PI * 3.0/2.0;

    //当△x_AB < 0 且△y_AB = 0,方位角为 α_AB = 180°
    else if(vy == 0 && vx < 0)      FWJ = PI;

    //当△x_AB > 0 且△y_AB = 0,方位角为 α_AB = 0°
    else if(vy == 0 && vx > 0)      FWJ = 0;
```

```
//当△x_AB>0且△y_AB>0,方位角为α_AB=R_AB
else if(vx>0 && vy>0)              FWJ=atan(vy/vx);

//当△x_AB<0,方位角为α_AB=R_AB+180°
else if(vx<0 && vy>0)             FWJ=atan(vy/vx)+PI;
else if(vx<0 && vy<0)             FWJ=atan(vy/vx)+PI;
else                             FWJ=atan(vy/vx)+2.0*PI;
return RadianToAngle(FWJ);
}
```

同样方式完成弧度化角度函数添加，如图 3.105 所示。

图 3.105　添加 RadianToAngle 成员函数向导

具体代码如下：

```
// 定义弧度化角度函数
double CFWJ_JL_ComputerDlg::RadianToAngle(double alfa)
{
    double alfa1,alfa2;
    alfa=alfa* 180./PI;   //将 alfa 由弧度变成以度为单位
```

```
alfa1 = floor(alfa) + floor((alfa - floor(alfa))*60. )/100. ;
alfa2 = (alfa*60. - floor(alfa*60. ))*0.006;
alfa1 + = alfa2;
return(alfa1);
}
```

### 3.5.7.2 直接编写添加函数

也可以不需要利用"添加成员函数向导"对话框完成函数的添加而直接在 FWJ_JL_ComputerDlg. h 里面直接添加函数声明，如图 3.106 所示。在 FWJ_JL_ComputerDlg.cpp 里面直接添加函数定义，但一定要注意函数名前加上类名，告诉函数属于哪个类，如图 3.107 所示，效果与利用"添加成员函数向导"对话框完成是一样的。

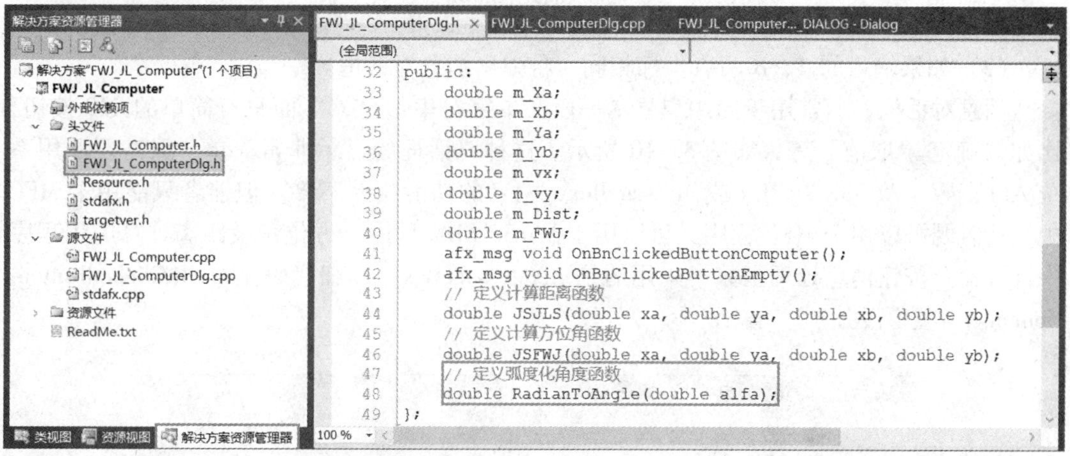

图 3.106　RadianToAngle 函数声明

图 3.107　RadianToAngle 函数定义

### 3.5.8　程序补充

（1）程序中要用到 π，在 CFWJ_JL_ComputerDlg. h 中定义了常变量 PI，如图 3.108 所示。

（2）程序中要用到数学函数，在 CFWJ_JL_ComputerDlg. cpp 包含#include "math. h" 头文件，如图 3.109 所示。

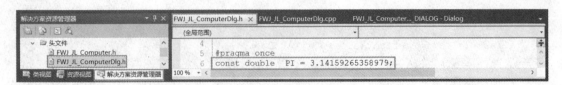

图3.108　定义常变量 PI

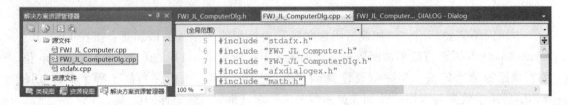

图3.109　添加#include "math.h" 头文件

（3）如果输入的 A、B 两点坐标相同，将弹出消息对话框。

消息对话框，通常用于向用户显示一段文本字符串信息，上面只有简单的几个按钮，比如"确定""取消"等，如图3.110所示。这种对话框的显示非常简单，只需要调用系统 API 函数：AfxMessageBox 或 MessageBox，两者的功能相差不多。但前者只能用于 MFC 中，后者既可以用于 MFC 程序又可以用于 Win32 SDK 程序。方位角及距离计算应用程序中计算命令按钮消息处理函数中采用的是 AfxMessageBox，详细代码见 OnBnClickedButton-Computer（）函数。

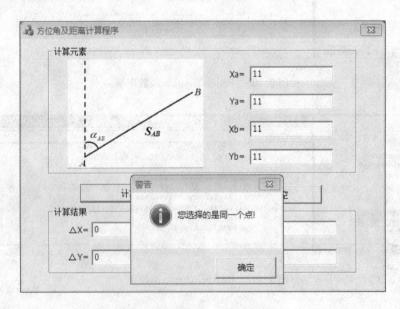

图3.110　消息对话框

1）MessageBox 的常见应用。

MessageBox 是一个 Win32 API 函数，用来显示消息的对话框，在不同的场合，它有各种不同的按钮和图标风格可以使用，使得界面更加人性化。比如，询问用户是否保存，可以让 MessageBox 带一个"问号"的图标。MessageBox 函数原型是：

    int MessageBox( LPCTSTR lpszText, LPCTSTR lpszCaption = NULL, UINT nType = MB_OK);

  如：MessageBox(TEXT(" 您选择的是同一个点！"), TEXT(" 警告"), MB_OK | MB_
ICONINFORMATION);

    lpszText 表示消息框显示的内容；

    lpszCaption 表示消息框显示的标题；

    nType 是图标和按钮的风格组合。

常见的 nType 取值有：

    MB_OK:消息框显示"确定"按钮

    MB_ABORTRETRYIGNORE:消息框显示"终止""重试""忽略"按钮

    MB_YESNOCANCEL：消息框显示"是""否""取消"按钮

    MB_ICONEXCELAMATION：消息框显示感叹号图标

    MB_ICONQUESTION：消息框显示问号图标

函数的返回值可以是下列各值：

    IDABORT:用户选择了退出按钮；

    IDCANCEL:用户选择了取消按钮；

    IDCONTINUE:用户选择了继续按钮；

    IDIGNORE:用户选择了忽略按钮；

    IDNO:用户选择了否按钮；

    IDYES:用户选择了是按钮；

    IDRETRY:用户选择了重试按钮；

    IDTRYAGAIN:用户选择了 Try Again 按钮

在调用 MessageBox 的实参中还涉及 TEXT 宏。在 Windows 编程中，TEXT 宏是用来对
UNICODE 编码的字符串的支持。UNICODE 是使用两个字节表示一个字符，这样单字节的
ANSI 字符和双字节的汉字的表示就统一起来了。在程序中使用 TEXT 文本，无论在任何
Windows 环境下均可显示正确的内容，而不会出现乱码的情形。另外还有_TEXT 和_T 宏
等，在 Visual C ++中，它们的作用是等同的。

  2）AfxMessageBox 的常见应用。AfxMessageBox 函数原型是：

    int AfxMessageBox( LPCTSTR lpText, UINT uType = MB_OK, UINT nIDHelp = 0);

  如：AfxMessageBox(TEXT("您选择的是同一个点！"), MB_OK | MB_ICONINFORMA-
TION);

    lpText 表示消息框显示的内容；

    uType 是消息框上按钮的类型；

    nIDHelp 表示帮助事件的 ID,如果为 0,表示使用当前程序的默认帮助。

函数的返回值可以是下列各值：

    IDABORT:用户选择了退出按钮；

    IDCANCEL:用户选择了取消按钮；

    IDIGNORE:用户选择了忽略按钮；

    IDNO:用户选择了否按钮；

    IDYES:用户选择了是按钮；

    IDRETRY:用户选择了重试按钮。

### 3.5.9 编译并运行程序

单击【生成】菜单下面的【生成解决方案】菜单项，如图 3.111 所示；检查程序代码是否有问题，如没有问题，则单击【调试】菜单下面的【开始执行（不调试)】菜单项，如图 3.112 所示；运行效果如图 3.113 所示。

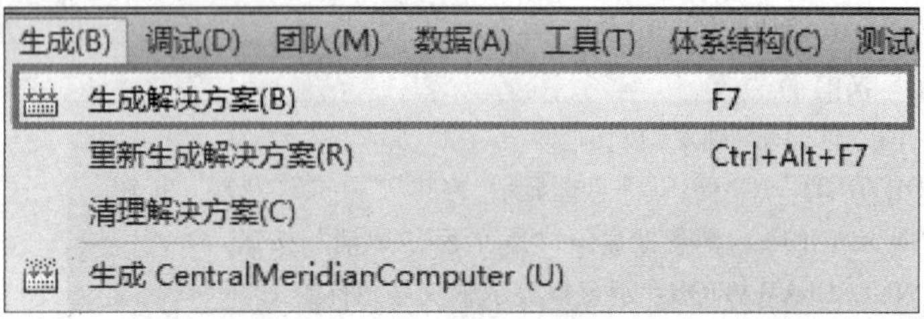

生成(B)　调试(D)　团队(M)　数据(A)　工具(T)　体系结构(C)　测试
生成解决方案(B)　F7
重新生成解决方案(R)　Ctrl+Alt+F7
清理解决方案(C)
生成 CentralMeridianComputer (U)

图 3.111 【生成解决方案】菜单项

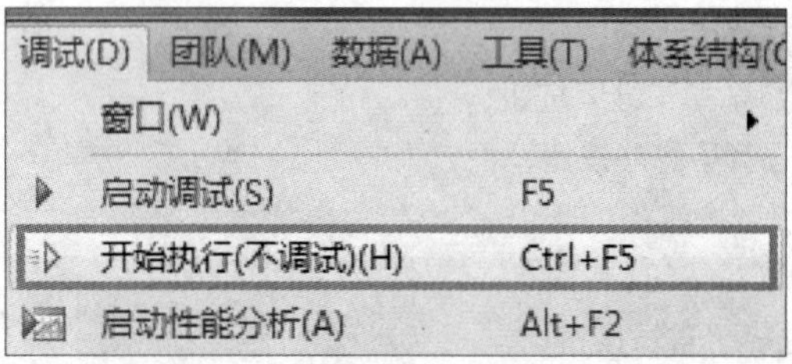

调试(D)　团队(M)　数据(A)　工具(T)　体系结构(
窗口(W)
启动调试(S)　F5
开始执行(不调试)(H)　Ctrl+F5
启动性能分析(A)　Alt+F2

图 3.112 【开始执行】菜单项

方位角及距离计算程序
计算元素
B
$S_{AB}$
$\alpha_{AB}$
A
Xa=
Ya= 0
Xb= 0
Yb= 0
计算
数据清空
计算结果
△X= 0
△Y= 0
距 离= 0
方位角= 0

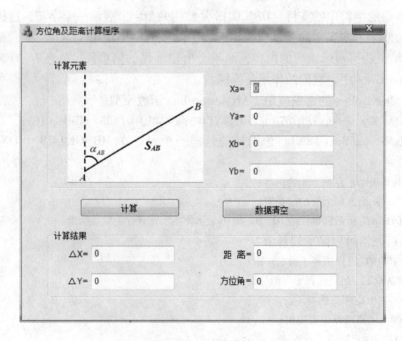

图 3.113 运行效果

### 3.5.10 输入数据显示结果

将需要计算的数据输入到对话框中,点击"计算"即可得到结果,计算结果如图 3.114 所示。

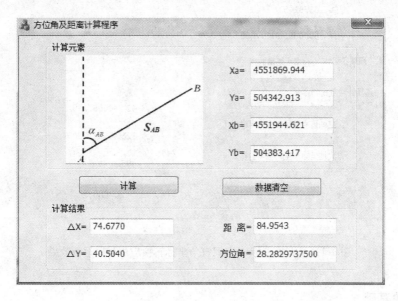

图 3.114 计算结果

## 3.6 坐标转换应用程序

利用 MFC 应用程序向导,创建一个基于对话框的空间直角坐标系与大地坐标系相互转换的应用程序,运行效果如图 3.115 和图 3.116 所示。

图 3.115 空间直角坐标 -> 大地坐标转换应用程序运行效果

图 3.116　大地坐标 -> 空间直角坐标转换应用程序运行效果

### 3.6.1　理论基础

为了确定地面点位的空间位置，需要建立各种坐标系。点的空间位置须用三维坐标来表示。在测量工作中，一般将点的空间位置用球面或平面位置（二维）和高程（一维）来表示，它们分别属于大地坐标系、平面直角坐标系和高程系统；在卫星测量中，用到三维空间直角坐标系。在各种坐标系之间，对于地面点的坐标和各种几何元素，可以进行换算。

#### 3.6.1.1　大地坐标系

大地坐标系又称地理坐标系，是以地球椭球面作为基准面，以首子午面和赤道平面作为参考面，用经度和纬度两个坐标值来表示地面点的球面位置。如图 3.117 所示，地面点 $A$ 的"大地经度"（$L$）为通过 $A$ 点的子午面与首子午面（起始子午面，通过英国的 Green-

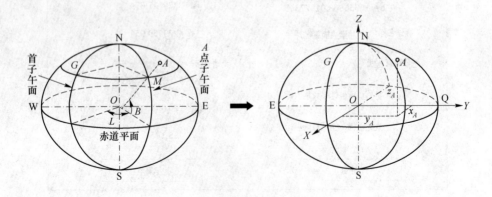

图 3.117　大地坐标系变换至空间直角坐标系

wich 天文台）之间的夹角。由首子午面起算，向东 0°~180° 为东经，向西 0°~180° 为西经；A 点的"大地纬度"（B）为通过 A 点的椭球面法线与赤道平面的交角，由赤道面起算，向北 0°~90° 为北纬，向南 0°~90° 为南纬。大地经纬度 L、B 是地面点在地球椭球面上的二维坐标，另外一维为点的"大地高"（H），是沿地面点的椭球面法线计算，点位在椭球面之上为正，在椭球面之下为负。大地坐标 L、B、H 可用于确定地面点在大地坐标系中的空间位置。

### 3.6.1.2　空间三维直角坐标系

空间三维直角坐标系又称地心坐标系，是以地球椭球的中心（即地球体的质心）O 为原点，起始子午面与赤道面的交线为 X 轴，在赤道面内通过原点与 X 轴垂直的为 Y 轴，地球椭球的旋转轴为 Z 轴，如图 3.118 所示。地面点 A 的空间位置用三维直角坐标 $(x_A, y_A, z_A)$ 表示。A 点可以在椭球面之上，也可以在椭球面之下。

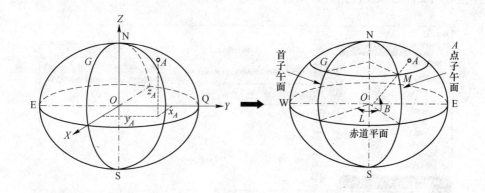

图 3.118　空间直角坐标系变换至大地坐标系

由于 GNSS 采集到的数据大多为大地坐标（B, L, H），而测绘生产中常用平面坐标，在进行坐标转换过程中经常涉及同一椭球下大地坐标（B, L, H）与空间直角坐标（X, Y, Z）和空间直角坐标（X, Y, Z）与大地坐标（B, L, H）之间的转换。

### 3.6.1.3　大地坐标系变换至空间直角坐标系

对于同一椭球，地面上任一点的空间直角坐标与相应的大地坐标的关系是

$$\begin{cases} X = (N+H)\cos B\cos L \\ Y = (N+H)\cos B\sin L \\ Z = \left[ N(1-e^2)+H \right]\sin B \end{cases}$$

$$N = \frac{a}{\sqrt{1-e^2\sin^2 B}} \qquad N\text{——卯酉圈曲率半径}$$

$$e = \sqrt{\frac{a^2-b^2}{a^2}} \qquad e\text{——椭圆偏心率}$$

### 3.6.1.4　空间直角坐标系变换至大地坐标系

由空间直角坐标系变换至大地坐标系的数学模型为

$$\begin{cases} L = \arctan \dfrac{Y}{X} \\ \tan B = \dfrac{1}{\sqrt{X^2 + Y^2}} \left[ Z + \dfrac{ae^2 \tan B}{\sqrt{1 + (1 - e^2) \tan^2 B}} \right] \\ H = \dfrac{\sqrt{X^2 + Y^2}}{\cos B} - N \end{cases}$$

### 3.6.2　创建应用程序的具体步骤

（1）进入 Visual C++编程环境，点击【文件】菜单下的【新建】下的【项目】菜单项命令，打开"新建项目"对话框，如图 3.119 所示。选择"MFC 应用程序"选项，在"名称"编辑框中输入相应程序项目名称 CoordinateTransformation，在"位置"编辑框中选择相应的文件名和文件路径，单击"确定"按钮。

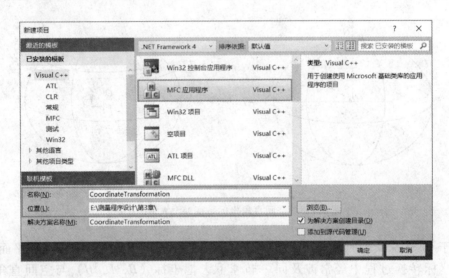

图 3.119　"新建项目"对话框

（2）在"MFC 应用程序向导-CoordinateTransformation"向导页上选择下一步，如图 3.120 所示。

（3）在"MFC 应用程序向导-CoordinateTransformation"向导页上选择"基于对话框"，点击"完成"命令按钮，如图 3.121 所示。

### 3.6.3　设置对话框的属性

选中新建对话框，在其属性窗口中 Caption 中输入"坐标转换程序"，如图 3.122 所示；对话框标题栏将被更改为"坐标转换程序"，效果如图 3.123 所示。

### 3.6.4　添加主要控件并设置属性

对话框中需要的控件如图 3.124 所示，对应的控件类型、ID、标题、属性、变量类别、变量类型和成员变量等信息如表 3.7 所示。

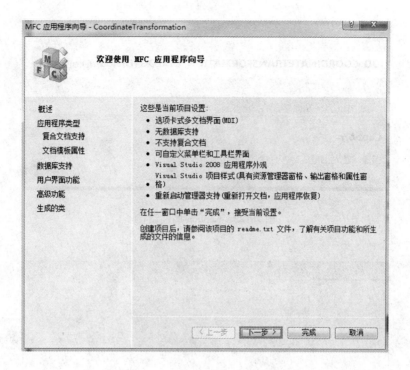

图 3.120 应用程序向导欢迎界面

图 3.121 "应用程序类型"窗口

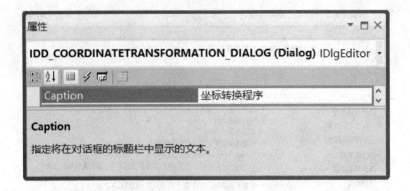

图 3. 122　Caption 属性设置

图 3. 123　Caption 属性显示效果

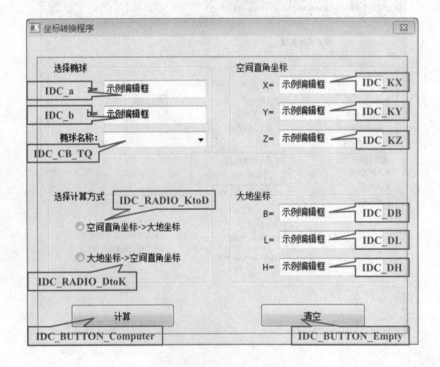

图 3. 124　坐标转换应用程序控件布局

**表 3.7 控件的基本设置**

| 控件 | 控件 ID 号 | 标题 | 属性 | 变量类别 | 变量类型 | 成员变量 |
|---|---|---|---|---|---|---|
| 组框 | IDC_STATIC | 选择椭球 | 默认 | | | |
| | IDC_STATIC | 空间直角坐标 | 默认 | | | |
| | IDC_STATIC | 选择计算方式 | 默认 | | | |
| | IDC_STATIC | 大地坐标 | 默认 | | | |
| 静态文本框 | IDC_STATIC | a = | 默认 | | | |
| | IDC_STATIC | b = | 默认 | | | |
| | IDC_STATIC | 椭球名称： | 默认 | | | |
| | IDC_STATIC | X = | 默认 | | | |
| | IDC_STATIC | Y = | 默认 | | | |
| | IDC_STATIC | Z = | 默认 | | | |
| | IDC_STATIC | B = | 默认 | | | |
| | IDC_STATIC | L = | 默认 | | | |
| | IDC_STATIC | H = | 默认 | | | |
| 编辑框 | IDC_a | | 默认 | Value | double | m_ta |
| | IDC_b | | 默认 | Value | double | m_tb |
| | IDC_KX | | 默认 | Value | double | m_KX |
| | IDC_KY | | 默认 | Value | double | m_KY |
| | IDC_KZ | | 默认 | Value | double | m_KZ |
| | IDC_DB | | 默认 | Value | double | m_DB |
| | IDC_DL | | 默认 | Value | double | m_DL |
| | IDC_DH | | 默认 | Value | double | m_DH |
| 按钮 | IDC_BUTTON_Computer | 计算 | 默认 | | | |
| | IDC_BUTTON_Empty | 数据清空 | 默认 | | | |
| 组合框 | IDC_CB_TQ | | 默认 | Control | CComboBox | m_CB_TQ |
| 单选按钮 | IDC_RADIO_KtoD | 空间直角坐标 -> 大地坐标 | Group，Tab stop，其余默认 | | | |
| | IDC_RADIO_DtoK | 大地坐标 -> 空间直角坐标 | 默认 | | | |

### 3.6.4.1 组合框

组合框控件是一种既具有列表项，又具有数据输入功能的子窗口。它吸收了列表框和编辑框的优点，既可以显示列表项供用户进行选择，也允许用户输入新的数据项。在功能上，可以将组合框视为编辑框、列表框和按钮的组合。

组合框有三种类型：简单组合框（Simple）、下拉组合框（Dropdown）和下拉列表框（Drop List）。

组合框数据项可以直接通过 Data 属性项添加，添加时用分号分隔每一项。

注意：分号为英文状态下的分号。如：克拉索夫斯基椭球; 1975 年国际椭球体; WGS-84 椭球体; CGCS2000 椭球体。

在坐标转换应用程序对话框中，在工具箱中找到组合框（Combo Box），拖放组合框到对话框中，此时要注意在增加组合框时，拖放时要将它的范围拉得大些，否则在程序运行单击它右边的下拉箭头时，显示的下拉空间很小，无法显示其下拉框中的内容。如图 3.125 所示。

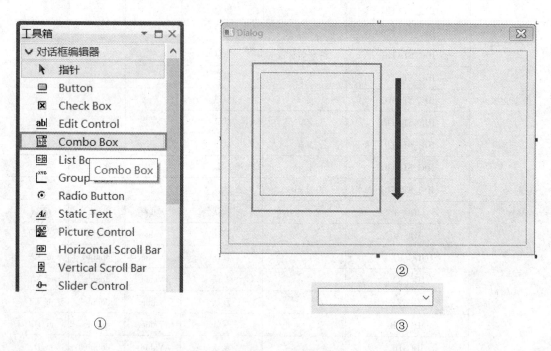

图 3.125　组合框设置

将组合框的 ID 属性改为 IDC_CB_TQ。Data 属性设置为克拉索夫斯基椭球；1975 年国际椭球体；WGS-84 椭球体；CGCS2000 椭球体。此时要注意分号为英文状态下的分号，如图 3.126 所示。将组合框的 Type 属性设置为 Dropdown，如图 3.127 所示；运行效果如图 3.128 所示。

图 3.126　组合框 Data 属性

组合框的操作大致分为两类：一类是对组合框中的列表框进行操作，另一类是对组合框中的编辑框进行操作。这些操作都可以调用 CComboBox 成员函数来实现，如表 3.8 所示。

图 3.127 组合框 Type 属性 · 图 3.128 组合框运行效果

表 3.8 CComboBox 类常用成员函数

| 成员函数 | 作 用 |
| --- | --- |
| AddString | 向组合框添加字符串 |
| DeleteString | 删除指定的索引项 |
| InsertString | 在指定的位置处插入字符 |
| SelectString | 选定指定字符串 |
| GetCurSel | 获得当前选择项的索引 |
| SetCurSel | 设置当前选择项 |
| GetCount | 获取组合框的项数 |
| GetLBText | 获取指定项的字符串 |
| GetLBTextLen | 获取指定项的字符串长度 |

组合框也能产生消息映射，在组合框的通知消息中，有些是编辑框发出的，有些是列表框发出的，如表 3.9 所示。

表 3.9 组合框的通知消息

| 通知消息 | 说 明 |
| --- | --- |
| CBN_CLOSEUP | 当组合框的列表关闭时发送此消息 |
| CBN_DBLCLK | 用户双击组合框的某项字符串时发送此消息 |
| CBN_DROPDOWN | 当组合框的列表打开时发送此消息 |
| CBN_EDITCHANGE | 同编辑框的 EN_CHANGE 消息 |
| CBN_EDITUPDATE | 同编辑框的 EN_UPDATE 消息 |
| CBN_SELENDCANCEL | 当前选择项被取消时发送此消息 |
| CBN_SELCHANGE | 组合框中的当前选择项将要改变时发送此消息 |
| CBN_SETFOCUS | 组合框获得键盘输入焦点时发送此消息 |
| CBN_SELENDOK | 当用户选择一个项并按下 Enter 键或单击下拉箭头隐藏列表框时发送此消息 |
| CBN_KILLFUCUS | 当组合框失去键盘输入焦点时发送此消息 |

### 3.6.4.2　单选按钮

常见的按钮有三种类型：按键按钮、单选按钮和复选按钮。按钮映射的消息有两个：BN_CLICKED（单击按钮）和 BN_DOUBLECLICKED（双击按钮）。管理按钮控件的 MFC 类是 CButton 类，它是 CWnd 类的派生类，常用的成员函数如表 3.10 所示。另外，从 CWnd 类继承而来的成员函数也可以用来管理按钮控件。

表 3.10　按钮控件 CButton 类常用的成员函数

| 成员函数 | 作　用 |
|---|---|
| CButton | 构造一个 CButton 对象 |
| Create | 创建 Windows 按钮控件并在 CButton 对象上应用 |
| GetState | 检索按钮控件的选中状态、加亮状态和获得焦点状态 |
| GetCheck | 检索按钮控件的选中状态 |
| SetCheck | 设置按钮控件的选中状态 |
| GetButtonStyle | 检索按钮控件的风格 |
| SetButtonStyle | 设置按钮控件的风格 |

单选按钮（Radio Button）由一个圆圈和紧随其后的文本组成，一般成组出现，用于从多个互斥的选项中单选出一项，完成单选功能。当其被选中时，圆圈中就标上一个黑点。一般情况下，多是几个单选按钮作为一组共同使用。这时通常把它们添加到具有分组功能的容器中，GroupBox 控件是常用的容器控件。在窗体中添加单选按钮组时，首先需要添加 Group Box 控件，然后在此容器控件中添加单选按钮控件。

使用单选按钮时，通常将其风格属性设置为 Auto 型（自动型），同一组中第一个按钮的 Group 属性被选中。当用户选择某个单选按钮时，系统将自动消除其他单选按钮的选中标志，保存其互斥性。

在坐标转换应用程序对话框中，在工具箱中找到单选按钮（Radio Button），如图 3.129 所示；拖放 2 个单选按钮到对话框中，将第一个单选按钮的 ID 属性改为 IDC_RADIO_KtoD，Caption 属性改为空间直角坐标 -> 大地坐标，Auto 属性改为 True，Group 属性改为 True，如图 3.130 所示；将第二个单选按钮的 ID 属性改为 IDC_RADIO_DtoK，Caption 属性改为大地坐标 -> 空间直角坐标，Auto 属性改为 True，Group 属性改为 False，如图 3.131 所示；运行效果如图 3.132 所示。

图 3.129　单选按钮

| | |
| --- | --- |
| 图 3.130 IDC_RADIO_KtoD 属性 | 图 3.131 IDC_RADIO_DtoK 属性 |

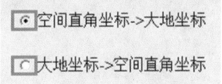

图 3.132 单选按钮运行效果

### 3.6.5 添加成员变量

为了让用户能直接有效地使用每一个控件，MFC 提供了专门的数据交换（DDX）和数据验证（DDV）技术。DDX 用于初始化对话框中的控件，获取用户的数据输入，其特点是将数据成员变量同相关控件相连接，实现数据在控件之间的传递；DDV 用于验证数据输入的有效性，其特点是自动验证数据成员变量的类型和数值的范围，并发出相应的警告。使用 MFC 类向导可以直接定义一个控件的成员变量类型及其数据范围。

对话框中控件就是一个对象，对控件的操作实际上是通过该控件所属类库中的成员函数来实现的。如果在对话框中要实现数据在不同控件对象之间的传递，应通过其相应的成员变量完成，因此，应先为该控件添加成员变量。

以组合框为例说明控件添加成员变量步骤：

（1）打开【项目】菜单下的【类向导】菜单项，如图 3.133 所示；弹出 MFC 类向导对话框，选择"成员变量"标签，在"类名"列表框中选择 CCoordinateTransformationDlg 类，如图 3.134 所示。

图 3.133　【类向导】菜单项

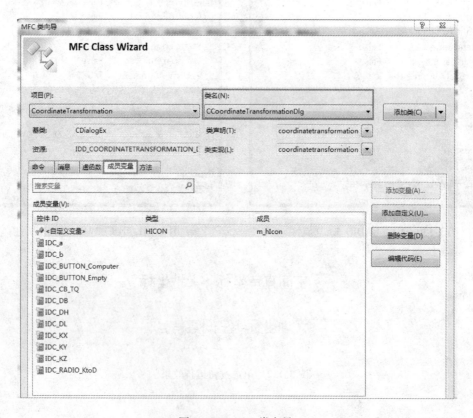

图 3.134　MFC 类向导

（2）控件 ID 列表框中选择要关联的控件 ID 为 "IDC_CB_TQ"，然后单击"添加变量"按钮，如图 3.135 所示；显示"添加变量名称"对话框，在"成员变量名称"输入框中填写与控件相关联成员变量 m_CB_TQ，在"类别"中选择 Control，变量类型选择"CComboBox"，添加完成员变量效果如图 3.136 所示。

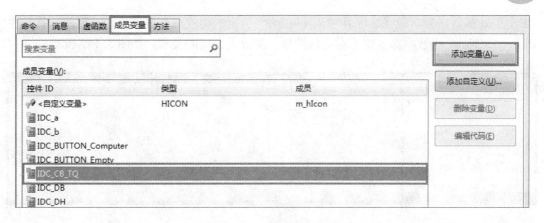

图 3.135　添加变量命令按钮

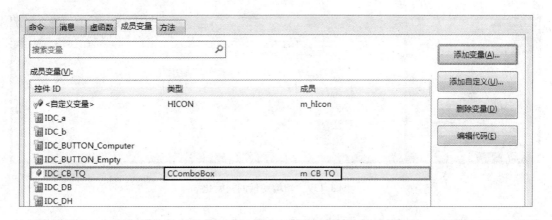

图 3.136　添加完成员变量效果

利用同样的方法，将其余控件分别与对话框类的成员变量相关联，点击【类视图】可以看到下面增加了几个成员变量，如图 3.137 所示。在 CCoordinateTransformationDlg 类的源代码中，可以看到类向导添加了哪些新内容：

（1）在 CCoordinateTransformationDlg.h 头文件中，可以看到在 CCoordinateTransformationDlg 类中增加了几个新的成员变量定义，如图 3.138 所示。

（2）CCoordinateTransformationDlg.cpp 中 CCoordinateTransformationDlg 类的构造函数中，可以看到这几个成员变量进行了初始化，将它们分别赋值为 0，如图 3.139 所示。

（3）成员变量与控件关联的位置是在 CCoordinateTransformationDlg 类的源文件中有一个 DoDataExchange 函数。这个函数由程序框架调用，以完成对话框数据的交换和校验。在这个函数内部调用了

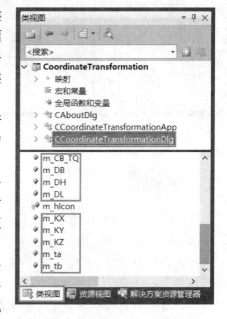

图 3.137　类视图下增加的变量

DDX_Text 函数，其功能就是将 ID 指定的控件与特定的类成员变量相关联。因此，就是在 DoDataExchange 函数内部实现了对话框控件与类成员变量的关联，如图 3.140 所示。

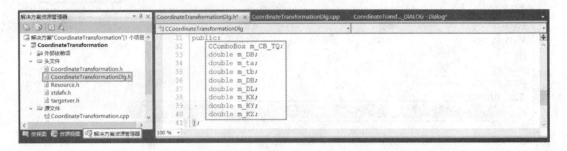

图 3.138　新增变量的定义

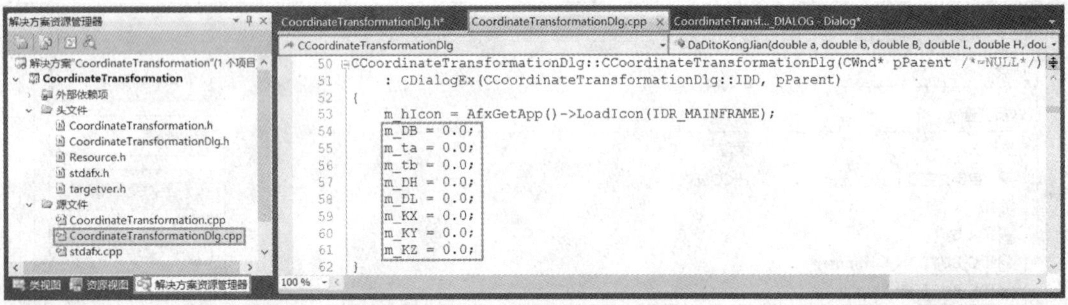

图 3.139　新增变量的初始化

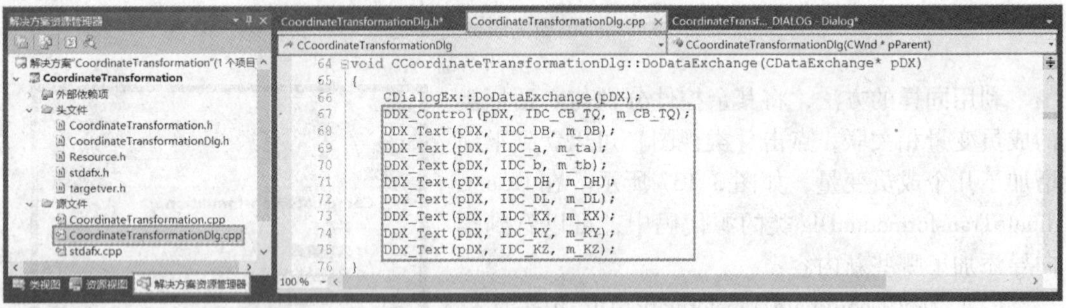

图 3.140　成员变量相关联

### 3.6.6　建立消息映射

#### 3.6.6.1　组合框消息映射

为椭球名称组合框 IDC_CB_TQ 添加 CBN_SELCHANGE 消息映射函数并添加代码。如果当前组合框中的内容发生改变（如选择 CGCS2000 椭球体），新选项的相关信息显示在编辑框中（$a = 6378137$，$b = 6356752.3142$），如图 3.141 所示。

打开【项目】菜单下的【类向导】菜单项，如图 3.142 所示；弹出 MFC 类向导对话框进行相应操作，如图 3.143 所示。

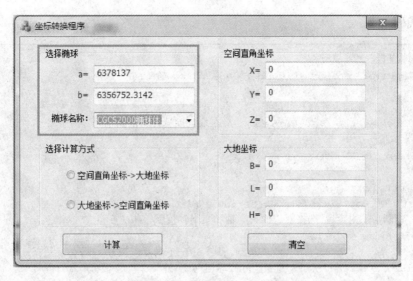

图 3.141 组合框运行效果

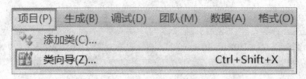

图 3.142 【类向导】菜单项

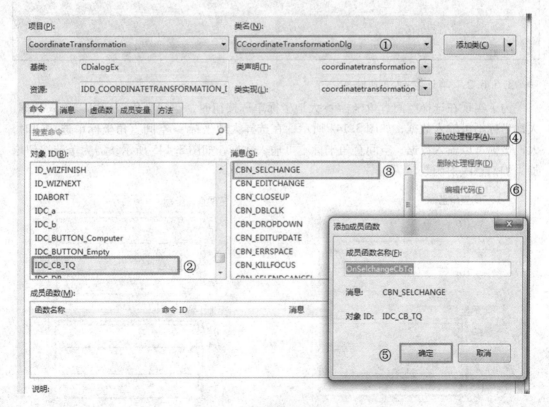

图 3.143 组合框消息映射操作

相应代码如下：

```
///选择椭球组合框/////////
void CCoordinateTransformationDlg::OnSelchangeCbTq()
{
    // TODO：在此添加控件通知处理程序代码
    int nIndex=m_CB_TQ.GetCurSel(); //获取当前选择项的索引号

    if(nIndex! =CB_ERR)
    {
        CString string;
        m_CB_TQ.GetLBText(nIndex,string); //获取当前项的内容
        //判断当前内容后,选择对应的长半轴和短半轴值赋给相应变量
        if(string=="克拉索夫斯基椭球")
        { m_ta=6378245.0000000000;m_tb=6356863.0187730473; }
        else if(string=="1975 年国际椭球体")
        { m_ta=6378140.0000000000;m_tb=6356755.2881575287; }
        else if(string=="WGS-84 椭球体")
        { m_ta=6378137.0000000000;m_tb=6356752.3142451795; }
        else if(string=="CGCS2000 椭球体")
        { m_ta=6378137.0000000000;m_tb=6356752.3141403558; }
        else
            return;
    }

    UpdateData(false);
}
```

### 3.6.6.2 单选按钮消息映射

为了实现在选择空间直角坐标 -> 大地坐标单选按钮时，空间直角坐标可以输入数据，大地坐标不可输入数据，如图 3.144 所示；在选择大地坐标 -> 空间直角坐标单选按钮时，大地坐标可以输入数据，空间直角坐标不可输入数据，如图 3.145 所示，需为单选按钮增加添加消息映射函数。

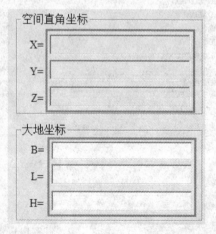

图 3.144　空间直角坐标 -> 大地坐标单选按钮效果　　图 3.145　大地坐标 -> 空间直角坐标单选按钮效果

A　空间直角坐标 -> 大地坐标单选按钮添加消息映射函数的过程

单击菜单【项目】下的【类向导】菜单项,弹出 MFC 类向导对话框,按照图 3.146 所示步骤进行操作,编写相应函数代码。

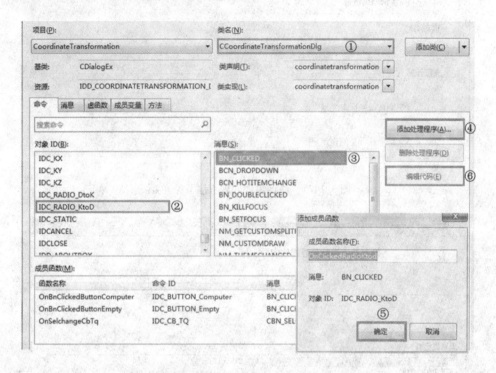

图 3.146　空间直角坐标 -> 大地坐标单选按钮操作步骤

函数代码如下:

```
//空间直角坐标到大地坐标消息映射函数
void CCoordinateTransformationDlg::OnClickedRadioKtod()
{
    GetDlgItem(IDC_KX) -> EnableWindow();
    GetDlgItem(IDC_KY) -> EnableWindow();
    GetDlgItem(IDC_KZ) -> EnableWindow();
    GetDlgItem(IDC_DB) -> EnableWindow(FALSE);
    GetDlgItem(IDC_DL) -> EnableWindow(FALSE);
    GetDlgItem(IDC_DH) -> EnableWindow(FALSE);
}
```

B　大地坐标 -> 空间直角坐标单选按钮添加消息映射函数的过程

可以按照 A 中方法操作,也可以选择"大地坐标 -> 空间直角坐标"单选按钮,然后右击选择"添加事件处理程序",如图 3.147 所示;接着在"事件处理程序向导"中选择消息类型,并接受系统建议的"函数处理程序名称",如图 3.148 所示;最后编写相应函数代码:

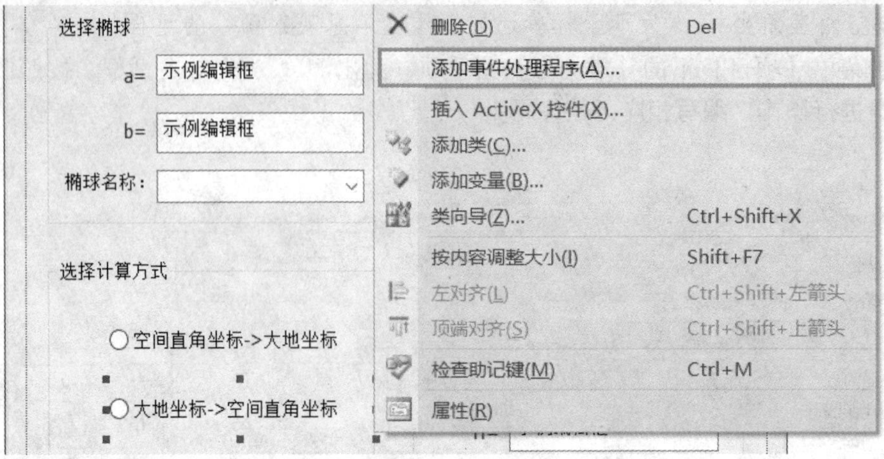

图 3.147　"添加事件处理程序"菜单项

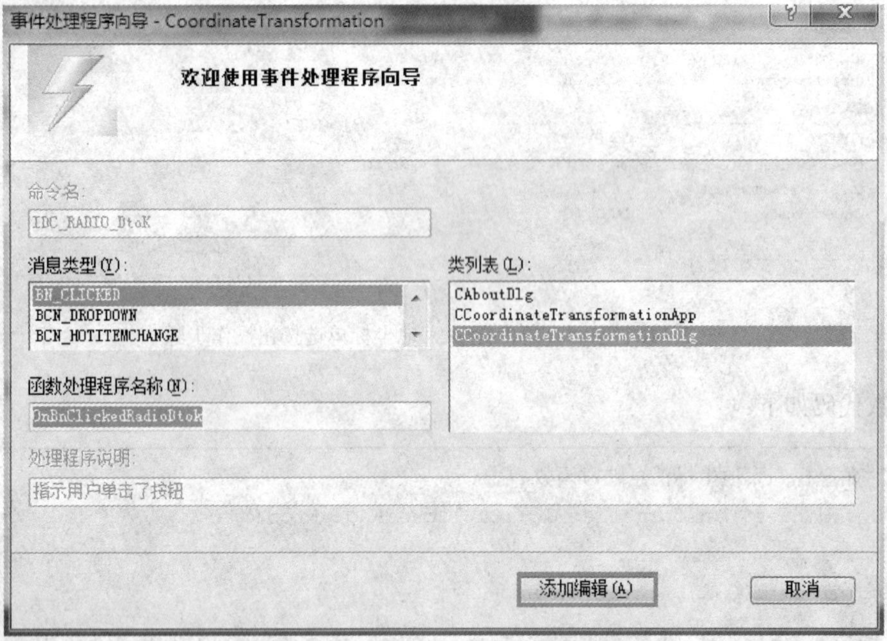

图 3.148　"事件处理程序向导"对话框

```
//大地坐标到空间直角坐标消息映射函数
void CCoordinateTransformationDlg::OnBnClickedRadioDtok()
{    GetDlgItem(IDC_KX)->EnableWindow(FALSE);
     GetDlgItem(IDC_KY)->EnableWindow(FALSE);
     GetDlgItem(IDC_KZ)->EnableWindow(FALSE);
     GetDlgItem(IDC_DB)->EnableWindow();
     GetDlgItem(IDC_DL)->EnableWindow();
     GetDlgItem(IDC_DH)->EnableWindow();}
```

### 3.6.6.3　初始化消息映射

为了能启动窗口后空间直角坐标 -> 大地坐标单选按钮能够被选中，大地坐标中的文本框不可编辑（如图 3.149 所示），需要在类视图界面 CCoordinateTransformationDlg 下双击 OnInitDialog（）后调到函数定义处，编写函数代码：

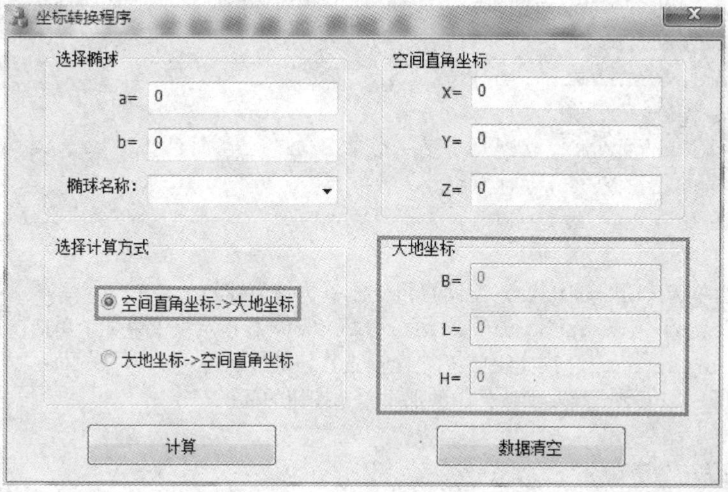

图 3.149　初始化消息映射

```
BOOL CCoordinateTransformationDlg::OnInitDialog()
{
    CDialogEx::OnInitDialog();
    // 将"关于..."菜单项添加到系统菜单中。
    // IDM_ABOUTBOX 必须在系统命令范围内。
    ASSERT((IDM_ABOUTBOX & 0xFFF0) == IDM_ABOUTBOX);
    ASSERT(IDM_ABOUTBOX < 0xF000);
    CMenu*  pSysMenu = GetSystemMenu(FALSE);
    if (pSysMenu ! = NULL)
    {   BOOL bNameValid;
        CString strAboutMenu;
        bNameValid = strAboutMenu. LoadString(IDS_ABOUTBOX);
        ASSERT(bNameValid);
        if (! strAboutMenu. IsEmpty())
        {   pSysMenu -> AppendMenu(MF_SEPARATOR);
            pSysMenu -> AppendMenu(MF_STRING, IDM_ABOUTBOX, strAboutMenu);
        }
    }
    // 设置此对话框的图标。当应用程序主窗口不是对话框时,框架将自动执行此操作
    SetIcon(m_hIcon, TRUE);          // 设置大图标
```

```
    SetIcon(m_hIcon, FALSE);          // 设置小图标
    // TODO：在此添加额外的初始化代码


    //对话框弹出时输入的文本框不显示 0
    SetDlgItemText(IDC_a, _T(""));
    SetDlgItemText(IDC_b, _T(""));
    SetDlgItemText(IDC_DB, _T(""));
    SetDlgItemText(IDC_DL, _T(""));
    SetDlgItemText(IDC_DH, _T(""));
    SetDlgItemText(IDC_KX, _T(""));
    SetDlgItemText(IDC_KY, _T(""));
    SetDlgItemText(IDC_KZ, _T(""));


    //设置同组单选按钮的选中状态(空间直角坐标 -> 大地坐标)
    /* void CheckRadioButton(int nIDFirstButton,//指定组中第 1 个单选按钮标识符 ID
    int nIDLastButton,//指定组中最后一个单选按钮的标识符
    int nIDCheckButton //要默认选中的那个单选按钮的标识符
    );  * /


    CheckRadioButton(IDC_RADIO_KtoD,IDC_RADIO_DtoK,IDC_RADIO_KtoD);


    GetDlgItem(IDC_DB) ->EnableWindow(FALSE);
    GetDlgItem(IDC_DL) ->EnableWindow(FALSE);
    GetDlgItem(IDC_DH) ->EnableWindow(FALSE);


return TRUE; // 除非将焦点设置到控件,否则返回 TRUE
}
```

#### 3.6.6.4  计算命令按钮消息映射

在"计算"命令按钮上右击"添加事件处理程序"，如图 3.150 所示；然后在"事件处理向导"中选择消息类型,并接受系统建议的"函数处理程序名称",如图 3.151 所示。

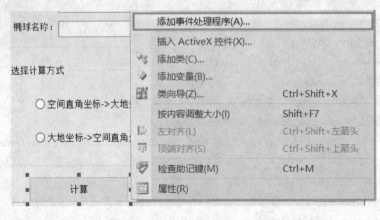

图 3.150 "添加事件处理程序"菜单项

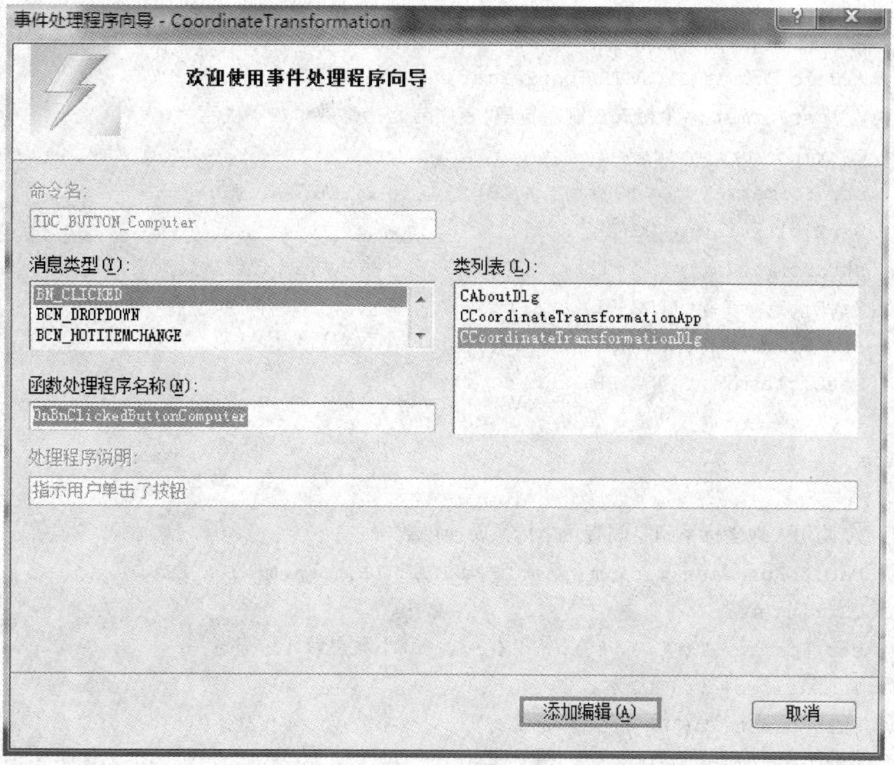

图 3.151 "事件处理程序向导"对话框

单击"添加编辑"按钮，根据功能需求，编写相应函数的代码：

```
//////////////////////////////计算///////////////////////////////////
void CCoordinateTransformationDlg::OnBnClickedButtonComputer()
{
    // TODO：在此添加控件通知处理程序代码
    UpdateData(true);
    //int GetCheckedRadioButton(int nIDFirstButton, int nIDLastButton);
    //GetCheckedRadioButton 函数为 CWnd 类的成员函数,利用它可以获取被选中的单选按钮
的 ID
    //第一个参数 nIDFirstButton 是同一组中的第一个单选钮控件的 ID
    //nIDLastButton 是同一组中最后一个单选钮控件的 ID
    //成员函数 GetCheckedRadioButton 返回指定组中所选中的单选钮的 ID
    //如果没有按钮被选中,则返回 0。
    UINT nIdex = GetCheckedRadioButton(IDC_RADIO_KtoD,IDC_RADIO_DtoK);

    if(nIdex == IDC_RADIO_KtoD)
    {
        //调用空间直角坐标系到大地坐标系转换函数
        KongJiantoDaDi(m_ta,m_tb,m_KX,m_KY,m_KZ,m_DB,m_DL,m_DH);
```

```
//按指定格式显示数据
//void Format(LPCTSTR lpszFormat,...);
//lpszFormat 一个格式控制字符串，省略号是指参数个数不确定
CString str;
str.Format(_T("%.10lf"),m_DB);      //小数点后10位显示
SetDlgItemText(IDC_DB, str);
str.Format(_T("%.10lf"),m_DL);      //小数点后10位显示
SetDlgItemText(IDC_DL, str);
str.Format(_T("%.4lf"),m_DH);       //小数点后4位显示
SetDlgItemText(IDC_DH, str);
}
else
{
//调用大地坐标系到空间直角坐标系转换函数
DaDitoKongJian(m_ta,m_tb,m_DB,m_DL,m_DH,m_KX,m_KY,m_KZ);
CString str;
str.Format(_T("%.4lf"),m_KX);       //小数点后4位显示
SetDlgItemText(IDC_KX, str);
str.Format(_T("%.4lf"),m_KY);       //小数点后4位显示
SetDlgItemText(IDC_KY, str);
str.Format(_T("%.4lf"),m_KZ);       //小数点后4位显示
SetDlgItemText(IDC_KZ, str);
}
}
```

### 3.6.6.5　数据清空命令按钮消息映射

在"数据清空"命令按钮上右击"添加事件处理程序"，如图3.152所示；然后在"事件处理程序向导"中选择消息类型，并接受系统建议的"函数处理程序名称"，如图3.153所示。

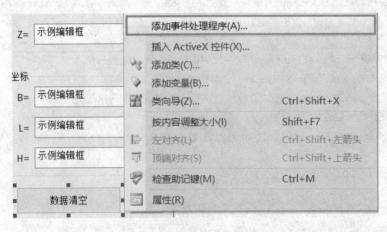

图3.152　"添加事件处理程序"菜单项

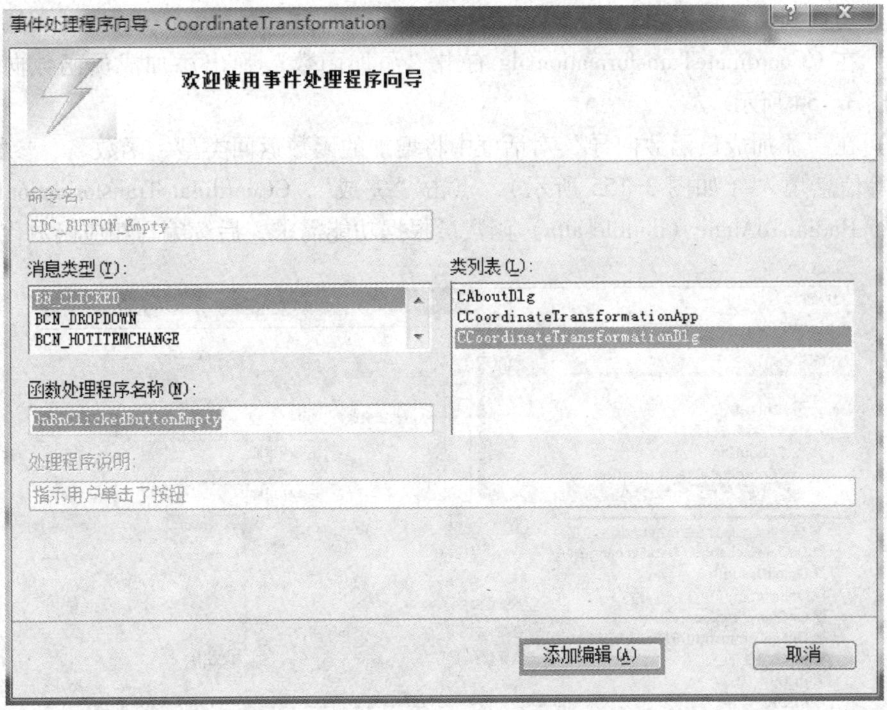

图 3.153 "事件处理程序向导"对话框

单击"添加编辑"按钮，根据功能需求，编写相应函数的代码：

```
/////////////////////////////数据清空/////////////////////////////
void CCoordinateTransformationDlg::OnBnClickedButtonEmpty()
{   UINT nIdex = GetCheckedRadioButton(IDC_RADIO_KtoD,IDC_RADIO_DtoK);
    SetDlgItemText(IDC_DB,_T(""));
    SetDlgItemText(IDC_DL,_T(""));
    SetDlgItemText(IDC_DH,_T(""));
    SetDlgItemText(IDC_KX,_T(""));
    SetDlgItemText(IDC_KY,_T(""));
    SetDlgItemText(IDC_KZ,_T(""));
    if(nIdex == IDC_RADIO_KtoD)
    {   GetDlgItem(IDC_KX)->SetFocus();     //Xa 获得焦点    }
    else
    {   GetDlgItem(IDC_DB)->SetFocus();     //B 获得焦点     }
}
```

### 3.6.7 添加函数

在坐标转换程序中，要用到弧度化角度函数、角度化弧度函数、空间直角坐标系到大地坐标系转换函数和大地坐标系到空间直角坐标系转换函数。下面以弧度化角度函数为例说明添加如何添加函数：

（1）切换到类视图界面。

（2）在 CCoordinateTransformationDlg 右击"添加函数"弹出添加成员函数向导对话框，如图 3.154 所示。

（3）在"添加成员函数向导"对话框中将增加的函数返回类型、函数名、参数类型、参数名等信息填入（如图 3.155 所示），点击"完成"，CCoordinateTransformationDlg.cpp 下增加了 RadianToAngle（double alfa）函数。根据功能需求，后续编写相应函数代码。

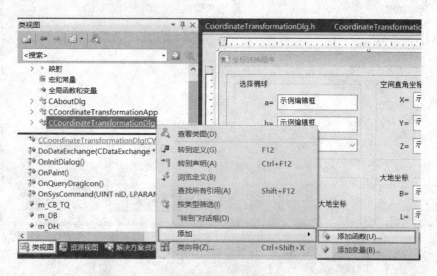

图 3.154　添加函数菜单

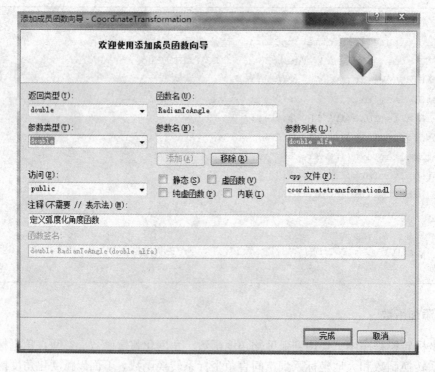

图 3.155　添加 RadianToAngle 成员函数向导

（4）在"类视图"视图界面 CoordinateTransformationDlg 下增加了 RadianToAngle（double alfa），如图 3.156 所示，双击后调到函数定义处，编写函数代码：

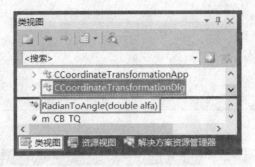

图 3.156 类视图显示

```
//定义弧度化角度函数
double CCoordinateTransformationDlg::RadianToAngle(double alfa)
{
    double alfa1,alfa2;
    alfa = alfa * 180./PI;   //将 alfa 由弧度变成以度为单位
    //double floor(doube x);
    //功能:把一个小数向下取整,如果数是2.2,那向下取整的结果就为2.000000
    //参数解释:x:是需要计算的数,返回值:返回一个 double 类型的数,此数默认有6位小数
    //将°和′提取出来
    alfa1 = floor(alfa) + floor((alfa - floor(alfa)) * 60.)/100.;
    //将″提取出来
    alfa2 = (alfa * 60. - floor(alfa * 60.)) * 0.006;
    alfa1 + = alfa2;
    return(alfa1);
}
```

根据上述步骤，可以看到编译系统为我们在程序中增加了一些内容：

（1）在 CoordinateTransformationDlg. h 头文件中增加了函数声明，如图 3.157 所示。

（2）在 CoordinateTransformationDlg. cpp 源文件中增加空的消息处理函数的框架 double CCoordinateTransformationDlg：：RadianToAngle（double alfa），如图 3.158 所示。

同样方式完成角度化弧度函数添加，如图 3.159 所示。

函数代码如下：

```
// 定义角度化弧度函数
double CCoordinateTransformationDlg::AngleToRadian(double alfa)
{
    double alfa1,alfa2;
    double HS;
```

```
alfa = alfa + 0.00000000000001;   //加一个微小变量来处理
alfa1 = floor(alfa) + floor((alfa - floor(alfa)) * 100.)/60;
alfa2 = (alfa * 100. - floor(alfa * 100.0))/36;
alfa1 + = alfa2;
HS = alfa1/180. * PI;
return(HS);
}
```

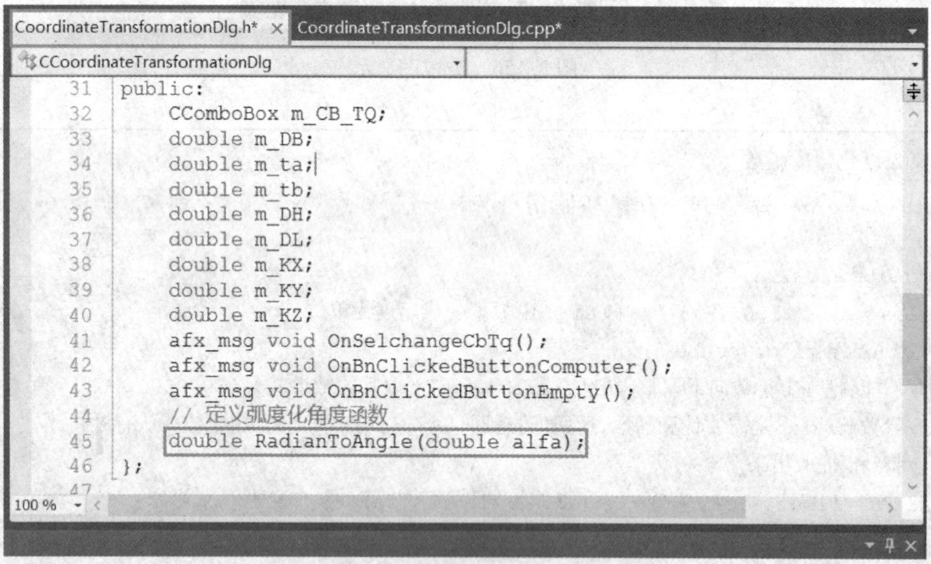

```
CoordinateTransformationDlg.h* ×   CoordinateTransformationDlg.cpp*
CCoordinateTransformationDlg
31     public:
32         CComboBox m_CB_TQ;
33         double m_DB;
34         double m_ta;
35         double m_tb;
36         double m_DH;
37         double m_DL;
38         double m_KX;
39         double m_KY;
40         double m_KZ;
41         afx_msg void OnSelchangeCbTq();
42         afx_msg void OnBnClickedButtonComputer();
43         afx_msg void OnBnClickedButtonEmpty();
44         // 定义弧度化角度函数
45         double RadianToAngle(double alfa);
46     };
47
100%
```

图 3.157　RadianToAngle 函数声明

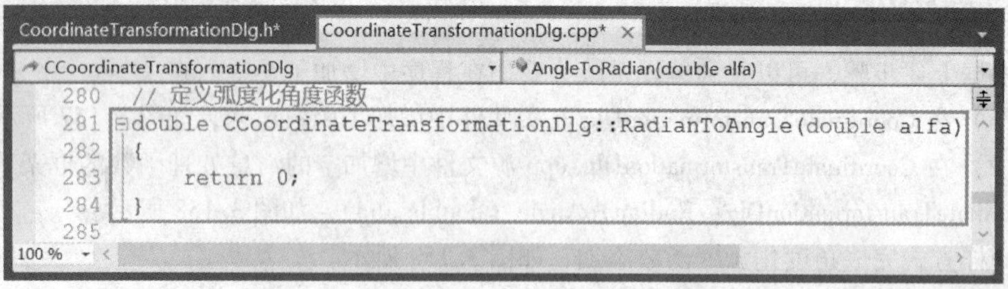

```
CoordinateTransformationDlg.h*   CoordinateTransformationDlg.cpp* ×
CCoordinateTransformationDlg                AngleToRadian(double alfa)
280     // 定义弧度化角度函数
281     double CCoordinateTransformationDlg::RadianToAngle(double alfa)
282     {
283         return 0;
284     }
285
100%
```

图 3.158　RadianToAngle 函数定义框架

同样方式完成空间直角坐标系到大地坐标系转换函数添加，如图 3.160 所示。代码如下：

注意：添加成员函数向导中的参数类型（T）下是一个组合框，下拉列表里没有 double &，但可以手工输入。

图 3.159 添加 AngleToRadian 成员函数向导

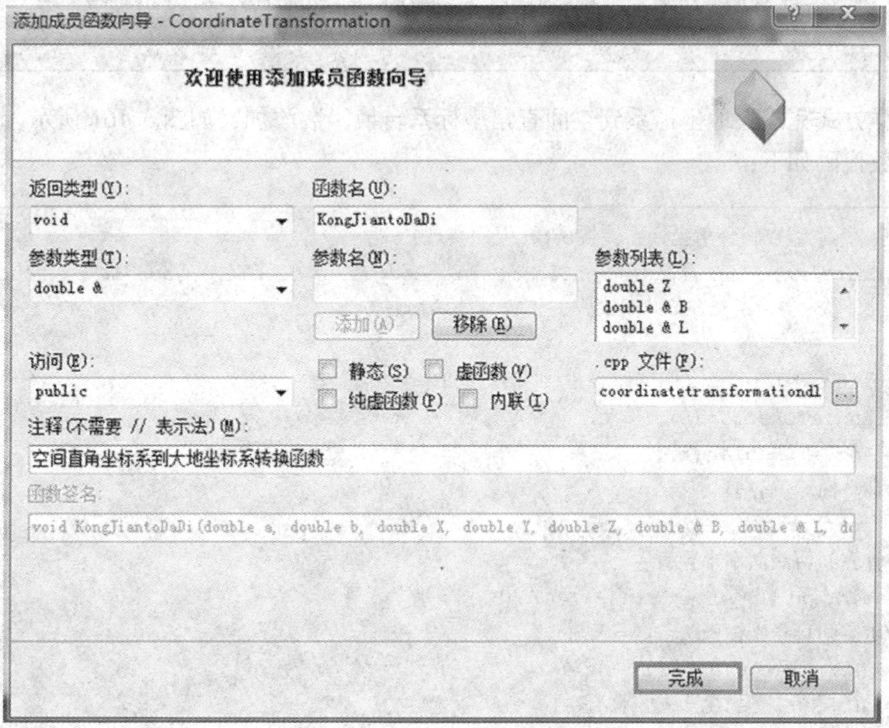

图 3.160 添加 KongJiantoDaDi 成员函数向导

函数代码如下：

```
// 空间直角坐标系到大地坐标系转换函数(引用实现)
void CCoordinateTransformationDlg::KongJiantoDaDi(double a, double b, double X,
double Y, double Z, double & B, double & L, double & H)
{
    double e,N;   //e 椭球偏心率,N 卯酉圈曲率半径
    double tanB,tanBn,tanBn1;      //计算经度 B 的一些中间变量
    //计算椭球偏心率
    e = sqrt(a* a - b* b)/a;
    //求解 L
    L = atan2(Y,X);
    //求解 B
    tanB = Z/(sqrt(X* X + Y* Y));
    do
    {
      tanBn = tanB;
    tanB = (Z + (a* e* e* tanBn)/(sqrt(1 + (1 - e* e)* tanBn* tanBn)))/(sqrt(X* X + Y* Y));
      tanBn1 = tanB;
    } while (fabs(tanBn1 - tanBn) > = 0.00000000001);
    B = atan(tanB);
    //求 H
    N = a/(sqrt(1 - e* e* sin(B)* sin(B)));   //计算卯酉圈曲率半径 N
    H = sqrt(X* X + Y* Y)/cos(B) - N;
    B = RadianToAngle(B);      //将计算结果由弧度转换成度
    L = RadianToAngle(L);   //将计算结果由弧度转换成度
}
```

同样方式完成大地坐标系到空间直角坐标系转换函数添加，如图 3.161 所示。

函数代码如下：

```
// 大地坐标系到空间直角坐标系转换函数(引用实现)
void CCoordinateTransformationDlg::DaDitoKongJian(double a, double b, double B,
double L, double H, double & X, double & Y, double & Z)
{
    double e,N;      //e 椭球偏心率,N 卯酉圈曲率半径
    B = AngleToRadian(B);
    L = AngleToRadian(L);
    //计算椭球偏心率
    e = sqrt(a* a - b* b)/a;
    //计算卯酉圈曲率半径 N
    N = a/(sqrt(1 - e* e* sin(B)* sin(B)));
    //求空间直角坐标系 X,Y,Z
    X = (N + H)* cos(B)* cos(L);
    Y = (N + H)* cos(B)* sin(L);
    Z = (N * (1 - e* e) + H) * sin(B);
}
```

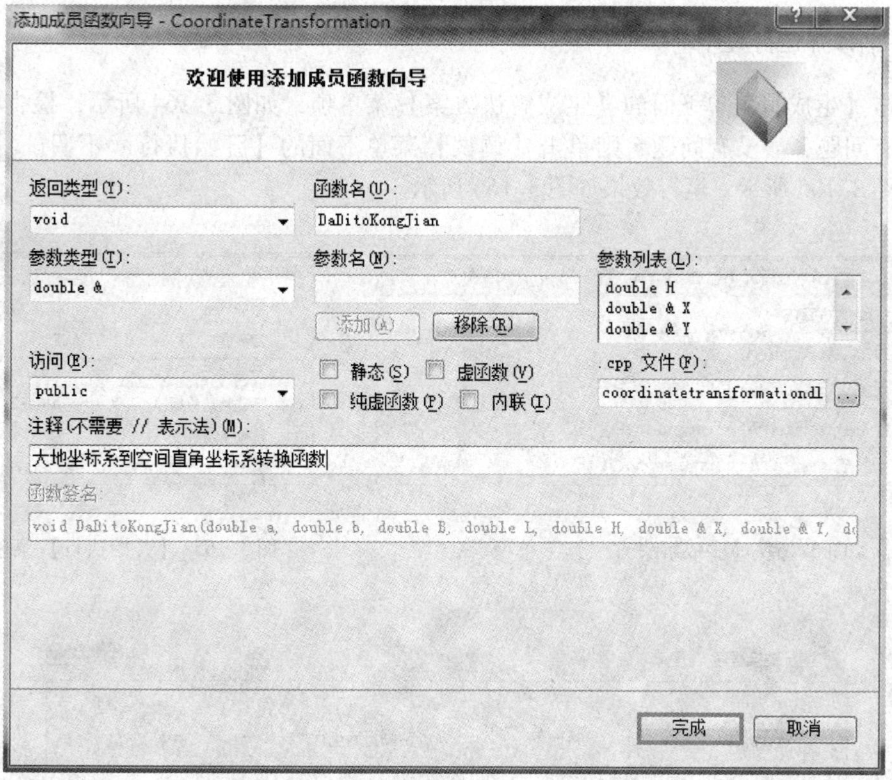

图 3.161　添加 DaDitoKongJian 成员函数向导

### 3.6.8　程序补充

程序中要用到 π，在 CCoordinateTransformationDlg. h 中定义了常变量 PI，如图 3.162 所示。

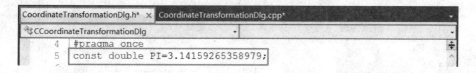

图 3.162　定义常变量 PI

程序中要用到数学函数，在 CCoordinateTransformationDlg. cpp 包含#include ″math. h″头文件，如图 3.163 所示。

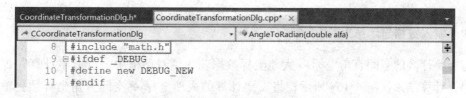

图 3.163　添加#include ″math. h″头文件

### 3.6.9　编译并运行程序

单击【生成】菜单下面的【生成解决方案】菜单项，如图 3.164 所示；检查程序代码是否有问题，如没有问题，则单击【调试】菜单下面的【开始执行（不调试）】菜单项，如图 3.165 所示；运行效果如图 3.166 所示。

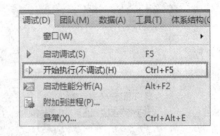

图 3.164　【生成解决方案】菜单项　　　　　　　图 3.165　【开始执行】菜单项

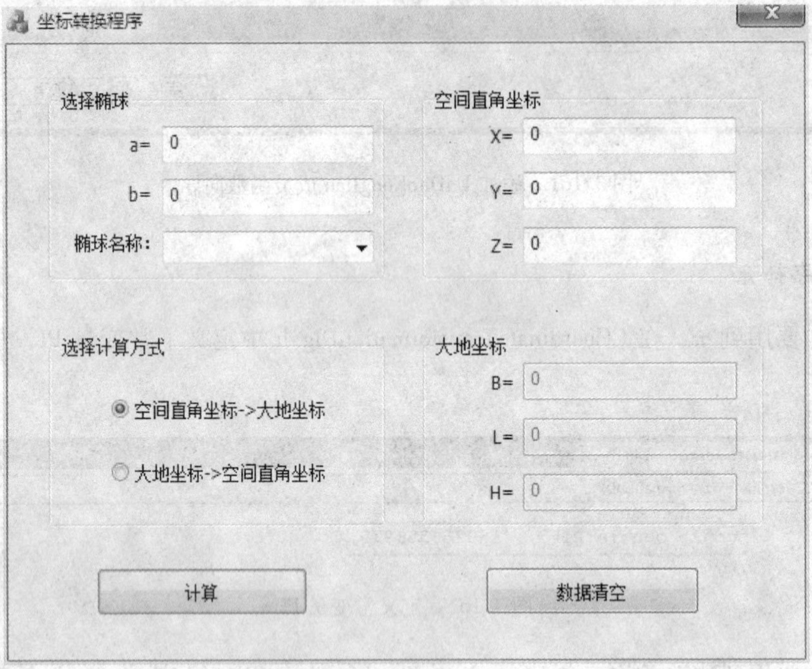

图 3.166　运行效果

### 3.6.10　输入数据显示结果

将需要计算的空间直角坐标 -> 大地坐标数据输入到对话框中，点击"计算"即可得到结果，计算结果如图 3.167 所示；将需要计算的大地坐标 -> 空间直角坐标数据输入到对话框中，点击"计算"即可得到结果，计算结果如图 3.168 所示。

图 3. 167　"空间直角坐标 -> 大地坐标"计算结果

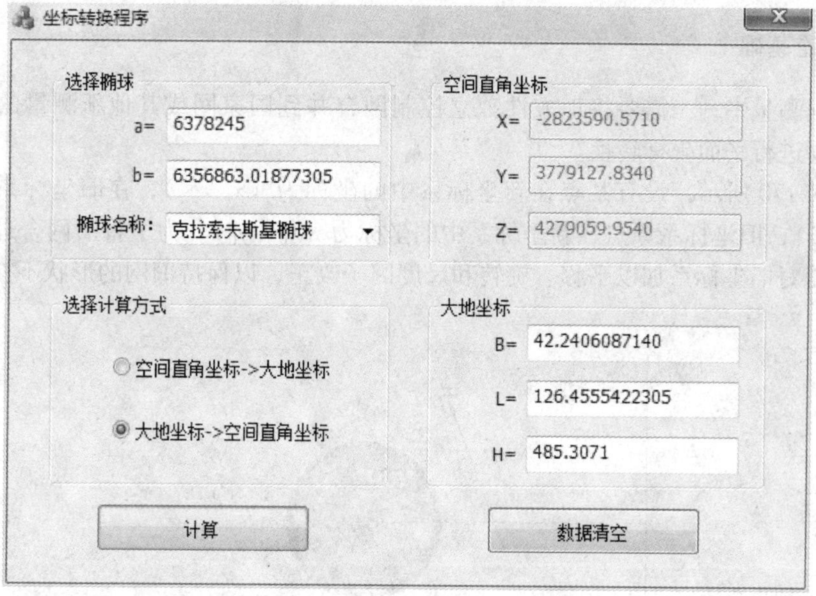

图 3. 168　"大地坐标 -> 空间直角坐标"计算结果

# 3.7　四参数计算应用程序

利用 MFC 应用程序向导，创建一个基于对话框的四参数计算的应用程序，运行效果如图 3. 169 所示。

图 3.169　四参数计算应用程序运行效果

### 3.7.1　理论基础

在工程测量中，当需要将地方性独立控制网合并到国家网或其他新测量的控制网上时，亦需要进行平面坐标转换。

如图 3.170 所示，设有某点在新坐标系中的坐标为 $(x_i, y_i)$，在旧坐标系中的坐标为 $(x_i', y_i')$，旧坐标系原点在新坐标系中的坐标为 $(x_0, y_0)$。为了将旧网合理地配合到新网上，需对旧坐标系加以平移、旋转和尺度因子改正，以保持旧网的形状不变。

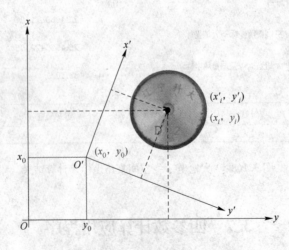

图 3.170　四参数计算

已知新旧坐标系的坐标变换方程为

$$\begin{bmatrix} x_i \\ y_i \end{bmatrix} = \begin{bmatrix} x_0 \\ y_0 \end{bmatrix} + m \begin{bmatrix} \cos\alpha & -\sin\alpha \\ \sin\alpha & +\cos\alpha \end{bmatrix} \begin{bmatrix} x_i' \\ y_i' \end{bmatrix} \qquad \left. \begin{array}{l} x_i = x_0 + x_i' m\cos\alpha - y_i' m\sin\alpha \\ y_i = y_0 + y_i' m\cos\alpha + x_i' m\sin\alpha \end{array} \right\}$$

式中，$x_0$，$y_0$ 为平移量；$m$ 为尺度比因子；$\alpha$ 为旋转因子；$x_0$，$y_0$，$m$，$\alpha$ 为待求参数。

令 $a = x_0$，$b = y_0$，$c = m\cos\alpha$，$d = m\sin\alpha$，则上式可写成

$$\left. \begin{array}{l} x_i = a + x_i' c - y_i' d \\ y_i = b + y_i' c + x_i' d \end{array} \right\}$$

式中，$a$、$b$、$c$、$d$ 为所求的未知量，即平差参数。

最小二乘原理在求最佳坐标转换参数中的应用是这样考虑的：希望公共点 $i$ 点通过坐标转换参数得到的坐标估值（$\hat{x}_i$，$\hat{y}_i$）与该点已知的坐标值（$x_i$，$y_i$）之差的平方和，在达到最小的情况下，对最佳转换参数 $\hat{a}$、$\hat{b}$、$\hat{c}$、$\hat{d}$ 进行估计。所以误差方程为

$$\begin{array}{l} v_{x_i} = \hat{x}_i - x_i = \hat{a} + x_i'\hat{c} - y_i'\hat{d} - x_i \\ v_{y_i} = \hat{y}_i - y_i = \hat{b} + y_i'\hat{c} + x_i'\hat{d} - y_i \end{array} \qquad \begin{bmatrix} v_{x_i} \\ v_{y_i} \end{bmatrix} = \begin{bmatrix} 1 & 0 & x_i' & -y_i' \\ 0 & 1 & y_i' & x_i' \end{bmatrix} \begin{bmatrix} \hat{a} \\ \hat{b} \\ \hat{c} \\ \hat{d} \end{bmatrix} - \begin{bmatrix} x_i \\ y_i \end{bmatrix}$$

设两坐标系中有 $n$ 个公共点（$x_i$，$y_i$）～（$x_n$，$y_n$），令新坐标系的坐标为观测值，旧坐标系中坐标设为无误差，当 $n > 2$ 时，则可列出误差方程

$$\begin{bmatrix} v_{x_1} \\ v_{y_1} \\ v_{x_2} \\ v_{y_2} \\ \vdots \\ v_{x_n} \\ v_{y_n} \end{bmatrix} = \begin{bmatrix} \hat{x}_1 - x_1 \\ \hat{y}_1 - y_1 \\ \hat{x}_2 - x_2 \\ \hat{y}_2 - y_2 \\ \vdots \\ \hat{x}_n - x_n \\ \hat{y}_n - y_n \end{bmatrix} = \begin{bmatrix} 1 & 0 & x_1' & -y_1' \\ 0 & 1 & y_1' & x_1' \\ 1 & 0 & x_2' & -y_2' \\ 0 & 1 & y_2' & x_2' \\ \vdots & \vdots & \vdots & \vdots \\ 1 & 0 & x_n' & -y_n' \\ 0 & 1 & y_n' & x_n' \end{bmatrix} \begin{bmatrix} \hat{a} \\ \hat{b} \\ \hat{c} \\ \hat{d} \end{bmatrix} - \begin{bmatrix} x_1 \\ y_1 \\ x_2 \\ y_2 \\ \vdots \\ x_n \\ y_n \end{bmatrix}$$

$$\underset{2n \times 1}{V} = \underset{2n \times 4}{B} \ \underset{4 \times 1}{\hat{X}} - \underset{2n \times 1}{l}$$

然后组法方程 $\underset{4 \times 2n}{B^{\mathrm{T}}} \ \underset{2n \times 2n}{P} \ \underset{2n \times 4}{B} \ \underset{4 \times 1}{\hat{X}} - \underset{4 \times 2n}{B^{\mathrm{T}}} \ \underset{2n \times 2n}{P} \ \underset{2n \times 1}{l} = 0$

接着解法方程 $\underset{4 \times 1}{\hat{X}} = \underset{4 \times 4}{N_{BB}^{-1}} \underset{4 \times 1}{W} = (\underset{4 \times 2n}{B^{\mathrm{T}}} \ \underset{2n \times 2n}{P} \ \underset{2n \times 4}{B})^{-1} \underset{4 \times 2n}{B^{\mathrm{T}}} \ \underset{2n \times 2n}{P} \ \underset{2n \times 1}{l}$

得到 $\underset{4 \times 1}{X} = [X_1 X_2 X_3 X_4]^{\mathrm{T}} = [\hat{a} \ \ \hat{b} \ \ \hat{c} \ \ \hat{d}]^{\mathrm{T}}$。如果坐标转换参数的估值 $\hat{a}$、$\hat{b}$、$\hat{c}$、$\hat{d}$ 能够计算出来，则由 $i$ 点旧坐标系的坐标值（$x_i'$，$y_i'$）就能转换出 $i$ 点在新坐标系中的坐标估值（$\hat{x}_i$，$\hat{y}_i$）：

$$\left. \begin{array}{l} \hat{x}_i = \hat{a} + x_i'\hat{c} - y_i'\hat{d} \\ \hat{y}_i = \hat{b} + y_i'\hat{c} + x_i'\hat{d} \end{array} \right\}$$

于是任意旧坐标系的坐标值，通过转换方程就能换算出它们在新坐标系中的坐标。

所以，只要用在两个坐标系中位置分布比较均匀的、少量的、已知两套坐标的点作为公共点，求出坐标转换参数，构造出坐标转换方程后，就可以利用该转换方程，对两个坐标系中大量的非公共点进行自由的坐标转换。

### 3.7.2　创建应用程序的具体步骤

（1）进入 Visual C++编程环境，点击【文件】菜单下的【新建】下的【项目】菜单项命令，打开"新建项目"对话框，如图 3.171 所示。选择"MFC 应用程序"选项，在"名称"编辑框中输入相应程序项目名称 FourParameterCalculation，在"位置"编辑框中选择相应的文件名和文件路径，单击"确定"按钮。

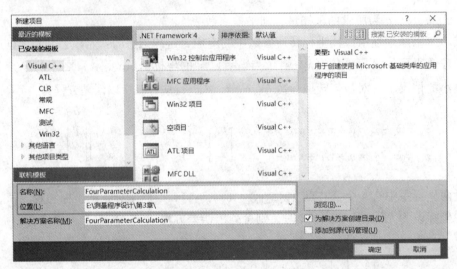

图 3.171　"新建项目"对话框

（2）在"MFC 应用程序向导-FourParameterCalculation"向导页上选择下一步，如图 3.172 所示。

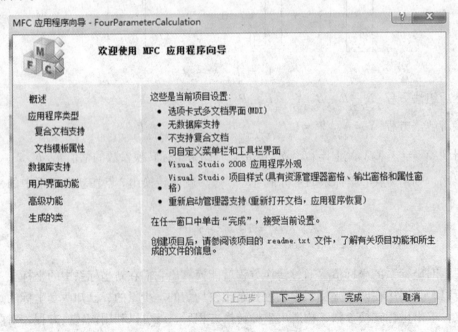

图 3.172　应用程序向导欢迎界面

（3）在"MFC 应用程序向导-FourParameterCalculation" 向导页上选择"基于对话框"，点击"完成"命令按钮，如图 3.173 所示。

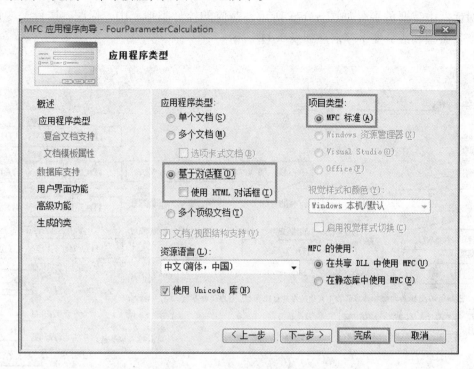

图 3.173　"应用程序类型"窗口

### 3.7.3　设置对话框的属性

选中新建对话框，在其属性窗口中 Caption 中输入"四参数计算程序"，如图 3.174 所示；对话框标题栏将被更改为"四参数计算程序"，显示效果如图 3.175 所示。

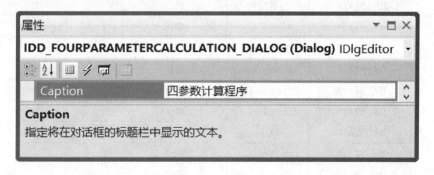

图 3.174　Caption 属性设置

图 3.175　Caption 属性显示效果

### 3.7.4　添加主要控件并设置属性

对话框中需要的控件如图 3.176 所示，对应的控件类型、ID、标题、属性、变量类别、变量类型和成员变量等信息如表 3.11 所示。

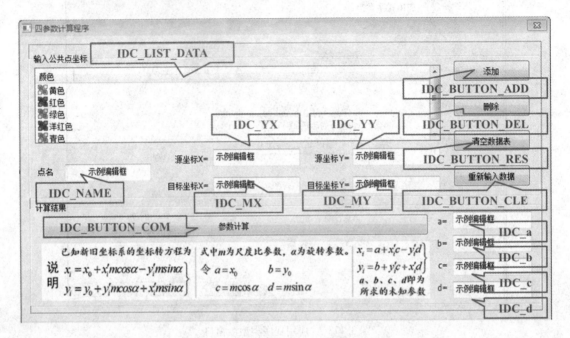

图 3.176　四参数计算应用程序控件布局

表 3.11　控件的基本设置

| 控件 | 控件 ID 号 | 标题 | 属性 | 变量类别 | 变量类型 | 成员变量 |
|---|---|---|---|---|---|---|
| 组框 | IDC_STATIC | 输入公共点坐标 | 默认 | | | |
| | IDC_STATIC | 计算结果 | 默认 | | | |
| 静态<br>文本框 | IDC_STATIC | 点名 | 默认 | | | |
| | IDC_STATIC | 源坐标 X = | 默认 | | | |
| | IDC_STATIC | 源坐标 Y = | 默认 | | | |
| | IDC_STATIC | 目标坐标 X = | 默认 | | | |
| | IDC_STATIC | 目标坐标 Y = | 默认 | | | |
| | IDC_STATIC | a = | 默认 | | | |
| | IDC_STATIC | b = | 默认 | | | |
| | IDC_STATIC | c = | 默认 | | | |
| | IDC_STATIC | d = | 默认 | | | |
| List Control | IDC_LIST_DATA | | View：Report | Control | CListCtrl | m_CListCtrl |
| 命令按钮 | IDC_BUTTON_ADD | 添加 | 默认 | | | |
| | IDC_BUTTON_DEL | 删除 | 默认 | | | |
| | IDC_BUTTON_RES | 清空数据表 | 默认 | | | |

续表3.11

| 控件 | 控件 ID 号 | 标题 | 属性 | 变量类别 | 变量类型 | 成员变量 |
|---|---|---|---|---|---|---|
| 命令按钮 | IDC_BUTTON_CLE | 重新输入数据 | 默认 | | | |
| | IDC_BUTTON_COM | 参数计算 | 默认 | | | |
| 编辑框 | IDC_NAME | | 默认 | Value | CString | m_name |
| | IDC_YX | | 默认 | Value | double | m_yx |
| | IDC_YY | | 默认 | Value | double | m_yy |
| | IDC_MX | | 默认 | Value | double | m_mx |
| | IDC_MY | | 默认 | Value | double | m_my |
| | IDC_a | | 默认 | Value | double | m_csa |
| | IDC_b | | 默认 | Value | double | m_csb |
| | IDC_c | | 默认 | Value | double | m_csc |
| | IDC_d | | 默认 | Value | double | m_csd |
| Picture Control | IDC_STATIC | | Image：IDB_BITMAP1<br>Type：BitMap | | | |

### 列表视图控件

列表视图控件（List Control）可以以视图项的形式显示数据，也可以以二维表的形式显示数据。列表视图控件共有 4 种风格，可以在属性窗口中 View 设置。其中，Icon 表示以图标的形式显示数据；Small Icon 表示以小图标的形式显示数据；List 表示以列表的形式显示数据；Report 表示以表格的形式显示数据。列表视图控件由类 CListCtrl 实现，CListCtrl 类常用成员函数如表 3.12 所示。

**表 3.12　CListCtrl 类常用成员函数**

| 成员函数 | 作　　用 |
|---|---|
| CListCtrl | 构造一个 CListCtrl 对象 |
| Create | 创建列表控件并将其附加给 CListCtrl 对象 |
| GetImageList | 获取用于绘制列表视图项的图像列表的句柄 |
| SetImageList | 指定一个图像列表到列表视图控件 |
| GetItemCount | 获取列表视图控件中的项的数量 |
| GetItemText | 获取列表视图项或子项的文本 |
| SetItemText | 设置列表视图项或子项的文本 |
| SetExtendedStyle | 设置列表视图控件的当前扩展风格 |
| InsertItem | 在列表视图控件中插入一个新项 |
| DeleteItem | 在列表视图控件中删除一项 |
| DeleteAllItems | 在列表视图控件中删除所有项 |
| InsertColumn | 在列表视图控件中插入一个新列 |
| DeleteColumn | 在列表视图控件中删除一列 |
| GetSelectionMark | 获取列表视图控件的选择屏蔽 |

在四参数计算应用程序对话框中，在工具箱中找到列表视图控件（List Control），如图 3.177 所示；拖放列表视图控件到对话框中，如图 3.178 所示。

图 3.177　List Control

图 3.178　添加效果

将列表视图控件的 ID 属性改为 IDC_LIST_DATA。View 属性设置为 Report，如图 3.179 所示。

### 3.7.5　添加成员变量

举例说明控件添加成员变量步骤：

（1）打开【项目】菜单下的【类向导】菜单项，如图 3.180 所示；弹出 MFC 类向导对话框，选择"成员变量"标签，在"类名"列表框中选择 CFourParameterCalculationDlg 类，如图 3.181 所示。

图 3.179　列表视图控件属性

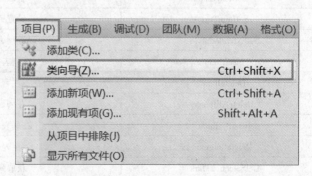

图 3.180　【类向导】菜单项

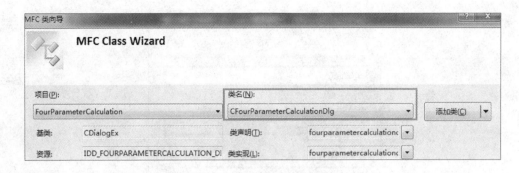

图 3.181　MFC 类向导

（2）在成员变量选项卡下的控件 ID 列表框中选择要关联的控件 ID，为"IDC_LIST_DATA"，然后单击"添加变量"按钮，如图 3.182 所示；显示"添加成员变量"对话框，在"成员变量名称"输入框中填写与控件相关联成员变量 m_CListCtrl，在"类别"中选择 Control（Control 是 MFC 为该控件封装的控件类），变量类型选择"CListCtrl"，如图 3.183 所示；添加效果如图 3.184 所示。

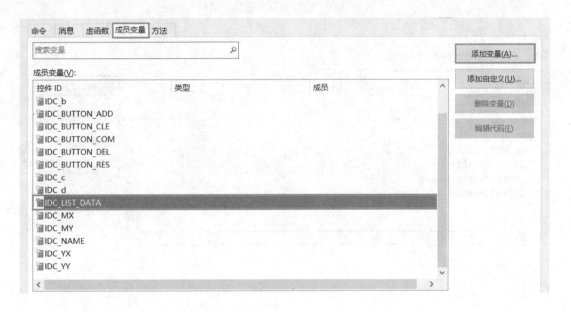

图 3.182　添加变量命令按钮

利用同样的方法，将其余控件分别与对话框类的成员变量相关联，点击【类视图】可以看到下面增加了几个成员变量，如图 3.185 所示。在 CFourParameterCalculationDlg 类的源代码中，可以看到类向导添加了哪些新内容：

（1）在 CFourParameterCalculationDlg. h 头文件中，可以看到在 CFourParameterCalculationDlg 类中增加了几个成员变量定义，如图 3.186 所示。

（2）在 CFourParameterCalculationDlg. cpp 中 CFourParameterCalculationDlg 类的构造函数中，可以看到这几个成员变量进行了初始化，如图 3.187 所示。

图 3.183　"添加成员变量"对话框

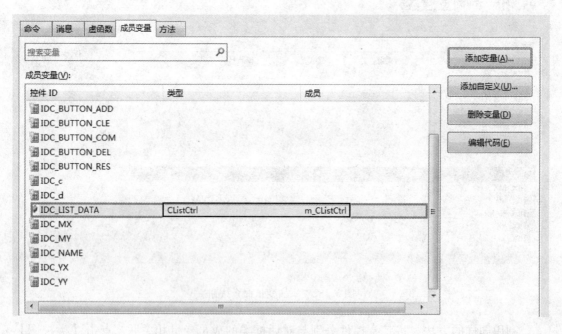

图 3.184　添加完成员变量效果

（3）成员变量与控件关联的位置是在 CFourParameterCalculationDlg 类的源文件中有一个 DoDataExchange 函数，这个函数由程序框架调用，以完成对话框数据的交换和校验。在这个函数内部调用了 DDX_Control 函数和 DDX_Text 函数，它的功能就是将 ID 指定的控件与特定的类成员变量相关联。因此，就是在 DoDataExchange 函数内部实现了对话框控件与类成员变量的关联，如图 3.188 所示。

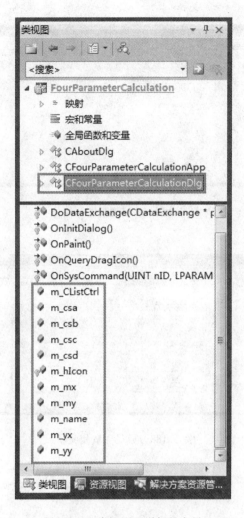

图 3.185 类视图下增加的变量

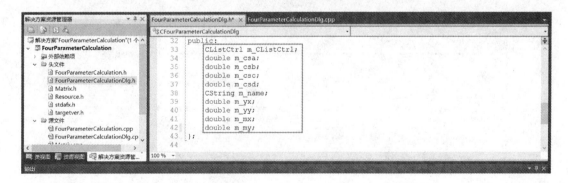

图 3.186 新增变量的定义

补充说明：为 List Control（列表视图控件）在启动时能显示如图 3.189 所示表格形式，需要在 CFourParameterCalculationDlg 类的源文件中有一个 OnInitDialog（）函数中设置列表控件的扩展风格，并设置列信息，如图 3.189 所示。

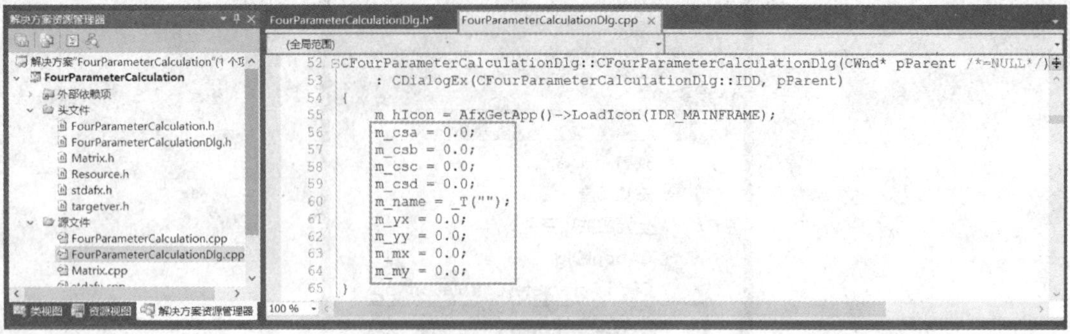

```
52  CFourParameterCalculationDlg::CFourParameterCalculationDlg(CWnd* pParent /*=NULL*/)
53      : CDialogEx(CFourParameterCalculationDlg::IDD, pParent)
54  {
55      m_hIcon = AfxGetApp()->LoadIcon(IDR_MAINFRAME);
56      m_csa = 0.0;
57      m_csb = 0.0;
58      m_csc = 0.0;
59      m_csd = 0.0;
60      m_name = _T("");
61      m_yx = 0.0;
62      m_yy = 0.0;
63      m_mx = 0.0;
64      m_my = 0.0;
65  }
```

图 3.187　新增变量的初始化

```
67  void CFourParameterCalculationDlg::DoDataExchange(CDataExchange* pDX)
68  {
69      CDialogEx::DoDataExchange(pDX);
70      DDX_Control(pDX, IDC_LIST_DATA, m_CListCtrl);
71      DDX_Text(pDX, IDC_a, m_csa);
72      DDX_Text(pDX, IDC_b, m_csb);
73      DDX_Text(pDX, IDC_c, m_csc);
74      DDX_Text(pDX, IDC_d, m_csd);
75      DDX_Text(pDX, IDC_NAME, m_name);
76      DDX_Text(pDX, IDC_YX, m_yx);
77      DDX_Text(pDX, IDC_YY, m_yy);
78      DDX_Text(pDX, IDC_MX, m_mx);
79      DDX_Text(pDX, IDC_MY, m_my);
80  }
```

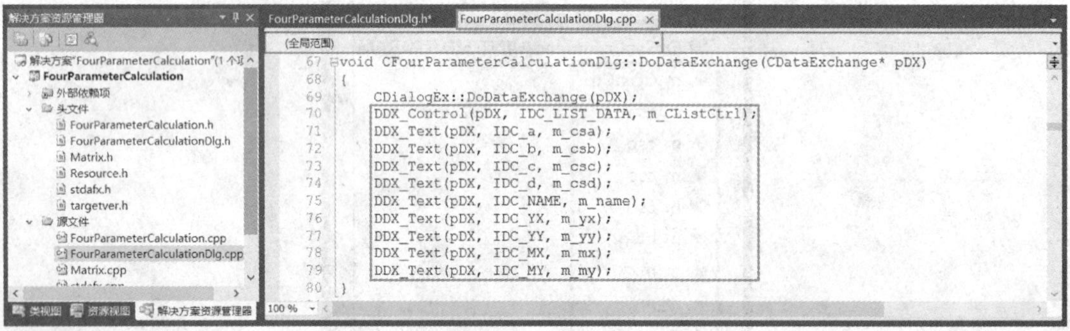

图 3.188　成员变量相关联

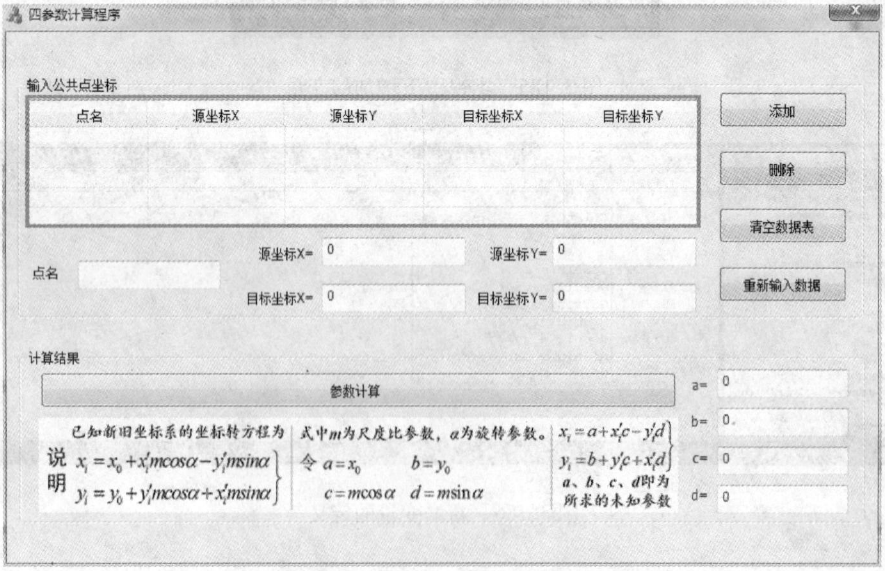

图 3.189　列表视图控件运行效果

代码如下:

```
BOOL CFourParameterCalculationDlg::OnInitDialog()
{
    CDialogEx::OnInitDialog();
    // 将"关于..."菜单项添加到系统菜单中。
    // IDM_ABOUTBOX 必须在系统命令范围内。
    ASSERT((IDM_ABOUTBOX & 0xFFF0) == IDM_ABOUTBOX);
    ASSERT(IDM_ABOUTBOX < 0xF000);
    CMenu* pSysMenu = GetSystemMenu(FALSE);
    if (pSysMenu ! = NULL)
    {
        BOOL bNameValid;
        CString strAboutMenu;
        bNameValid = strAboutMenu. LoadString(IDS_ABOUTBOX);
        ASSERT(bNameValid);
        if (! strAboutMenu. IsEmpty())
        {
            pSysMenu -> AppendMenu(MF_SEPARATOR);
            pSysMenu -> AppendMenu(MF_STRING, IDM_ABOUTBOX, strAboutMenu);
        }
    }
    // 设置此对话框的图标。当应用程序主窗口不是对话框时,框架将自动执行此操作
    SetIcon(m_hIcon, TRUE);            // 设置大图标
    SetIcon(m_hIcon, FALSE);           // 设置小图标
    // TODO: 在此添加额外的初始化代码
    //设置列表控件的扩展风格
        m_CListCtrl. SetExtendedStyle(LVS_EX_FLATSB       //扁平风格显示滚动条
        |LVS_EX_FULLROWSELECT                             //允许整行选中
        |LVS_EX_HEADERDRAGDROP                            //允许整列拖动
        |LVS_EX_ONECLICKACTIVATE                          //单击选中项
        |LVS_EX_GRIDLINES);                               //画出网格线
    //设置表头
    m_CListCtrl. InsertColumn(1,_T("点名"),LVCFMT_CENTER,110);
    m_CListCtrl. InsertColumn(2,_T("源坐标X"),LVCFMT_CENTER,130);
    m_CListCtrl. InsertColumn(3,_T("源坐标Y"),LVCFMT_CENTER,130);
    m_CListCtrl. InsertColumn(4,_T("目标坐标X"),LVCFMT_CENTER,130);
    m_CListCtrl. InsertColumn(5,_T("目标坐标Y"),LVCFMT_CENTER,130);
    return TRUE;   // 除非将焦点设置到控件,否则返回 TRUE
}
```

### 3.7.6　建立消息映射

#### 3.7.6.1　添加命令按钮消息映射

在"添加"命令按钮上右击"添加事件处理程序"，如图 3.190 所示；然后在"事件处理程序向导"中选择消息类型，并接受系统建议的"函数处理程序名称"，如图 3.191 所示。

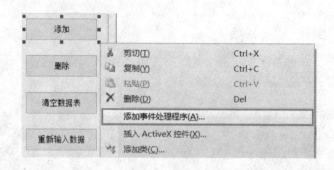

图 3.190　"添加事件处理程序"菜单项

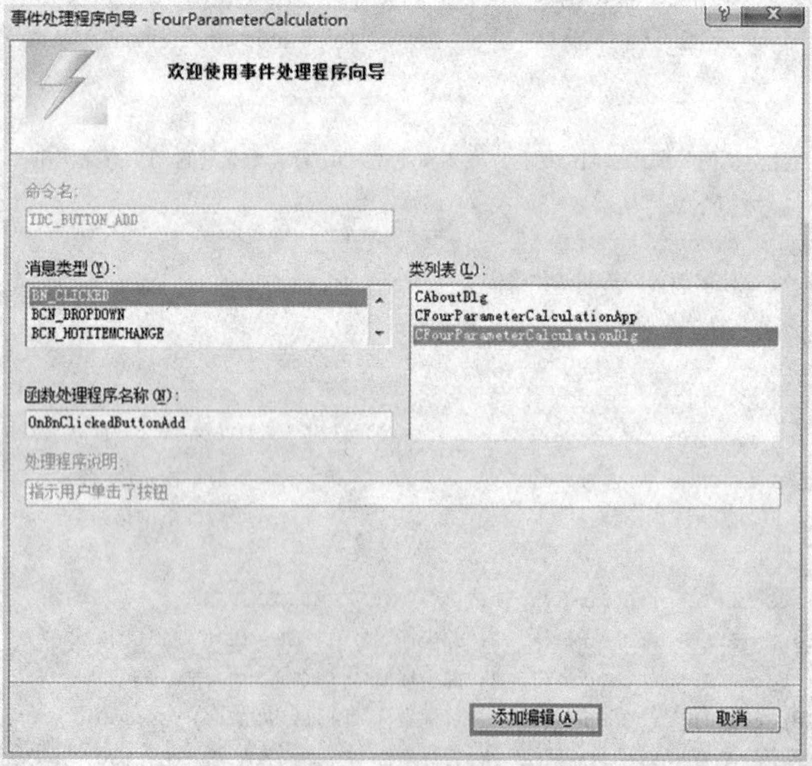

图 3.191　"事件处理程序向导"对话框

单击"添加编辑"按钮，根据功能需求，编写相应函数的代码：

```
//添加命令按钮(将文本框中输入的数据添加到列表视图控件中)
void CFourParameterCalculationDlg::OnBnClickedButtonAdd()
{
    UpdateData(true);                              //更新数据交换
    int count=m_CListCtrl.GetItemCount();
    CString strname,stryx,stryy,strmx,strmy;
    stryx.Format(_T("%.4f"),m_yx);     //将 double 型 m_yx 转换成 CString 型 stryx
    stryy.Format(_T("%.4f"),m_yy);                 //将...
    strmx.Format(_T("%.4f"),m_mx);                 //...
    strmy.Format(_T("%.4f"),m_my);                 //...
    m_CListCtrl.InsertItem(count,_T(""));          //插入行
    m_CListCtrl.SetItemText(count,0,m_name);       //向第 0 列插入数据
    m_CListCtrl.SetItemText(count,1,stryx);        //向第 1 行......
    m_CListCtrl.SetItemText(count,2,stryy);        //...
    m_CListCtrl.SetItemText(count,3,strmx);        //...
    m_CListCtrl.SetItemText(count,4,strmy);        //...
}
```

### 3.7.6.2 删除命令按钮消息映射

在"删除"命令按钮上右击"添加事件处理程序"，如图 3.192 所示；然后在"事件处理程序向导"中选择消息类型，并接受系统建议的"函数处理程序名称"，如图 3.193 所示。

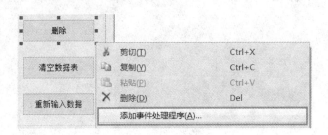

图 3.192 "添加事件处理程序"菜单项

单击"添加编辑"按钮，根据功能需求，编写相应函数的代码：

```
//删除命令按钮//删除表格中单行数据
void CFourParameterCalculationDlg::OnBnClickedButtonDel()
{
    // TODO：在此添加控件通知处理程序代码
    int pos=m_CListCtrl.GetSelectionMark();
    m_CListCtrl.DeleteItem(pos);
}
```

图 3.193　"事件处理程序向导"对话框

### 3.7.6.3　清空数据表命令按钮消息映射

在"清空数据表"命令按钮上右击"添加事件处理程序",如图 3.194 所示;然后在"事件处理程序向导"中选择消息类型,并接受系统建议的"函数处理程序名称",如图 3.195 所示。

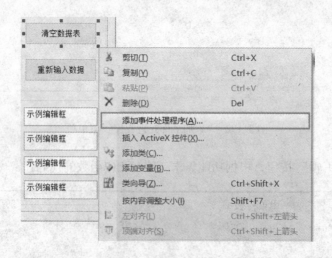

图 3.194　"添加事件处理程序"菜单项

单击"添加编辑"按钮,根据功能需求,编写相应函数的代码(源代码见实训内容):

```
//清空命令按钮 //清空数据表
void CFourParameterCalculationDlg::OnBnClickedButtonCle()
{
    // TODO: 在此添加控件通知处理程序代码
    m_CListCtrl.DeleteAllItems();
}
```

图 3.195　"事件处理程序向导"对话框

### 3.7.6.4　重新输入数据命令按钮

在"重新输入数据"命令按钮上右击"添加事件处理程序"，如图 3.196 所示；然后在"事件处理程序向导"中选择消息类型，并接受系统建议的"函数处理程序名称"，如图 3.197所示。

单击"添加编辑"按钮，根据功能需求，编写相应函数的代码：

```
//重置命令按钮//清空文本框
void CFourParameterCalculationDlg::OnBnClickedButtonRes()
{
    // TODO: 在此添加控件通知处理程序代码
    GetDlgItem(IDC_NAME)->SetWindowText(_T(""));
    GetDlgItem(IDC_YX)->SetWindowText(_T(""));
    GetDlgItem(IDC_YY)->SetWindowText(_T(""));
    GetDlgItem(IDC_MX)->SetWindowText(_T(""));
    GetDlgItem(IDC_MY)->SetWindowText(_T(""));
}
```

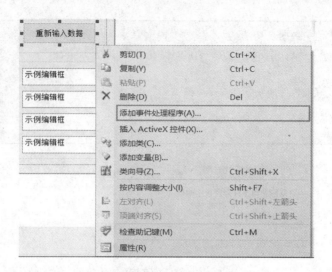

图 3.196　"添加事件处理程序"菜单项

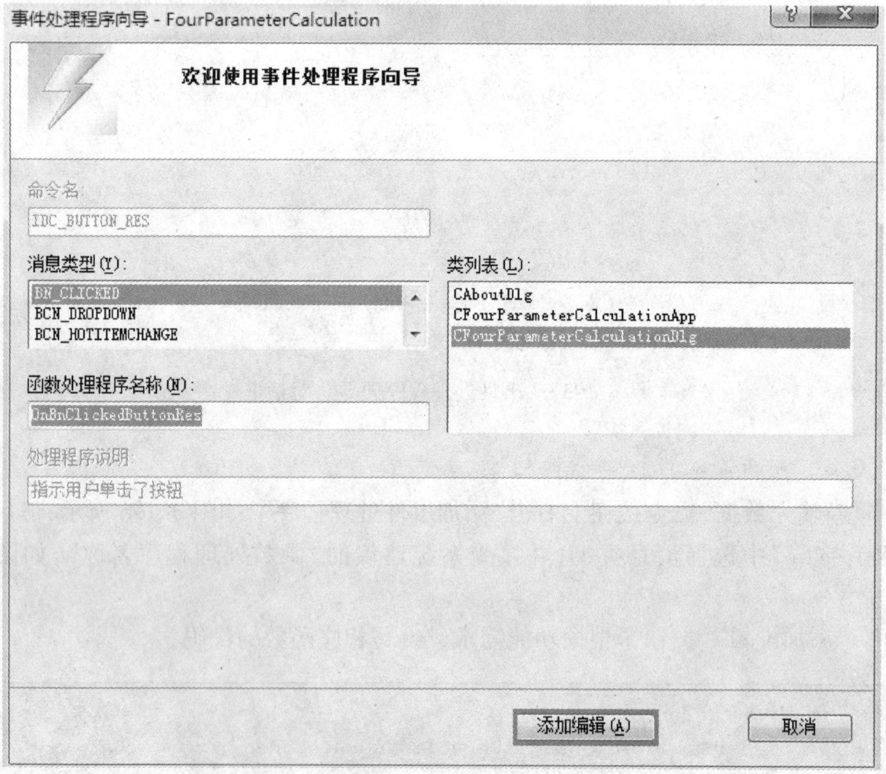

图 3.197　"事件处理程序向导"对话框

### 3.7.6.5　参数计算命令按钮

在"参数计算"命令按钮上右击"添加事件处理程序",如图 3.198 所示;然后在"事件处理向导"中选择消息类型,并接受系统建议的"函数处理程序名称",如图 3.199 所示。

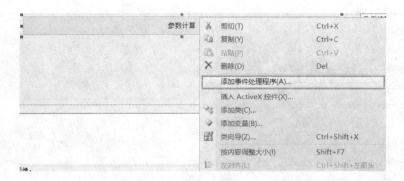

图 3.198 "添加事件处理程序"菜单项

图 3.199 "事件处理程序向导"对话框

单击"添加编辑"按钮，根据功能需求，编写相应函数的代码：

```
//参数计算命令按钮
void CFourParameterCalculationDlg::OnBnClickedButtonCom()
{
    // TODO: 在此添加控件通知处理程序代码
    int n = 0,N;
    n = m_CListCtrl.GetItemCount();              //获得数据行数
```

```
N = n* 2;
double * L = new double[N];                    //常数项矩阵
double * B = new double[N * 4];                //系数矩阵
double * BT = new double[N * 4];               //矩阵 B 的转置
double * NBB = new double[4 * 4];              //矩阵 NBB
double * INV_NBB = new double[4 * 4];           //NBB 的逆矩阵
double * W = new double[4];                     //矩阵 W
double * P = new double[N* N];                  //权矩阵
double * BTP = new double[4 * N];              //乘权矩阵
double * X = new double[4];                     //四参数矩阵
Matrix M;      //定义类 Matrix 的对象 M
bool work;


//////////////////////////构造矩阵/////////////////////////
//列权阵
for (int mi = 0; mi < N; mi ++)
{
    for (int mj = 0; mj < N; mj ++)
    {
        if (mi ==mj)
            P[mi* N + mj] = 1;
        else
            P[mi* N + mj] = 0;
    }
}
//列系数矩阵
for (int i = 0; i < n; i ++)
{
    CString str1,str2;
    double old_x,old_y;   //old_x 为源坐标 x,old_y 为源坐标 y
    str1 = m_CListCtrl.GetItemText(i,1);//获取列表视图项或子项的文本
    str2 = m_CListCtrl.GetItemText(i,2);//获取列表视图项或子项的文本
    old_x = _wtof(str1);
    old_y = _wtof(str2);
    B[i* 8] = 1;
    B[i* 8 +1] = 0;
    B[i* 8 +2] = old_x;
    B[i* 8 +3] = 0 - old_y;
    B[i* 8 +4] = 0;
    B[i* 8 +5] = 1;
    B[i* 8 +6] = old_y;
    B[i* 8 +7] = old_x;
```

```
    }
    //列常数项矩阵
    for(int i =0;i < n;i ++)
    {
        CString str1,str2;
        double new_x,new_y;//new_x 为目标坐标 x,new_y 为目标坐标 y
        str1 =m_CListCtrl.GetItemText(i,3);
        str2 =m_CListCtrl.GetItemText(i,4);
        new_x = _wtof(str1);
        new_y = _wtof(str2);
        L[i* 2] =new_x;
        L[i* 2 +1] =new_y;
    }


    //调用 Matrix 函数矩阵计算
    M.M_Tra(N, 4, B, BT);              //矩阵转置 B 转置
    M.M_Mul(4, N, N, BT, P, BTP);      //矩阵乘法
    M.M_Mul(4, N, 4, BTP, B, NBB);     //矩阵乘法
    M.M_Mul(4, N, 1, BTP, L, W);       //矩阵乘法
    work =M.M_Inv(4, NBB, INV_NBB);    //求逆

    if (work == false)
    {
        MessageBox(_T("矩阵不可逆,数据有误!!"));
    }


    M.M_Mul(4, 4, 1, INV_NBB, W, X);
    //参数赋值
    m_csa =X[0];
    m_csb =X[1];
    m_csc =X[2];
    m_csd =X[3];
    //保留 6 位小数
    m_csa =floor(m_csa* 1000000.000f + 0.5) / 1000000.000f;
    m_csb =floor(m_csb* 1000000.000f + 0.5) / 1000000.000f;
    m_csc =floor(m_csc* 1000000.000f + 0.5) / 1000000.000f;
    m_csd =floor(m_csd* 1000000.000f + 0.5) / 1000000.000f;


    UpdateData(false);
    //释放内存
    delete []L;
    delete []B;
```

```
        delete []BT;
        delete []NBB;
        delete []INV_NBB;
        delete []P;
        delete []W;
        delete []BTP;
        delete []X;
}
```

### 3.7.7　程序补充

程序中要用到矩阵运算，因此将矩阵运算中常用的功能单独编写成类（Matrix），在 Matrix.h 中进行函数声明，在 Matrix.cpp 进行函数定义，以便日后涉及矩阵运算时，将其加载到所编写的程序中即可。

3.7.7.1　Matrix.h 程序

Matrix.h 程序代码如下：

```
// Matrix.h: interface for the Matrix class.
//
//////////////////////////////////////////////////////////////////////

#if ! defined(AFX_MATRIX_H__A0AD9DB6_DA5E_4293_932A_192246F48B8A__INCLUDED_)
#define AFX_MATRIX_H__A0AD9DB6_DA5E_4293_932A_192246F48B8A__INCLUDED_

#if _MSC_VER > 1000
#pragma once
#endif // _MSC_VER > 1000

class Matrix
{
public:
    Matrix();
    virtual ~Matrix();
public:
    void M_Add(int m,int n,double * a,double * b,double * c);
    void M_Sub(int m,int n,double * a,double * b,double * c);
    void M_Tra(int m,int n,double * a,double * c);
    void M_Mul(double r,int m,int n,double * a,double * c);
    void M_Mul(int m,int s,int n,double * a,double * b,double * c);
    bool M_Inv(int n,double * a,double * c);

};

#endif
// ! defined(AFX_MATRIX_H__A0AD9DB6_DA5E_4293_932A_192246F48B8A__INCLUDED_)
```

### 3.7.7.2 Matrix. cpp 程序

Matrix. cpp 程序代码如下:

```cpp
// Matrix. cpp: implementation of the Matrix class.
//
//////////////////////////////////////////////////////////////////////
#include "stdafx. h"
#include "Matrix. h"
#include "math. h"
#ifdef _DEBUG
#undef THIS_FILE
static char THIS_FILE[] = __FILE__;
#define new DEBUG_NEW
#endif


//////////////////////////////////////////////////////////////////////
// Construction/Destruction
//////////////////////////////////////////////////////////////////////

Matrix::Matrix()
{

}

Matrix:: ~Matrix()
{

}

void Matrix::M_Add(int m,int n,double * a,double * b,double * c)      //矩阵加法
{
    for(int i =0;i <m* n;i ++)
        c[i] =a[i] +b[i];
}

void Matrix::M_Sub(int m,int n,double * a,double * b,double * c)      //矩阵减法
{
    for(int i =0;i <m*n;i ++)
        c[i] =a[i] -b[i];
}

void Matrix::M_Tra(int m,int n,double * a,double * c)                 //矩阵转置
{
    for(int i =0;i <m;i ++)
```

```cpp
    {
        for(int j =0;j < n;j ++)
            c[j* m +i] =a[i* n +j];
    }
}

void Matrix::M_Mul(double r,int m,int n,double * a,double * c)    //矩阵数乘
{
    for(int i =0;i <m* n;i ++)
            c[i] =r* a[i];
}

void Matrix::M_Mul(int m,int s,int n,double * a,double * b,double * c)//矩阵乘法
{
    for(int i =0;i <m;i ++)
    {
        for(int j =0;j <n;j ++)
        {
            c[i* n +j] =0;
            for(int k =0;k <s;k ++)
            {
                c[i* n +j] =c[i* n +j] +a[i* s +k]* b[k* n +j];
            }
        }
    }
}

bool Matrix::M_Inv(int n,double * a,double * c)    //求逆
{
    double at;
    double bt;
    double am;
    int i,j,k;
    int tt;
    int N =2* n;
    double * p =new double[n* N];
    for(i =0;i <n;i ++)
    {
        for(j =0;j <n;j ++)
        {
            p[N* i +j] =a[n* i +j];
        }
```

```
    for(j=n;j<N;j++)
    {
        if(i==j-n)
            p[N* i+j]=1;
        else
            p[N* i+j]=0;
    }
}
for(k=0;k<n;k++)              //求解
{
    at=fabs(p[N* k+k]);
    tt=k;
    for(j=k+1;j<n;j++)
    {
        bt=fabs(p[N* j+k]);
        if(at<bt)
        {
            at=bt;
            tt=j;
        }
    }
    if(tt!=k)
        for(j=k;j<N;j++)
        {
            am=p[N*k+j];
            p[N*k+j]=p[N*tt+j];
            p[N*tt+j]=am;
        }
    if(at<0.0001)
    {
      // AfxMessageBox("次矩阵不可逆");
        return false;
    }
    am=1/p[N*k+k];
    for(j=k;j<N;j++)
    {
        p[N*k+j]=p[N*k+j]*am;
    }
    for(i=0;i<n;i++)
    {
        if(k!=i)
        {
```

```
                am = p[N*i + k];
                for(j = 0;j < N;j ++)
                {
                    p[N*i + j] = p[N*i + j] - p[N*k + j]*am;
                }
            }
        }
    }
    for(i = 0;i < n;i ++)
        for(j = 0;j < n;j ++)
            c[n*i + j] = p[N* i + (j + n)];
    delete [ ]p;
    return true;
}
```

说明：Matrix. h 和 Matrix. cpp 来源于网络。

### 3.7.7.3　加载已有类文件

（1）将 Matrix. h 和 Matrix. cpp 放到下的 FourParameterCalculation 文件夹，如图 3. 200 所示。

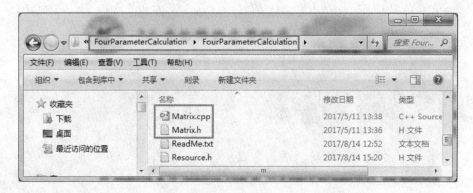

图 3. 200　添加文件到 FourParameterCalculation 文件夹

（2）在解决方案资源管理器中右击"头文件"，然后点击"现有项（G）…"弹出添加现有项，如图 3. 201 所示；将 Matrix. h 添加，如图 3. 202 所示。

（3）在解决方案资源管理器中右击"源文件"，然后点击"现有项（G）…"弹出添加现有项，如图 3. 203 所示；将 Matrix. cpp 添加，如图 3. 204 所示。

（4）在 FourParameterCalculationDlg. cpp（或者 . h）包含#include " Matrix. h " 头文件，如图 3. 205 所示。

### 3.7.7.4　加载 math 头文件

程序中要用到数学函数，在 FourParameterCalculationDlg. cpp（或者 . h）包含#include " math. h" 头文件，如图 3. 206 所示。

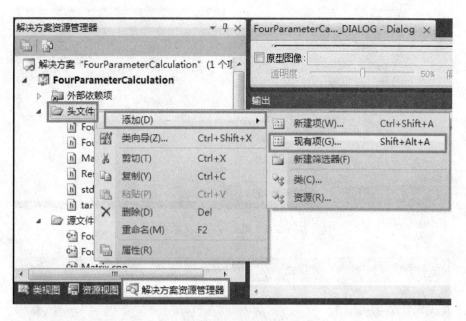

图 3.201 添加现有项菜单项

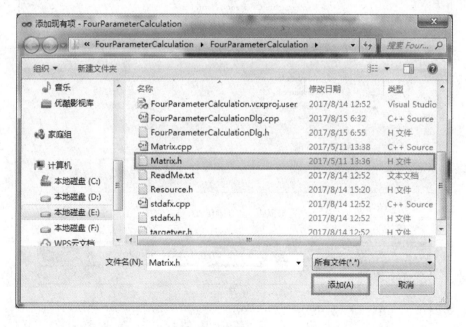

图 3.202 添加 Matrix.h

### 3.7.8 编译并运行程序

单击【生成】菜单下面的【生成解决方案】菜单项，如图 3.207 所示；检查程序代码是否有问题，如没有问题，则单击【调试】菜单下面的【开始执行（不调试）】菜单项，如图 3.208 所示；运行结果如图 3.209 所示。

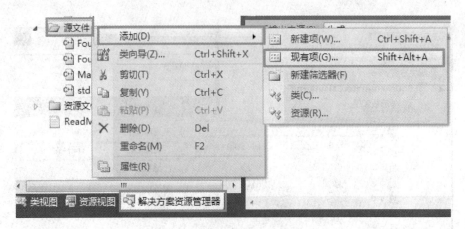

图 3.203　添加现有项菜单项

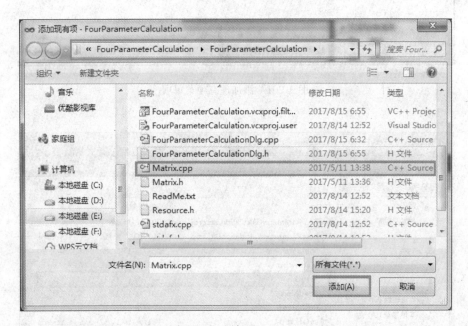

图 3.204　添加 Matrix. cpp

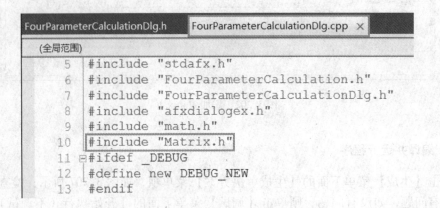

图 3.205　添加#include "Matrix. h"头文件

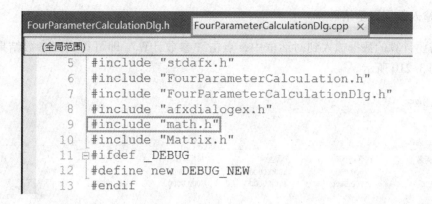

图 3.206　添加#include "math.h" 头文件

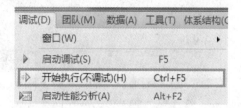

图 3.207　"生成解决方案"菜单项　　　　图 3.208　"开始执行"菜单项

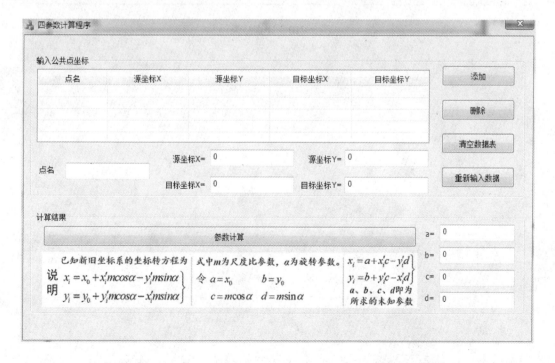

图 3.209　运行效果

### 3.7.9 输入数据显示结果

将需要计算的数据输入到对话框中，点击"参数计算"即可得到四参数结果，计算结果如图 3.210 所示。

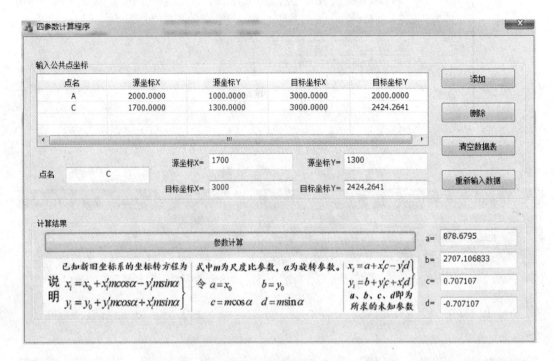

图 3.210 计算结果

# 4 　菜单、工具栏和状态栏

标准 Windows 应用程序具有一个图形化用户界面。在这个界面中，菜单、工具栏和状态栏是不可缺少的重要组成元素，更是用户与应用程序之间进行直接交互的重要工具，它们的风格和外观有时会直接影响用户对软件的评价。一个好的 Windows 应用程序，不仅具备完善的功能，还要借助菜单、工具栏和状态栏构造出一个美观、方便、实用的友好界面。

虽然菜单、工具栏和状态栏可以用在对话框工程中，但它们更多是用在文档视图类工程中。菜单和工具栏通常位于主窗口的上方位置，状态栏位于主窗口的下方位置。

菜单和工具栏都是用来接收用户的鼠标单击，以此来引发相应的操作，比如用户单击"退出"菜单项，程序就退出。工具栏和菜单栏都是执行用户命令的，它们接收的 Windows 消息，称为命令消息，如 WM_COMMAND。

状态栏通常是显示当前程序处于某种状态或对某个菜单项（工具栏按钮）进行解释，状态栏上有多个分隔的区域，来显示不同的消息。

## 4.1　菜　单　设　计

菜单是程序中可操作命令的集合，是程序操作相关命令项的列表。菜单为用户提供了操作程序中所需要的命令，当执行某一菜单命令项时，就会执行指定的程序代码，完成相应的功能。

菜单主要有两种：下拉式菜单和弹出式菜单，前者是通过主菜单下拉时产生，后者是单击鼠标右键时弹出的浮动菜单。

应用程序的菜单命令项可以是文字，也可以是位图。在 Windows 应用程序中创建菜单或添加菜单功能的一般方法为：

（1）首先在菜单资源编辑器中定义菜单；

（2）然后在消息列表中为每个菜单命令项增加映射项；

（3）最后在消息列表中添加相应函数并在响应函数中添加菜单命令项的功能代码。

要对菜单编程，首先需要了解菜单的结构，要分清菜单栏、子菜单和菜单项的概念。菜单的结构与房屋的结构有些类似，整个楼房对应于程序中的菜单栏，楼房的每一层对应于菜单栏上的子菜单，即我们在菜单中常看到的【文件】、【编辑】、【视图】等这些菜单对象；而房间对应于菜单项，即【文件】子菜单下的【新建】、【打开】等对象。

定位菜单项首先需要找到程序的菜单栏，然后找到该菜单项所属的子菜单，最后找到这个菜单项。当我们单击某个菜单项的时候，会发出一个命令消息，就会引发相应消息处理函数的执行，如图 4.1 所示。

对于菜单来说，如果要访问某个菜单项，既可以通过该菜单项的标识 ID，也可以通

图 4.1　菜单

过其位置索引来实现访问。但对于子菜单来说，只能通过索引号进行访问，因为子菜单是没有标识 ID 号的。但要注意的是，菜单中使用的索引是从 0 开始的。

### 4.1.1　菜单资源编辑器

　　菜单资源编辑器主要用来创建菜单资源和编辑菜单资源。使用菜单资源编辑器，可以创建菜单和菜单命令项，还可以为菜单或菜单命令项定义加速键、快捷键和相应状态栏显示。

　　用 MFC 应用程序向导建立应用程序框架时，不论选择的是单文档类型（SDI）还是多文档类型（MDI），应用程序向导都会自动创建预定义的菜单。对于 SDI 单文档应用程序，MFC 应用程序向导生成一个菜单资源 IDR_MAINFRAM；对于 MDI 多文档应用程序，MFC 应用程序向导则自动生成两个菜单资源，即 IDR_MAINFRAM 和 IDR_PRJNAMETYPE（其中 PRJNAME 为应用程序项目名称）。

### 4.1.2　菜单设计测绘应用实例

　　【例 4.1】创建一个 SurveyCalculate 单文档应用程序，并添加第 3 章创建的 5 个对话框资源，并以菜单项形式打开，运行效果如图 4.2 所示。

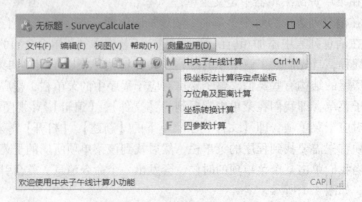

图 4.2　菜单运行效果

A　创建基于单文档应用程序的具体步骤

（1）进入 Visual C++编程环境，点击【文件】菜单下的【新建】下的【项目】菜单项命令，打开"新建项目"对话框，选择"MFC 应用程序"选项，在"名称"编辑框中输入相应程序项目名称 SurveyCalculate，在"位置"编辑框中选择相应的文件名和文件路径，如图 4.3 所示，单击"确定"按钮。

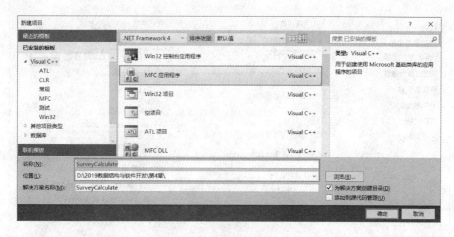

图 4.3　"新建项目"对话框

（2）在"MFC 应用程序向导-SurveyCalculate"向导页上选择下一步，如图 4.4 所示。

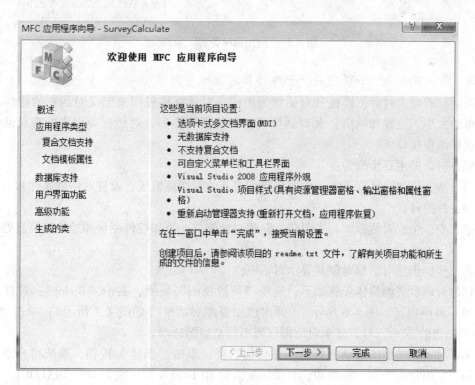

图 4.4　应用程序向导欢迎界面

（3）在"MFC 应用程序向导-SurveyCalculate"向导页上应用程序类型选择"单个文档"，项目类型选择"MFC 标准"，如图 4.5 所示，点击"完成"命令按钮。

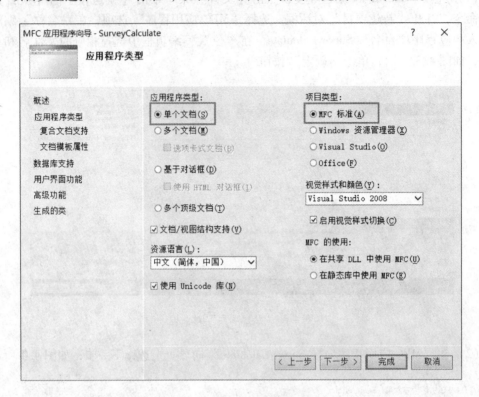

图 4.5　"应用程序类型"窗口

B　添加对话框——以中央子午线计算对话框为例

对话框通常由对话框模板和对话框类组成。对话框模板用来定义对话框的特性（如对话框的大小、位置和风格）及对话框控件的位置和类型；对话框类用来管理对话框资源，提供编程接口。

创建对话框主要步骤为：

第一步，创建对话框资源，主要包括创建新的对话框模板、设置对话框属性和为对话框添加各种控件；

第二步，生成对话框类，主要包括新建对话框类、添加控件变量和控件的消息处理函数等；

第三步，创建对话框对象并显示对话框。

创建对话框资源具体步骤如下：选择"资源视图"页面，右击"Dialog"；选择"添加资源"菜单项（如图 4.6 所示），弹出添加资源对话框（如图 4.7 所示）；单击"Dialog"项左边的"＋"号，显示对话框资源不同类型的选项。

如果对不同类型的对话框资源不做任何选择，单击"新建"按钮，系统将自动为当前应用程序添加一个对话框资源，并采用默认的 ID 标识（第一次为 IDD_DIALOG1，如图 4.8 所示，以后每次依次为 IDD_DIALOG2，IDD_DIALOG3，……）。这些对话框默认标题

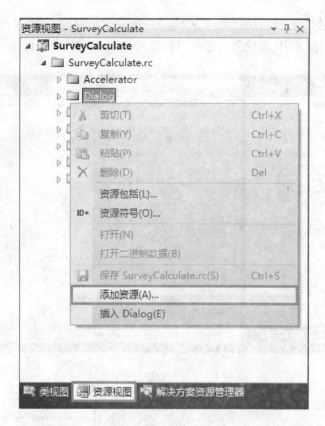

图 4.6 添加资源菜单项

图 4.7 添加资源对话框

为 Dialog，都带有默认的"确定"按钮和"取消"按钮。

C 设置对话框的属性——以中央子午线计算对话框为例

对话框属性主要涉及对话框外观布局。新建单文档应用程序时，添加的对话框资源需要更改默认的 ID 号。以中央子午线计算程序对话框为例，首先单击新添加的对话框资源，然后更改其 ID 属性，更改方法如图 4.9 所示，SurveyCalculate 应用程序每个对话框资源 ID 如表 4.1 所示，除了 ID 属性外，还可以修改 Caption、字体等属性。

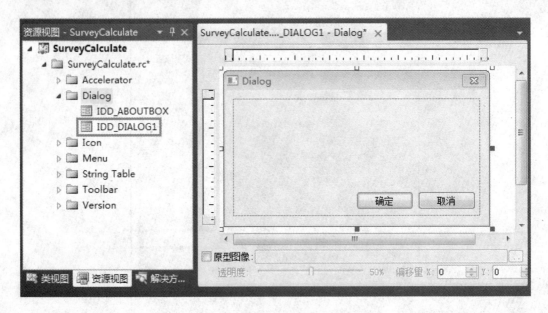

图 4.8　对话框资源默认 ID

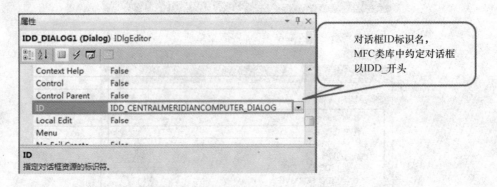

图 4.9　中央子午线计算程序对话框 ID 更改方法

表 4.1　对话框资源 ID

| 对话框名称 | ID |
| --- | --- |
| 中央子午线计算程序 | IDD_CENTRALMERIDIANCOMPUTER_DIALOG |
| 极坐标法计算待定点坐标的应用程序 | IDD_POLARCOORDINATECOMPUTER_DLG |
| 距离及方位角计算程序 | IDD_FWJ_JL_Computer_DLG |
| 坐标转换程序 | IDD_COORDINATETRANSFORMATION_DLG |
| 四参数计算程序 | IDD_FOURPARAMETERCALCULATION_DIALOG |

D　添加控件并设置属性——以中央子午线计算对话框为例

中央子午线计算对话框中需要的控件如图 4.10 所示，控件的基本设置如表 4.2 所示。

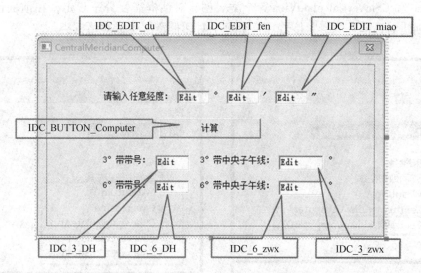

图 4.10 中央子午线计算应用程序控件布局

**表 4.2 控件的基本设置**

| 控件 | 控件 ID 号 | 标题 | 属性 | 变量类别 | 变量类型 | 成员变量 |
|------|-----------|------|------|---------|---------|---------|
| 静态文本框 | IDC_STATIC | 请输入任意经度： | 默认 | | | |
| | IDC_STATIC | ° | 默认 | | | |
| | IDC_STATIC | ′ | 默认 | | | |
| | IDC_STATIC | ″ | 默认 | | | |
| | IDC_STATIC | 3°带带号： | 默认 | | | |
| | IDC_STATIC | 3°带中央子午线： | 默认 | | | |
| | IDC_STATIC | 6°带带号： | 默认 | | | |
| | IDC_STATIC | 6°带中央子午线： | 默认 | | | |
| 编辑框 | IDC_EDIT_du | | 默认 | Value | int | m_du |
| | IDC_EDIT_fen | | 默认 | Value | int | m_fen |
| | IDC_EDIT_miao | | 默认 | Value | float | m_miao |
| | IDC_3_DH | | 默认 | Value | int | m_3_DH |
| | IDC_3_zwx | | 默认 | Value | int | m_3_zwx |
| | IDC_6_DH | | 默认 | Value | int | m_6_DH |
| | IDC_6_zwx | | 默认 | Value | int | m_6_zwx |
| 按钮 | IDC_BUTTON_Computer | 计算 | 默认 | | | |

E 创建一个对话框类——以中央子午线计算对话框为例

在第 3.3 节中创建了基于对话框的中央子午线计算应用程序，打开其类视图可以看到如图 4.11 所示的类，仅包括了 CAboutDlg、CCentralMeridianComputerApp 和 CCentralMeridianComputerDlg 3 个类。而此次创建的是基于单个文档的应用程序，默认状况下打开其类视图可以看到如图 4.12 所示的类，包括了 CMainFrame、CSurveyCalculateApp、CSurvey-

CalculateDoc 和 CSurveyCalculateView 5 个类。创建对话框需要分三步走，在前面已经完成了第一步创建对话框资源，紧接着需要给每个对话框资源生成对话框类。

图 4.11　基于对话框应用程序的类视图

图 4.12　基于单个文档的应用程序类视图

应用程序中使用的对话框类都是 CDialogEx 类的一个实际派生类，用户可以利用其继承关系，通过使用 CDialogEx 类的成员函数对实际的对话框进行管理。

一般采用类向导帮助创建对话框类，有以下两种方式来打开类向导界面：

（1）单击"项目"菜单下的"类向导"菜单项命令；

（2）鼠标右击对话框模板的非控件区，在弹出的快捷菜单中选择"类向导"菜单命令。

打开类向导，选择"添加类"，如图 4.13 所示，弹出"MFC 添加类向导-SurveyCalculate"对话框。在类名输入框中输入将要使用的对话框类名（CCentralMeridianComputerDlg），在基类下选择 CDialogEx，在对话框选择 IDD_CENTRALMERIDIANCOMPUTER_DIALOG 其他设置采用系统默认值，如图 4.14 所示，最后单击"完成"按钮确认。此时再打开类视图，发现在原有类的基础上增加了 CCentralMeridianComputerDlg 类，如图 4.15 所示。

同理，为其他四个对话框添加对话框类，类名同第 3 章，如图 4.16～图 4.19 所示。新增完成后再打开类视图，发现在原有类的基础上增加了 CPolarCoordinateComputerDlg 类、CFWJ_JL_ComputerDlg 类、CCoordinateTransformationDlg 类和 CFourParameterCalculationDlg 类，如图 4.20 所示。

F　添加成员变量——以中央子午线计算对话框为例

对话框中的控件就是一个对象，对控件的操作实际上是通过该控件所属类库中的成员函数来实现的。如果在对话框中要实现数据在不同控件对象之间传递，应通过其相应的成员变量完成，因此，应先为该控件添加成员变量。

（1）打开【项目】菜单下的【类向导】菜单项，如图 4.21 所示，弹出 MFC 类向导对话框，选择"成员变量"标签；在"类名"列表框中选择 CCentralMeridianComputerDlg 类，如图 4.22 所示。

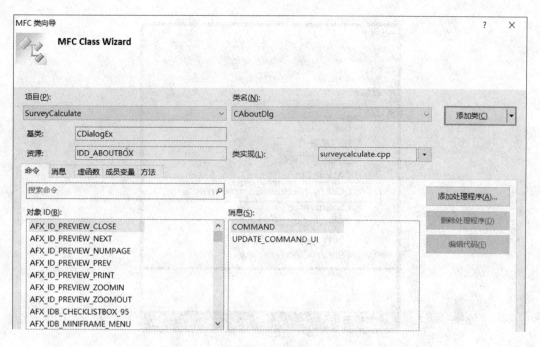

图 4.13　添加类

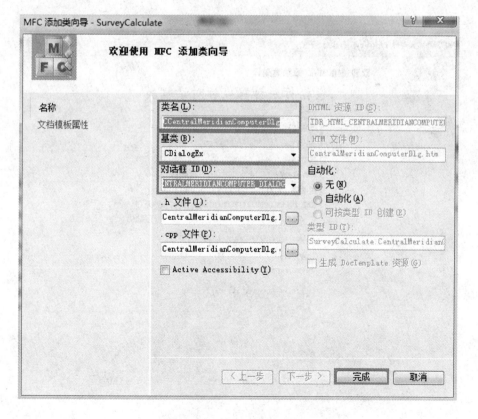

图 4.14　MFC 添加类向导

图 4.15　基于单个文档的应用程序新增类的类视图

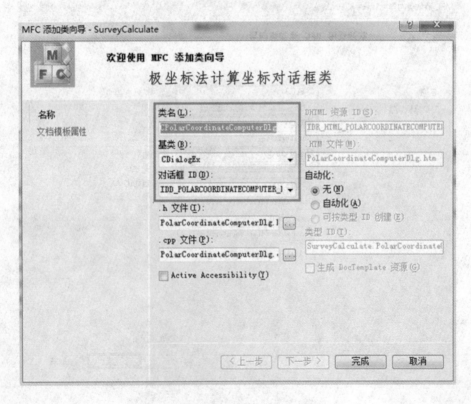

图 4.16　极坐标计算坐标对话框类

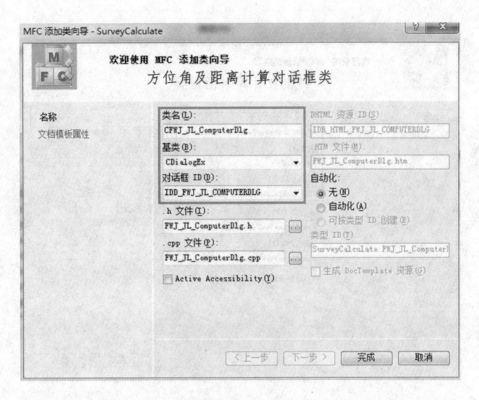

图 4.17 方位角及距离计算对话框类

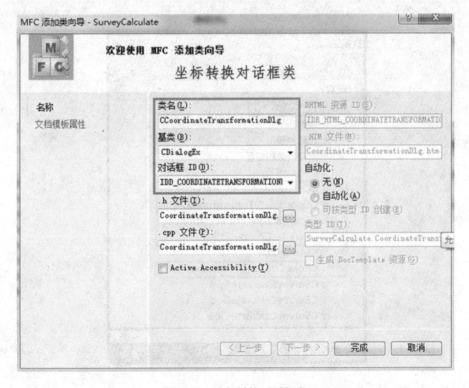

图 4.18 坐标转换对话框类

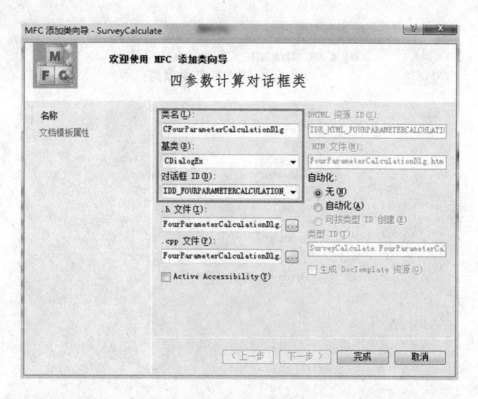

图 4.19    四参数计算对话框类

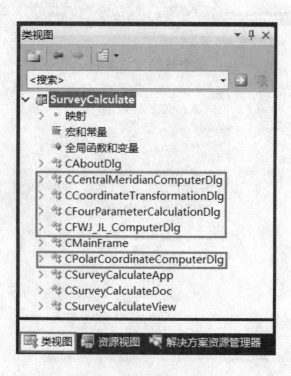

图 4.20    基于单个文档的应用程序新增类的类视图

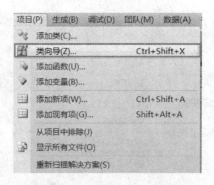

图 4.21　类向导菜单项

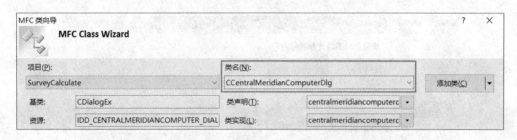

图 4.22　MFC 类向导

（2）按照表 4.2 中的变量类别、变量类型和成员变量名完成选项卡下的控件 ID 与成员变量关联，实现数据在控件之间的传递。具体添加方法见第 3.5~3.7 节，添加效果如图 4.23 所示。

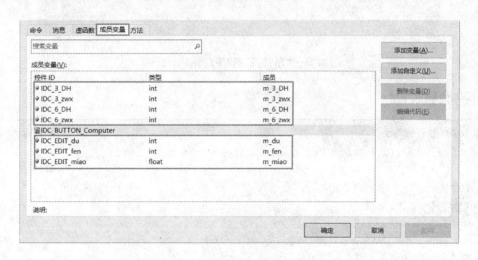

图 4.23　添加成员变量效果

G　建立消息映射——以中央子午线计算对话框中"计算"命令按钮为例

中央子午线计算对话框、极坐标计算待定点坐标对话框、方位角及距离计算对话框、坐标转换对话框和四参数计算对话框中，有很多命令按钮需要添加事件处理函数。下面以中央子午线计算对话框中"计算"命令按钮为例进行说明，其余命令按钮同第 3 章操作。

在"计算"按钮上右击"添加事件处理程序"，然后在"事件处理向导"中选择消息类型，并接受系统建议的"函数处理程序名称"，如图 4.24 和图 4.25 所示。

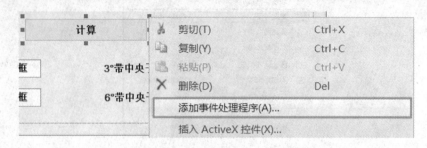

图 4.24　"添加事件处理程序"菜单项

图 4.25　"事件处理程序向导"对话框

具体代码如下：

```
//中央子午线计算命令按钮
void CCentralMeridianComputerDlg::OnBnClickedButtonComputer()
{
    // TODO: 在此添加控件通知处理程序代码
    UpdateData(true);
    //计算 3°带带号
    m_3_DH = (int)((m_du + m_fen/60. + m_miao/3600.)/3. + 0.5);
    //计算 3°带中央子午线
    m_3_zwx = 3 * m_3_DH;
    //计算 6°带带号
    m_6_DH = (int)(((m_du + m_fen/60. + m_miao/3600.) + 3)/6. + 0.5);
    //计算 6°带中央子午线
    m_6_zwx = 6 * m_6_DH - 3;
    UpdateData(false);
}
```

说明：在 CCentralMeridianComputerDlg 类的源代码中，可以看到类向导帮助我们添加了哪些新内容。

（1）类向导会在 CentralMeridianComputerDlg. h 文件中增加消息映射函数的声明 afx_msg void OnBUTTONComputer( );，如图 4. 26 所示。

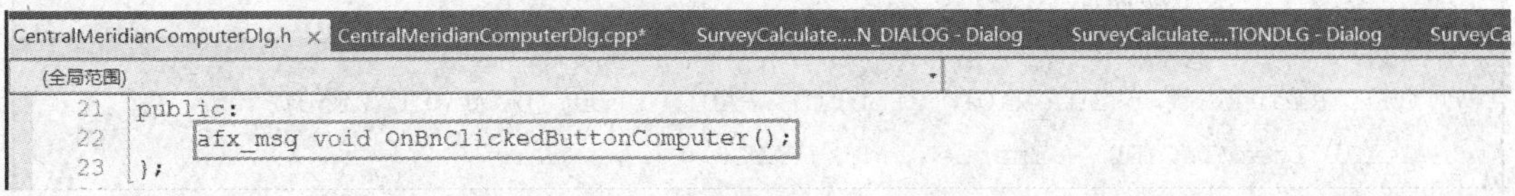

```
CentralMeridianComputerDlg.h × CentralMeridianComputerDlg.cpp*   SurveyCalculate....N_DIALOG - Dialog   SurveyCalculate....TIONDLG - Dialog   SurveyCa
(全局范围)
21   public:
22       afx_msg void OnBnClickedButtonComputer();
23   };
```

图 4. 26   CentralMeridianComputerDlg 类中 OnBnClickedButtonComputer 函数声明

（2）在 CentralMeridianComputerDlg. cpp 文件的前面消息映射中间，增加消息映射宏 ON_BN_CLICKED（IDC_BUTTON_Computer，&CCentralMeridianComputerDlg：：OnBnClicked-ButtonComputer），如图 4. 27 所示。

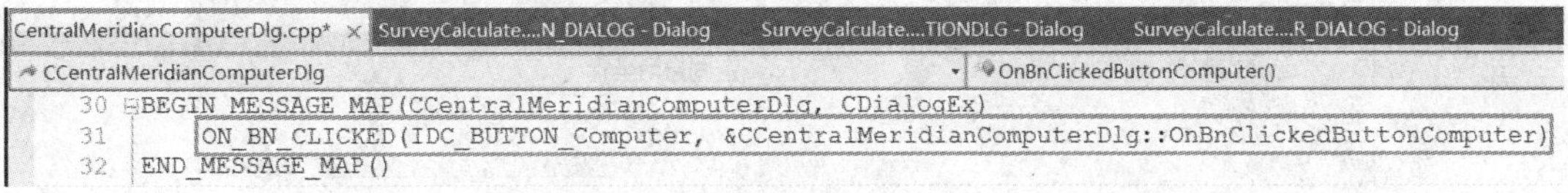

```
CentralMeridianComputerDlg.cpp* × SurveyCalculate....N_DIALOG - Dialog   SurveyCalculate....TIONDLG - Dialog   SurveyCalculate....R_DIALOG - Dialog
CCentralMeridianComputerDlg                                              OnBnClickedButtonComputer()
30   BEGIN_MESSAGE_MAP(CCentralMeridianComputerDlg, CDialogEx)
31       ON_BN_CLICKED(IDC_BUTTON_Computer, &CCentralMeridianComputerDlg::OnBnClickedButtonComputer)
32   END_MESSAGE_MAP()
```

图 4. 27   CentralMeridianComputerDlg 类中 OnBnClickedButtonComputer 消息映射宏

（3）在 CentralMeridianComputerDlg. cpp 文件中添加一个空的消息处理函数的框架 void CCentralMeridianComputerDlg：：OnBnClickedButtonComputer（），如图 4. 28 所示。

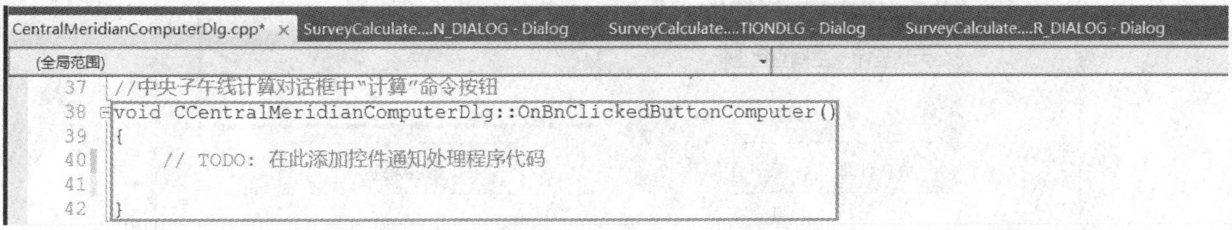

```
CentralMeridianComputerDlg.cpp* × SurveyCalculate....N_DIALOG - Dialog   SurveyCalculate....TIONDLG - Dialog   SurveyCalculate....R_DIALOG - Dialog
(全局范围)
37   //中央子午线计算对话框中"计算"命令按钮
38   void CCentralMeridianComputerDlg::OnBnClickedButtonComputer()
39   {
40       // TODO: 在此添加控件通知处理程序代码
41
42   }
```

图 4. 28   CentralMeridianComputerDlg 类中 OnBnClickedButtonComputer 函数定义框架

注意：其他对话框的功能实现与第 3 章类似，但与单独建立坐标转换对话框应用程序不同的是，当在单文档应用程序中创建了"坐标转换"对话框模板，添加了相应类，为了能够实现启动窗口后空间直角坐标 -> 大地坐标单选按钮能够被选中，大地坐标中的文本框不可编辑，如图 4. 29 所示，需要在 CCoordinateTransformationDlg 类中添加 OnInitDialog（），完成功能的实现。

操作步骤：

（1）单击【项目】菜单下的【类向导】项，如图 4. 30 所示。

（2）添加 OnInitDialog（）函数，步骤为图 4. 31 中的①～⑥所示。

（3）添加初始化代码。

```
BOOL CCoordinateTransformationDlg::OnInitDialog()
{
    CDialogEx::OnInitDialog();

    // TODO：在此添加额外的初始化

    CheckRadioButton(IDC_RADIO_KtoD,IDC_RADIO_DtoK,IDC_RADIO_KtoD);
    GetDlgItem(IDC_DB)->EnableWindow(FALSE);
    GetDlgItem(IDC_DL)->EnableWindow(FALSE);
    GetDlgItem(IDC_DH)->EnableWindow(FALSE);
    return TRUE; // return TRUE unless you set the focus to a control
    // 异常：OCX 属性页应返回 FALSE
}
```

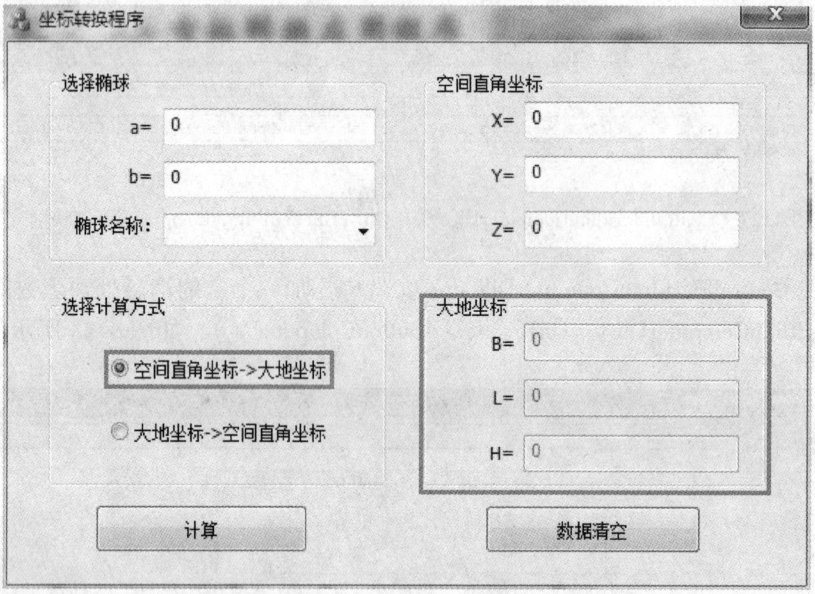

图 4.29　初始化运行效果

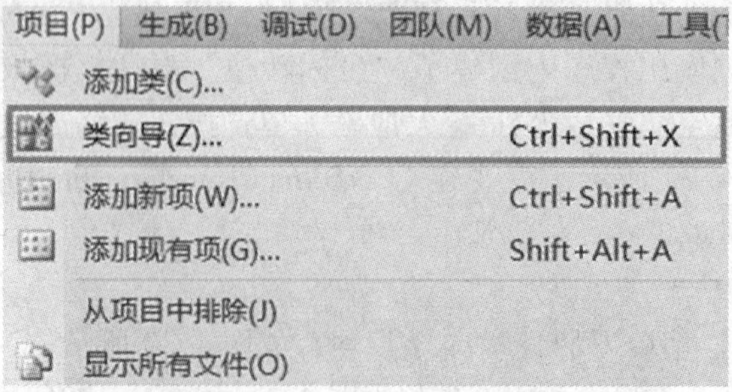

图 4.30　类向导菜单项

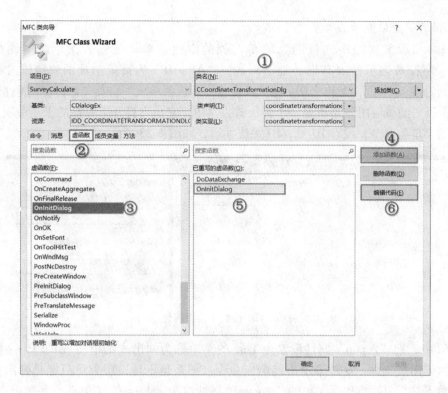

图 4.31　添加 OnInitDialog（）函数步骤

H　设置菜单

在 SurveyCalculate 单文档应用程序项目工作区窗口选中"资源视图"页面，打开资源项 "Menu" 文件夹，双击 "IDR_ MAINFRAME" 打开菜单编辑器，显示相应的菜单资源，如图 4.32 所示。

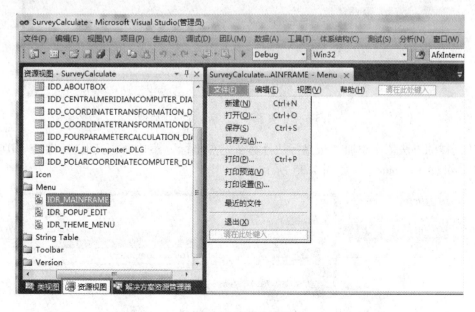

图 4.32　菜单编辑器

a　设置子菜单属性

在菜单资源编辑器中"帮助"菜单右侧的空白菜单项处输入菜单名"测量应用（&D）"，字符 & 表示显示 D 时，加下划线，"Alt + D"为该菜单项的快捷键（shortcut key），同时按下"Alt"键和"D"键可以快速打开该菜单项。将其"Popup"属性设置为 True，表明"测量应用"菜单是一个弹出式主菜单，它负责打开下一层的子菜单项，不执行具体的菜单项命令，没有 ID 号，ID 无法编辑，如图 4.33 所示。

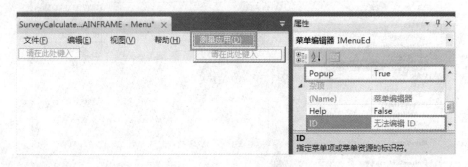

图 4.33　设置子菜单属性

MFC 中，把"Popup"属性设置为 True 的菜单称为弹出式菜单，Visual C++默认顶层菜单为弹出式菜单。这种菜单不能响应命令。那么是不是顶层菜单只能是弹出式菜单呢？当然不是，只要将顶层菜单的"Popup"属性改为 False，该菜单就不是弹出式菜单，而成为一个菜单项了。

b　设置菜单项属性

单击"测量应用"菜单，用鼠标选中单击"测量应用"菜单下一层的空白菜单项输入"中央子午线计算"，然后在 ID 属性中输入"ID_M_CentralMeridianComputer"，如图 4.34 所示。

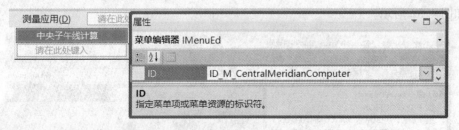

图 4.34　"中央子午线计算"菜单项属性

用同样的方法依次添加"极坐标法计算待定点坐标"菜单项，其 ID 属性为"ID_M_PolarCoordinateComputer"，如图 4.35 所示。

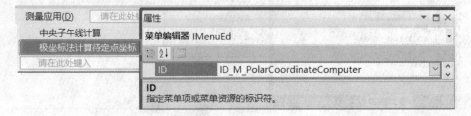

图 4.35　"极坐标法计算待定点坐标"菜单项属性

添加"方位角及距离计算"菜单项，其 ID 属性为"ID_M_FWJ_JL_Computer"，如图 4.36 所示。

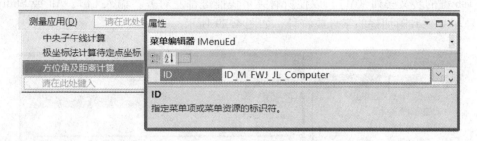

图 4.36 "方位角及距离计算"菜单项属性

添加"坐标转换计算"菜单项，其 ID 属性为"ID_M_CoordinateTransformation"，如图 4.37 所示。

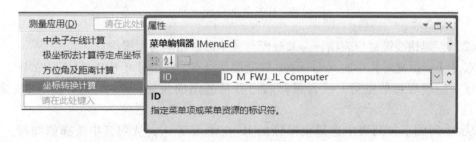

图 4.37 "坐标转换计算"菜单项属性

添加"四参数计算"菜单项，其 ID 属性为"ID_M_FourParameterCalculation"，如图 4.38 所示。

图 4.38 "四参数计算"菜单项属性

c　为菜单项添加快捷键

快捷键又称为键盘快捷键，通常是键盘上 2 个键的组合，比如在 Word 程序中，Ctrl 和 N，同时按下后会新建一个文档。其功能和通过【文件】菜单下的【新建】菜单项是一样的。快捷键就是为了不用鼠标直接用键盘来操作界面已达到更快捷的效果。任何时候按下快捷键，相应的菜单命令都会被执行。

设置快捷键的方法如下（以中央子午线计算菜单项为例）。

（1）定义菜单 Caption 属性值。

选择"中央子午线计算"菜单项命令，在【属性】窗口的 Caption 属性中菜单标题后输入 Tab 键的转义序列（\t），以使所有菜单快捷键都左对齐。输入 Ctrl、Alt 或 Shift，后跟加号（＋）和附加键的字母或符号，如图 4.39 所示。

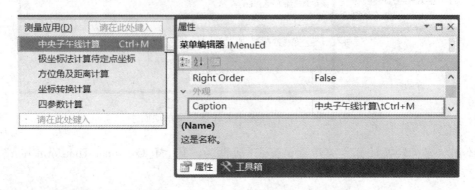

图 4.39　定义菜单 Caption 属性值

（2）创建快捷键对应表项，为其分配与菜单命令相同的标识符。

双击【资源视图】中的 Accelerator 快捷键文件夹，双击打开 IDR-MAINFRAME，单击快捷键对应表底部的空行，或者鼠标右击并从弹出的快捷菜单中选择【新建快捷键】命令。

从 ID 列的下拉列表中选择菜单项的 ID 或输入新 ID，从列表中选择修饰符，单击【修饰符】列右侧的小黑箭头，在下拉列表中选择修饰符（例如 Ctrl 等），在【键】列中输入要用作快捷键的字符，从【类型】列表中选择 ASCII 或 VIRTKEY，如图 4.40 所示。

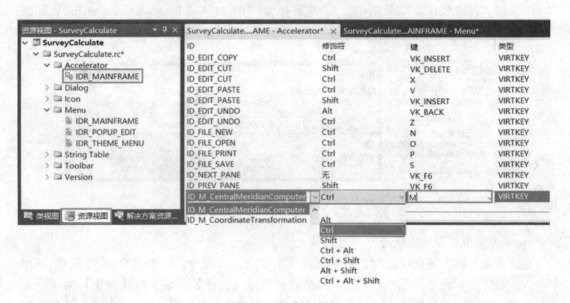

图 4.40　创建快捷键

如果项目运行后快捷键不能运行，解决方案为：找到操作系统的【运行】(Win10 操

作系统在键盘上同时按下 WIN + X 键组合在弹出菜单中找到【运行】），在【运行】输入
regedit，进入注册表编辑区，如图 4.41 所示；找到 HKEY-CURRENT_USER\Software\"应
用程序向导生成的本地应用程序"，里面都是运行过的 VS 项目，删除对应项目，然后重
新编译程序就可以了，如图 4.42 所示。

图 4.41　运行对话框

图 4.42　删除项目

d　菜单的命令消息

菜单的作用就是当用户通过鼠标单击选定的菜单项命令时，程序自动执行相应代码，完成一定的功能。当某一菜单项命令被单击时，Windows 系统立即产生一个含有该菜单项 ID 标识的 WM_COMMAND 命令消息，并发送到应用程序框架窗口，应用程序将该消息映射为一个命令消息处理函数调用，执行程序代码完成相应功能。

消息映射通过类向导来完成，程序设计人员在视图类、文档类、框架类和应用程序类中都可以对菜单项 ID 进行消息映射。一般情况下，如果某菜单项用于文档的显示编辑，应在视图类中对其进行消息映射；如果该菜单项用于文档的打开和保存，应在文档类中对其进行消息映射；对于常规通用菜单项，应在框架类中对其进行消息映射。

类向导为菜单项提供了 COMMAND 消息，程序开发人员应为每个菜单项命令提供一个 WM_COMMAND 消息映射。如果 MFC 没有为给定的菜单项命令映射 WM_COMMAND 消息处理函数，那么该菜单命令呈灰色显示，在程序中不能使用该菜单项命令。

通过菜单命令调用对话框，以打开"中央子午线计算"对话框为例，其具体操作步骤如下：

（1）选择【资源视图】页面，双击 Menu 下的 IDR_MAINFRAME，打开菜单编辑器窗口，在"测量应用"菜单下的"中央子午线计算"菜单命令项，单击鼠标右键，在快捷菜单中选择"添加事件处理程序"命令项（如图 4.43 所示），打开"事件处理程序向导-SurveyCalculate"对话框。

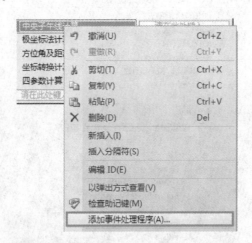

图 4.43　"添加事件处理程序"菜单项

（2）在"消息类型"中选择"COMMAND"，在类列表中选择"CMainFrame"类，选择默认的函数处理程序名称，单击"添加编辑"按钮，创建相应成员函数，如图 4.44 所示。

可以发现，这时在程序的三个地方添加了与菜单命令消息函数响应函数相关的信息。

1）类向导在 MainFrm.h 文件中添加了命令消息响应函数原型，如图 4.45 所示。

2）类向导在 MainFrm.cpp 文件中有两处消息：一处是在 BEGIN_MSG_MAP 和 END_MESSAGE_MAP 注释宏之间添加了 ON_COMMAND 宏，将菜单 ID 号与命令响应函数关联起来，如图 4.46 所示；另一处是在源文件中的命令消息响应函数的实现代码，如图 4.47 所示。

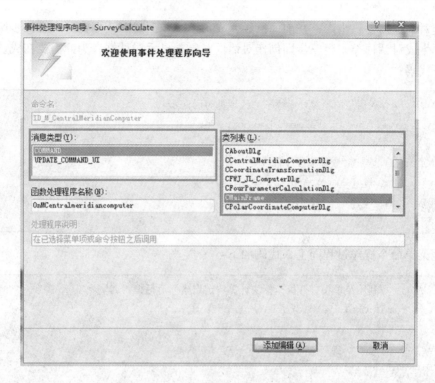

图 4.44 "事件处理程序向导"对话框

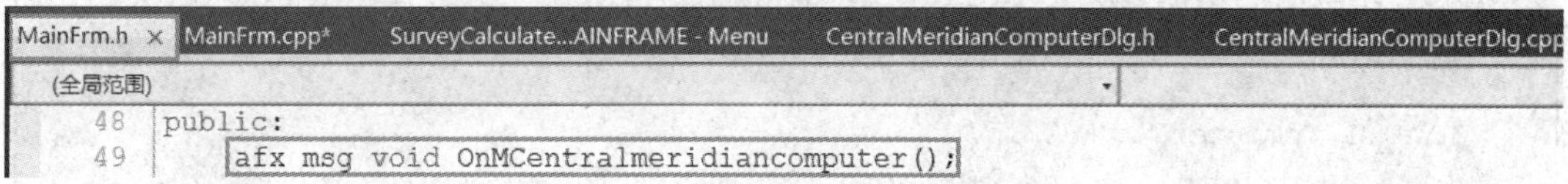

```
MainFrm.h ×  MainFrm.cpp*  SurveyCalculate...AINFRAME - Menu  CentralMeridianComputerDlg.h  CentralMeridianComputerDlg.cpp
(全局范围)
  48   public:
  49       afx_msg void OnMCentralmeridiancomputer();
```

图 4.45 菜单命令消息函数声明

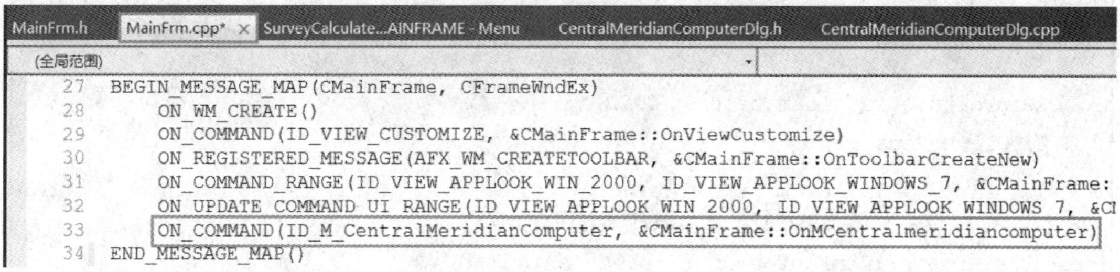

```
MainFrm.h  MainFrm.cpp* ×  SurveyCalculate...AINFRAME - Menu  CentralMeridianComputerDlg.h  CentralMeridianComputerDlg.cpp
(全局范围)
  27   BEGIN_MESSAGE_MAP(CMainFrame, CFrameWndEx)
  28       ON_WM_CREATE()
  29       ON_COMMAND(ID_VIEW_CUSTOMIZE, &CMainFrame::OnViewCustomize)
  30       ON_REGISTERED_MESSAGE(AFX_WM_CREATETOOLBAR, &CMainFrame::OnToolbarCreateNew)
  31       ON_COMMAND_RANGE(ID_VIEW_APPLOOK_WIN_2000, ID_VIEW_APPLOOK_WINDOWS_7, &CMainFrame:
  32       ON_UPDATE_COMMAND_UI_RANGE(ID_VIEW_APPLOOK_WIN_2000, ID_VIEW_APPLOOK_WINDOWS_7, &CM
  33       ON_COMMAND(ID_M_CentralMeridianComputer, &CMainFrame::OnMCentralmeridiancomputer)
  34   END_MESSAGE_MAP()
```

图 4.46 菜单命令消息映射宏

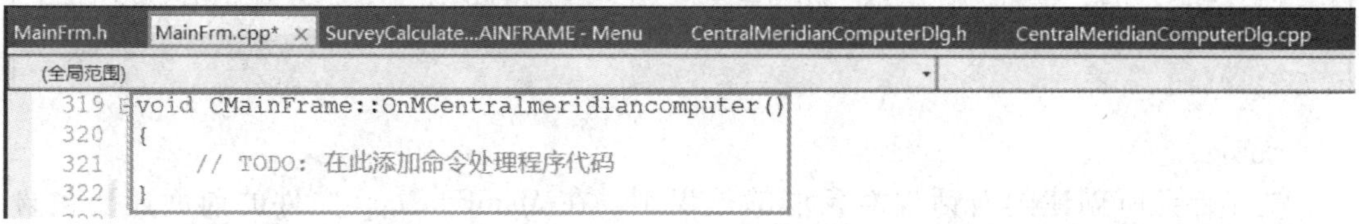

```
MainFrm.h  MainFrm.cpp* ×  SurveyCalculate...AINFRAME - Menu  CentralMeridianComputerDlg.h  CentralMeridianComputerDlg.cpp
(全局范围)
 319   void CMainFrame::OnMCentralmeridiancomputer()
 320   {
 321       // TODO: 在此添加命令处理程序代码
 322   }
```

图 4.47 菜单命令消息函数定义

　　创建对话框需要三步走，在前面已经完成了第一步创建对话框资源，第二步给每个对话框资源生成对话框类，第三步即创建对话框对象并显示对话框，为此需要在成员函数中添加如下代码：

```
////////////////利用菜单项打开中央子午线计算对话框//////
void CMainFrame::OnMCentralmeridiancomputer()
{
    // TODO: 在此添加命令处理程序代码
    CCentralMeridianComputerDlg CMCDlg;
    CMCDlg.DoModal();
}
```

　　其他菜单命令操作过程同上，代码如下：

```
////////////////利用菜单项打开极坐标法计算待定点坐标对话框//////
void CMainFrame::OnMPolarcoordinatecomputer()
{
    CPolarCoordinateComputerDlg PCCDlg;
    PCCDlg.DoModal();
}
////////////////利用菜单项打开方位角及距离计算对话框//////
void CMainFrame::OnMFwjJlComputer()
{
    CFWJ_JL_ComputerDlg FJCDlg;
    FJCDlg.DoModal();
}
////////////////利用菜单项打开坐标转换计算对话框//////
void CMainFrame::OnMCoordinatetransformation()
{
    CCoordinateTransformationDlg CTCDlg;
    CTCDlg.DoModal();
}
////////////////利用菜单项打开四参数计算对话框//////
void CMainFrame::OnMFourparametercalculation()
{
  CFourParameterCalculationDlg FPCDlg;
  FPCDlg.DoModal();
}
```

　　说明：

　　为了保证所创建的对话框对象能够被识别，在 MainFrm. cpp 文件的前面还要包含CentralMeridianComputerDlg 类、PolarCoordinateComputerDlg 类、FWJ_JL_ComputerDlg 类、CoordinateTransformationDlg 类、FourParameterCalculationDlg 类的头文件，如图4.48所示。

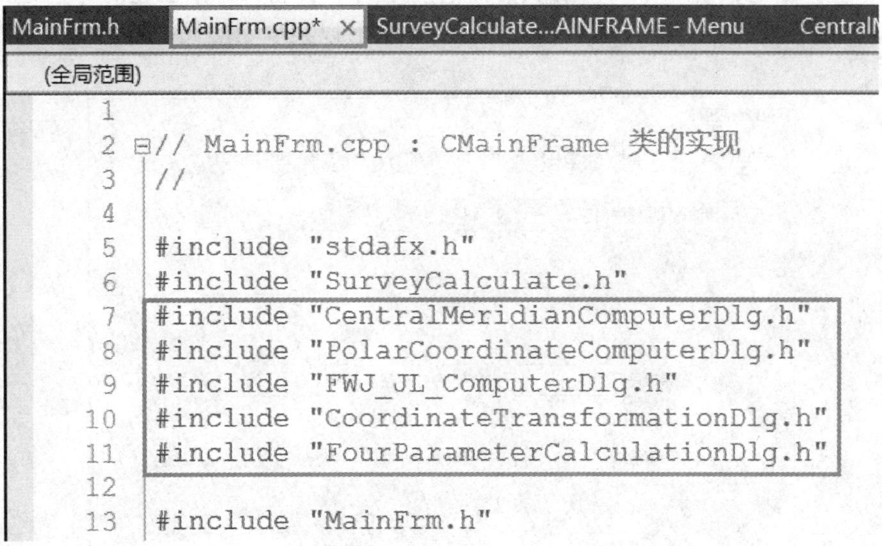

```
MainFrm.h    MainFrm.cpp* ×   SurveyCalculate...AINFRAME - Menu   CentralM
(全局范围)
  1
  2  ⊟// MainFrm.cpp : CMainFrame 类的实现
  3   //
  4
  5   #include "stdafx.h"
  6   #include "SurveyCalculate.h"
  7   #include "CentralMeridianComputerDlg.h"
  8   #include "PolarCoordinateComputerDlg.h"
  9   #include "FWJ_JL_ComputerDlg.h"
 10   #include "CoordinateTransformationDlg.h"
 11   #include "FourParameterCalculationDlg.h"
 12
 13   #include "MainFrm.h"
```

图 4.48　添加头文件

另外，在 SurveyCalculate 单文档应用程序中有 PolarCoordinateComputerDlg 类、FWJ_JL_ComputerDlg 类、CoordinateTransformationDlg 类，都要用到 const double PI = 3.14159265358979，只须在 SurveyCalculate.h 中出现一次即可，其余地方不需要设置，如图 4.49 所示。

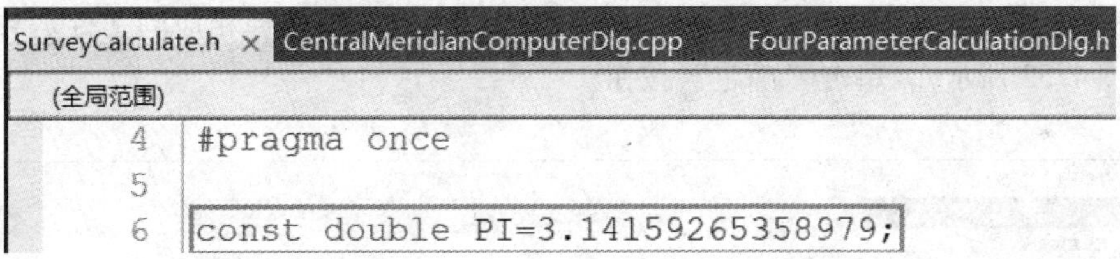

```
SurveyCalculate.h ×   CentralMeridianComputerDlg.cpp   FourParameterCalculationDlg.h
(全局范围)
  4   #pragma once
  5
  6   const double PI=3.14159265358979;
```

图 4.49　定义常变量 PI

编译运行程序，在单文档应用程序窗口中，单击"测量应用"菜单命令，可以弹出所要对话框，如图 4.50 所示。

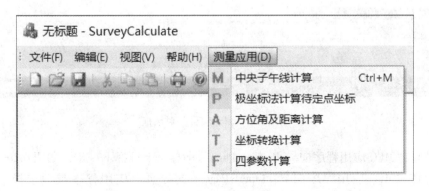

图 4.50　菜单运行效果

【例4.2】 创建一个 PropertyPage 单文档应用程序，并将第3章创建的5个对话框资源以属性表单的形式表示出来（如图4.51所示），最后以菜单项形式打开。

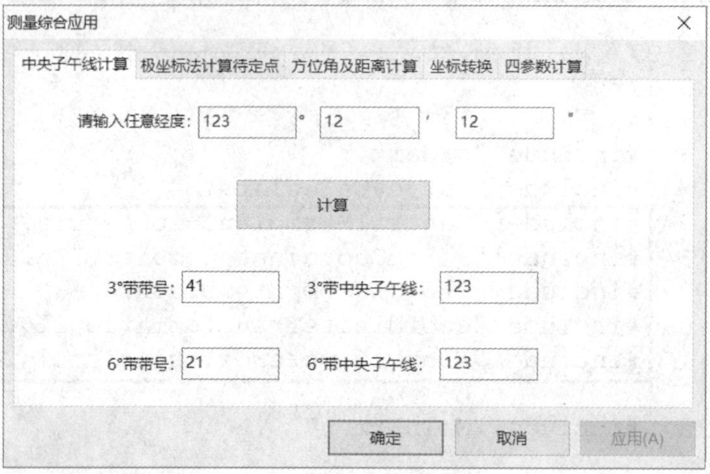

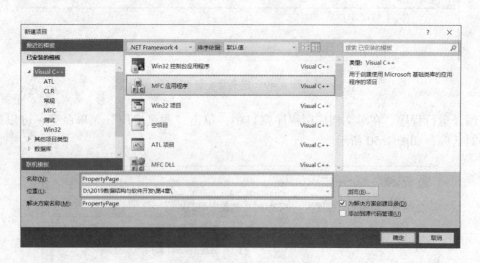

图4.51　应用程序类型

**A　创建基于单文档应用程序的具体步骤**

（1）进入 Visual C++编程环境，点击【文件】菜单下的【新建】下的【项目】菜单项命令，打开"新建项目"对话框，选择"MFC 应用程序"选项；在"名称"编辑框中输入相应程序项目名称 PropertyPage，在"位置"编辑框中选择相应的文件名和文件路径（如图4.52所示），单击"确定"按钮。

图4.52　"新建项目"对话框

（2）在"MFC 应用程序向导-PropertyPage"向导页上选择下一步，如图4.53所示。

（3）在"MFC 应用程序向导-PropertyPage"向导页上应用程序类型选择"单个文档"，项目类型选择"MFC 标准"（如图4.54所示），点击"完成"命令按钮。

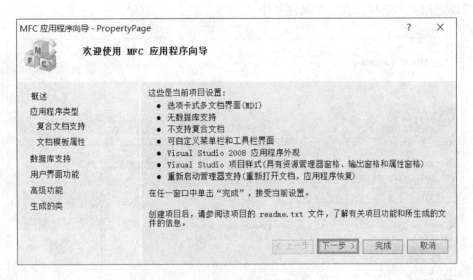

图 4.53 应用程序向导欢迎界面

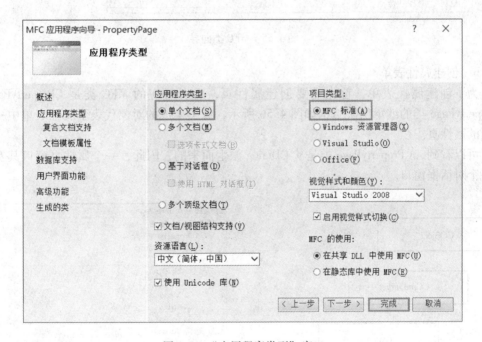

图 4.54 "应用程序类型"窗口

B 创建属性页

a 属性表单

在 VC++开发窗口中,如果选择【项目\类向导(Z)…】菜单命令,这时会打开 MFC 类向导对话框,如图 4.55 所示。这个对话框中就包含一个属性表单,它的每一个选项卡就是一个属性页。一个属性表单由一个或多个属性页组成。它有效地解决了大量信息无法在一个对话框上显示这一问题,并提供了对信息的分类和组织管理的功能。在程序设计时，可以把相关的选项放在一个属性页中。

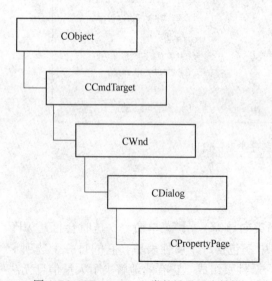

图 4.55　MFC 类向导

b　创建属性表单

为了创建属性表单，首先需要创建属性页，后者对应的 MFC 类是 CPropertyPage。CPropertyPage 类的继承层次结构如图 4.56 所示，该类生成的对象代表了属性表单中一个单独的属性页。

可以看到，CPropertyPage 类是从 CDialog 派生而来的，因此，一个属性页窗口其实就是一个对话框窗口。

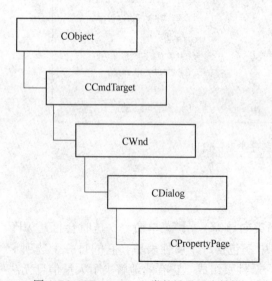

图 4.56　CPropertyPage 类的继承层次结构

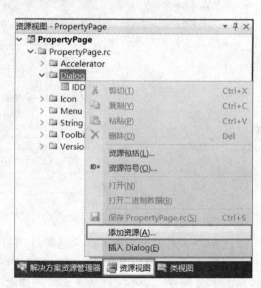

图 4.57　添加资源菜单项

根据前面章节的知识，可知为了创建一个对话框窗口，首先需要创建一个对话框资源。在 VC++ 开发环境窗口上选择【资源视图】，右击选择【添加资源】命令，如图 4.57 所示。在弹出的添加资源对话框左边的资源类型列表中单击 Dialog 类型前面的" + "号，即可以看到其下有三种属性页资源：IDD_PROPPAGE_LARGE、IDD_PROPPAGE_ME-DIUM 和 IDD_PROPPAGE_SMALL。本例选择 IDD_PROPPAGE_LARGE，然后单击【新建（N）】按钮，如图 4.58 所示；之后在资源视图中 VC++ 为我们新建了一个属性页资源，按照同样的方法，再插入四个属性页资源，属性页资源属性设置如表 4.3 所示，与普通对话框资源的区别如表 4.4 所示。

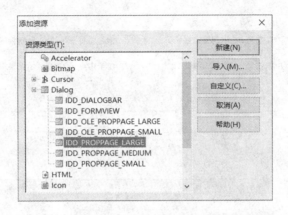

图 4.58 添加 IDD_PROPPAGE_LARGE 类型对话框

**表 4.3 属性页资源属性设置**

| 序号 | ID | 属 性 |
|---|---|---|
| 1 | IDD_PROPPAGE_CentralMeridianComputer | 中央子午线计算 |
| 2 | IDD_PROPPAGE_PolarCoordinateComputer | 极坐标法计算待定点 |
| 3 | IDD_PROPPAGE_FWJ_JL_Computer | 方位角及距离计算 |
| 4 | IDD_PROPPAGE_CoordinateTransformation | 坐标转换 |
| 5 | IDD_PROPPAGE_FourParameterCalculation | 四参数计算 |

注意：一个属性页的 Caption（标题）就是最终在属性页上显示的选项卡的名称。

**表 4.4 普通对话框资源和属性页资源属性区别**

| 选项 | 普通对话框资源 | 属性页资源 |
|---|---|---|
| Style | Popup | Child |
| Border | Dialog Frame | Thin |
| System menu | TRUE | FALSE |
| Disabled | TRUE | FALSE |

说明：知道了这两种资源之间的区别，也可以在程序中先增加一个普通对话框资源，然后修改其属性，使其符合属性页资源的要求，再把它当作属性页资源来使用。

C　完成每个属性页控件的添加

每个属性页窗口其实就是一个对话框窗口。根据前面章节的知识，添加每个属性页所需的控件，如图4.59～图4.63所示。

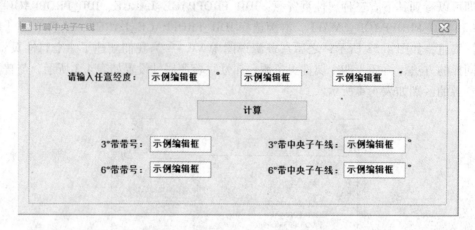

图4.59　中央子午线计算应用程序控件布局

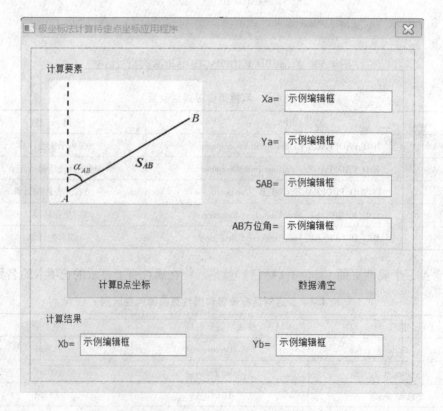

图4.60　极坐标法计算待定点坐标应用程序控件布局

D　创建属性页类

有了五个属性页对话框资源，就要针对这五个资源生成相应的属性页类。在每个属性

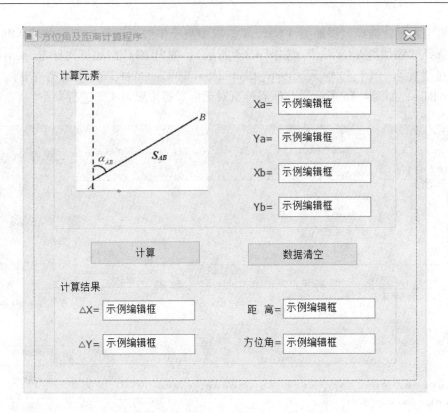

图 4.61　方位角及距离计算应用程序控件布局

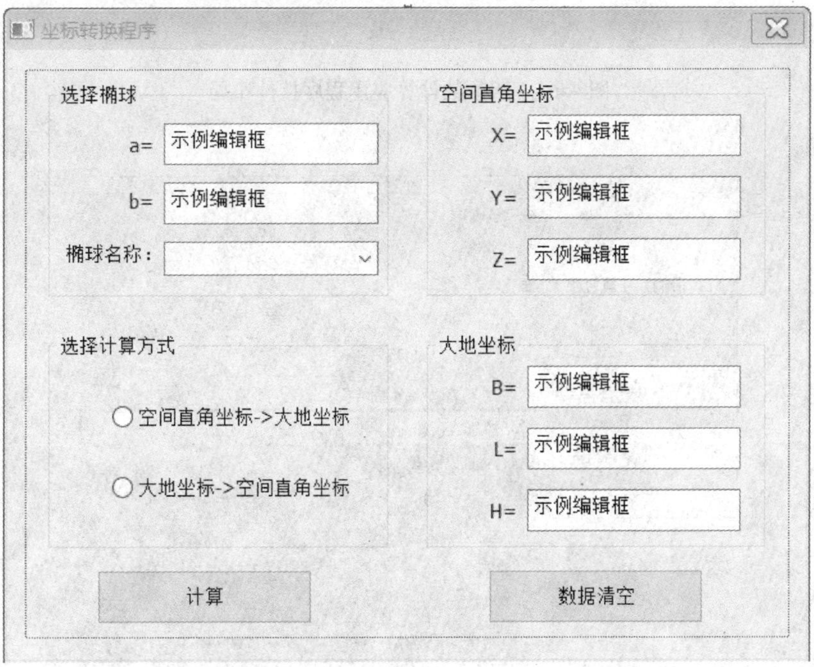

图 4.62　坐标转换应用程序控件布局

页对话框上右键，选择"添加类（C）..."。以中央子午线对话框为例，在对话框空白处
右键，选择"添加类（C）..."（如图 4.64 所示），弹出 MFC 添加类向导-PropertyPage 对
话框。在"类名（L）:"输入 CProp_CentralMeridianComputer，在"基类（B）:"选择
CPropertyPage，如图 4.65 所示。其他属性页对话框资源按照表 4.5 进行操作。

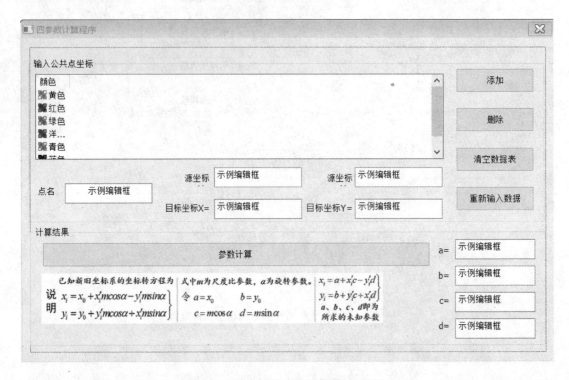

图 4.63    四参数计算应用程序控件布局

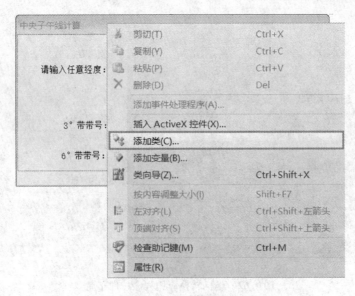

图 4.64    添加类菜单项

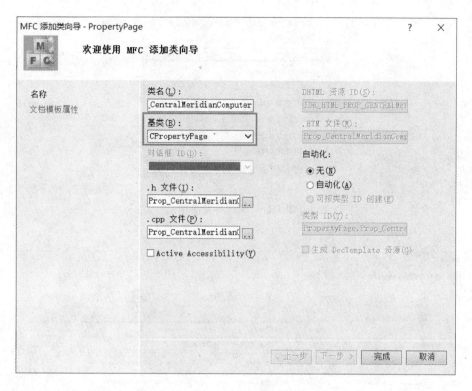

图 4.65　MFC 添加类向导

**表 4.5　属性页类基本情况**

| 对话框 ID | 类　　名 | 基　　类 |
|---|---|---|
| IDD_PROPPAGE_CentralMeridianComputer | CProp_CentralMeridianComputer | CPropertyPage |
| IDD_PROPPAGE_PolarCoordinateComputer | CProp_PolarCoordinateComputer | CPropertyPage |
| IDD_PROPPAGE_FWJ_JL_Computer | CProp_FWJ_JL_Computer | CPropertyPage |
| IDD_PROPPAGE_CoordinateTransformation | CProp_CoordinateTransformation | CPropertyPage |
| IDD_PROPPAGE_FourParameterCalculation | CProp_FourParameterCalculation | CPropertyPage |

E　属性页类添加成员变量——以中央子午线计算为例

对话框中的控件就是一个对象，对控件的操作实际上是通过该控件所属类库中的成员函数来实现的。如果在对话框中要实现数据在不同控件对象之间传递，应通过其相应的成员变量完成，因此，应先为该控件添加成员变量。

（1）打开【项目】菜单下的【类向导】菜单项（如图 4.66 所示），弹出 MFC 类向导对话框；选择"成员变量"标签，在"类名"列表框中选择 CCentralMeridianComputer-Dlg 类，如图 4.67 所示。

（2）按照表 4.6 中的变量类别、变量类型和成员变量名完成选项卡下的控件 ID 与成员变量关联，实现数据在控件之间的传递。具体添加方法见第 3 章，添加效果如图 4.68 所示。

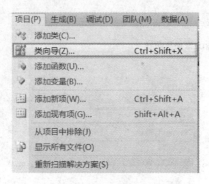

图 4.66　类向导菜单项

图 4.67　MFC 类向导

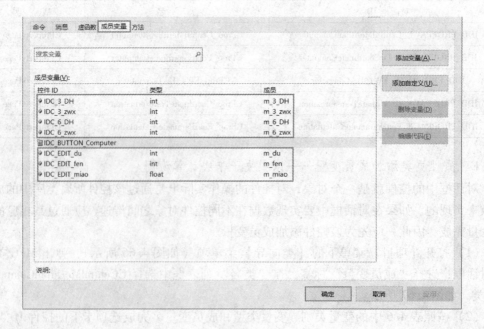

图 4.68　添加成员变量效果

表 4.6  控件的基本设置

| 控件 | 控件 ID 号 | 标题 | 属性 | 变量类别 | 变量类型 | 成员变量 |
|---|---|---|---|---|---|---|
| 静态文本框 | IDC_STATIC | 请输入任意经度： | 默认 | | | |
| | IDC_STATIC | ° | 默认 | | | |
| | IDC_STATIC | ′ | 默认 | | | |
| | IDC_STATIC | ″ | 默认 | | | |
| | IDC_STATIC | 3°带带号： | 默认 | | | |
| | IDC_STATIC | 3°带中央子午线： | 默认 | | | |
| | IDC_STATIC | 6°带带号： | 默认 | | | |
| | IDC_STATIC | 6°带中央子午线： | 默认 | | | |
| 编辑框 | IDC_EDIT_du | | 默认 | Value | int | m_du |
| | IDC_EDIT_fen | | 默认 | Value | int | m_fen |
| | IDC_EDIT_miao | | 默认 | Value | float | m_miao |
| | IDC_3_DH | | 默认 | Value | int | m_3_DH |
| | IDC_3_zwx | | 默认 | Value | int | m_3_zwx |
| | IDC_6_DH | | 默认 | Value | int | m_6_DH |
| | IDC_6_zwx | | 默认 | Value | int | m_6_zwx |
| 按钮 | IDC_BUTTON_Computer | 计算 | 默认 | | | |

F  属性页类建立消息映射——以中央子午线计算对话框中"计算"命令按钮为例

中央子午线计算对话框、极坐标计算待定点坐标对话框、方位角及距离计算对话框、坐标转换对话框和四参数计算对话框上面有很多命令按钮需要添加事件处理函数，下面以中央子午线计算对话框中"计算"命令按钮为例进行说明，其余命令按钮同第 3 章操作。

在"计算"按钮上右击"添加事件处理程序"，然后在"事件处理向导"中选择消息类型，并接受系统建议的"函数处理程序名称"，如图 4.69 和图 4.70 所示。

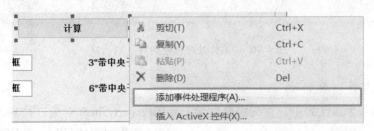

图 4.69  "添加事件处理程序"菜单项

单击"添加编辑"，进入消息映射函数代码编辑窗口，代码如下：

```
//中央子午线计算对话框中"计算"命令按钮
void CCentralMeridianComputerDlg::OnBnClickedButtonComputer()
{
    // TODO：在此添加控件通知处理程序代码
```

```
UpdateData(true);

m_3_DH = (int)((m_du + m_fen/60. + m_miao/3600.)/3. + 0.5);        //计算3°带带号
m_3_zwx = 3 * m_3_DH;        //计算3°带中央子午线

m_6_DH = (int)(((m_du + m_fen/60. + m_miao/3600.) + 3)/6. + 0.5);   //计算6°带带号
m_6_zwx = 6 * m_6_DH - 3;        //计算6°带中央子午线

UpdateData(false);
}
```

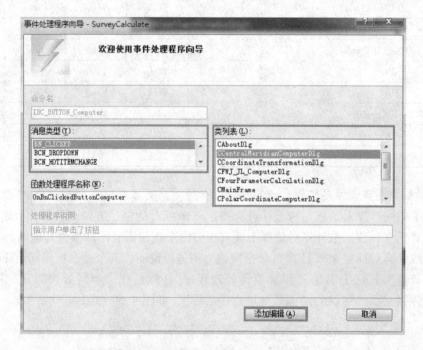

图 4.70  "事件处理程序向导"对话框

G  创建属性表单

为了创建一个属性表单，首先需要创建一个 CPropertySheet 对象；接着，在此对象中为每一个属性页创建一个对象（CPropertyPage 类型），并调用 AddPage 函数添加每一个属性页；然后调用 DoModal 函数显示一个模态属性表单，或者调用 Create 函数创建一个非模态属性表单。

可以通过以下几个步骤实现属性表单创建的功能。

a  为 PropertyPage 程序创建一个属性表单对象

选择 VC++开发环境窗口上的【项目】菜单下面的【添加类】菜单项命令，将弹出添加类对话框，如图 4.71 所示，点击【添加】命令按钮，弹出 MFC 添加类向导-PropertyPage 对话框。在此对话框中，将新类命名为：CPropSheet，并选择其基类为 CProperty-

Sheet，如图 4.72 所示。

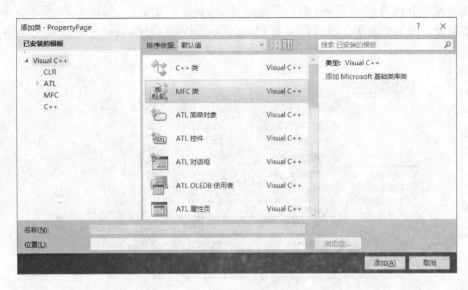

图 4.71　添加类对话框

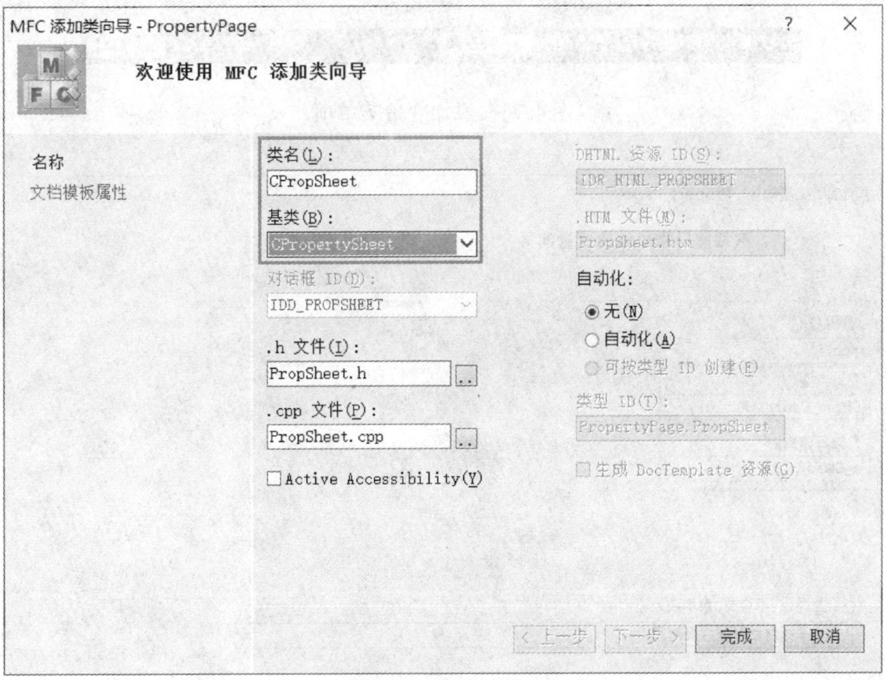

图 4.72　MFC 添加类向导

b　在属性表单对象（CPropSheet）中添加属性页

这需要调用 CPropertysheet 类的成员函数：AddPage，其声明原型如下：

$$\text{void AddPage( CPropertyPage * pPage);}$$

可以看到，这个函数有一个 CPropertyPage 类型指针的参数，它指向的就是需要添加到属性表单中的属性页对象。也就是说，通过这个函数，可以将属性页对象添加到属性表单中。

在类视图下找到 CPropSheet 类右键点击【添加\添加变量】，如图 4.73 所示。依次添加成员对象，添加中央子午线属性页类 CProp_CentralMeridianComputer 变量 m_CMC，如图 4.74 所示。

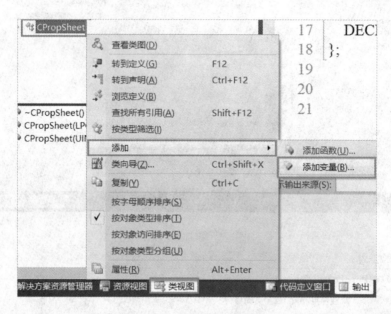

图 4.73　添加变量菜单项

图 4.74　添加成员变量向导

其他添加成员对象如下：

    CProp_CentralMeridianComputer m_CMC；//中央子午线属性页对象；

    CProp_PolarCoordinateComputer m_PCC；//极坐标法计算待定点坐标属性页对象；

    CProp_FWJ_JL_Computer m_FJC；//方位角及距离属性页对象；

    CProp_CoordinateTransformation m_CTC；//坐标转换属性页对象；

    CProp_FourParameterCalculation m_FPC；//四参数计算属性页对象。

说明：如果利用【添加成员变量向导】对话框实现成员变量的定义，不需要在 Prop-Sheet.h 文件中添加这五个属性页的头文件，但不是按此方法进行，而是直接在 PropSheet.h 文件中定义，则需要在 PropSheet.h 文件中添加这五个属性页的头文件，如图 4.75 所示。

```
PropSheet.h ×   PropertyPageView.cpp      PropertyPageView.h      Prop_CentralMe
CPropSheet
   1  #pragma once
   2  #include "prop_centralmeridiancomputer.h"
   3  #include "prop_polarcoordinatecomputer.h"
   4  #include "prop_fwj_jl_computer.h"
   5  #include "prop_coordinatetransformation.h"
   6  #include "prop_fourparametercalculation.h"
```

图 4.75　头文件

添加完属性表单对象后，就可以在 CPropSheet 类的构造函数中添加这五个属性页对象，但发现这个类有两个构造函数，如图 4.76 所示。

```
13 CPropSheet::CPropSheet(UINT nIDCaption, CWnd* pParentWnd, UINT iSelectPage)
14     :CPropertySheet(nIDCaption, pParentWnd, iSelectPage)
15 {
16
17 }
18
19 CPropSheet::CPropSheet(LPCTSTR pszCaption, CWnd* pParentWnd, UINT iSelectPage)
20     :CPropertySheet(pszCaption, pParentWnd, iSelectPage)
21 {
22
23 }
```

图 4.76　构造函数

其中一个函数是用 ID 号（nlDCaption），另一个函数是用标题字符串（pszCaption）来构造属性表单对象。因为属性表单类有两个构造函数，在构造属性表单对象时，读者可以任选其中一个构造函数。这里我们在这两个构造函数都调用 AdPage 函数添加属性页对象，代码如下所示：

```
CPropSheet::CPropSheet(UINT nIDCaption, CWnd* pParentWnd, UINT iSelectPage)
    :CPropertySheet(nIDCaption, pParentWnd, iSelectPage)
{
    AddPage(&m_CMC);
    AddPage(&m_PCC);
    AddPage(&m_FJC);
    AddPage(&m_CTC);
    AddPage(&m_FPC);
}

CPropSheet::CPropSheet(LPCTSTR pszCaption, CWnd* pParentWnd, UINT iSelectPage)
    :CPropertySheet(pszCaption, pParentWnd, iSelectPage)
{
    AddPage(&m_CMC);
    AddPage(&m_PCC);
    AddPage(&m_FJC);
    AddPage(&m_CTC);
    AddPage(&m_FPC);
}
```

c 显示属性表单

CPropertySheet 类是从 CWnd 类派生而来的，而不是派生于 CDialog 类。但是，CPropertySheet 对象和 CDialog 对象的操纵方式是类似的。例如，属性表单对象的创建也需要两个步骤，首先调用构造函数定义一个属性表单对象，然后调用 DoModal 成员函数创建一个模态属性表单，或者调用 Create 成员函数创建一个非模态属性表单。

(1) 添加菜单项。先在该工程的主菜单上添加一个菜单项，当用户单击这个菜单项后，程序显示 CPropertySheet 属性表单对象。为了简单起见，就在 Property 程序主菜单的【帮助】子菜单后面添加一个菜单项，并将其属性 ID 属性设置为：ID_Property_SurveyCalculate，Caption 属性设置为：测量综合应用，Popup 属性改为 False，如图 4.77 所示。

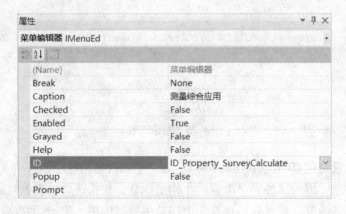

图 4.77　属性菜单

（2）添加菜单相应函数。右击【测量综合应用】菜单项，选择添加事件处理程序，如图4.78所示。本例让 CPropertyPageView 类捕获此菜单命令，并接受系统自动赋予的响应函数名称：OnPropertySurveycalculate，如图4.79所示。然后在此函数中添加创建属性表单的代码，如下所示。

```
void CPropertyPageView::OnPropertySurveycalculate()
{
    // TODO: 在此添加命令处理程序代码
    CPropSheet propSheet(_T("测量综合应用"));   //调用构造函数定义一个属性表单对象

    propSheet.DoModal();   //创建一个模态属性表单


}
```

图 4.78  "添加事件处理程序"菜单项

首先构造了一个 CPropSheet 类型的属性表单对象：propSheet，这里调用的是以标题为参数的属性表单构造函数，并且因为该构造函数的后两个参数都有默认值，所以调用时没有为它们提供参数值；然后调用该属性表单对象的 DoModal 函数，显示一个模态属性表单。另外还要在 CPropertyPageView 类中包含 CPropSheet 类的头文件，如图4.80所示。

（3）显示属性表单。程序运行结果如图4.81所示。

H  程序补充

（1）当"坐标转换"对话框创建了对话框模板，添加了属性页类，为了能够实现启动窗口后"空间直角坐标 -> 大地坐标"单选按钮能够被选中，大地坐标中的文本框不可编辑，需要在 CCoordinateTransformationDlg 类中添加 OnInitDialog（），利用类向导可以帮助完成相应的功能，如图4.82所示。代码实现如下。

```
BOOL CProp_CoordinateTransformation::OnInitDialog()
{
    CPropertyPage::OnInitDialog();
    //设置同组单选按钮的选中状态(空间直角坐标 -> 大地坐标)
    /* void CheckRadioButton(int nIDFirstButton, int nIDLastButton, int nIDCheck-
Button); * /
    CheckRadioButton(IDC_RADIO_KtoD,IDC_RADIO_DtoK,IDC_RADIO_KtoD);
    GetDlgItem(IDC_DB) ->EnableWindow(FALSE);
    GetDlgItem(IDC_DL) ->EnableWindow(FALSE);
    GetDlgItem(IDC_DH) ->EnableWindow(FALSE);
    return TRUE; // return TRUE unless you set the focus to a control
    // 异常: OCX 属性页应返回 FALSE }
```

图 4.79  "事件处理程序向导"对话框

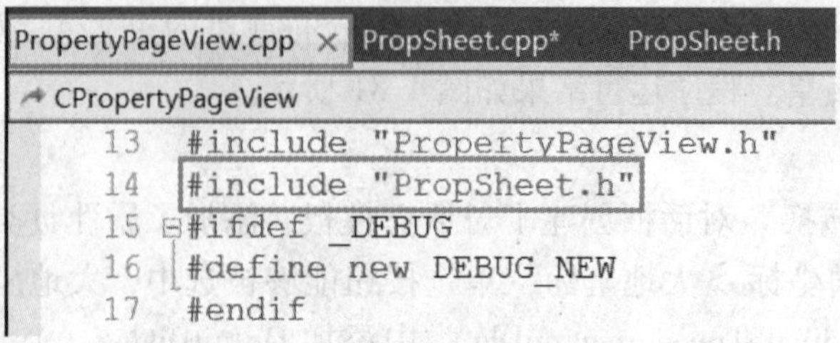

图 4.80  添加头文件

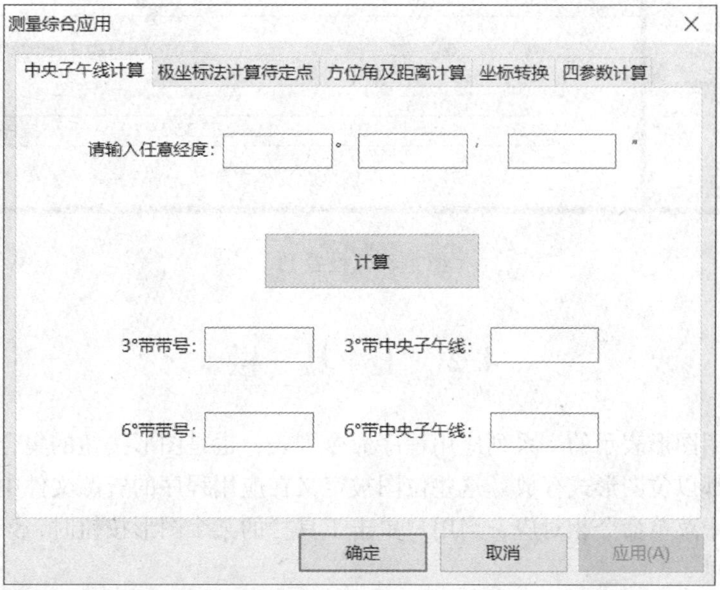

图 4.81 程序运行效果

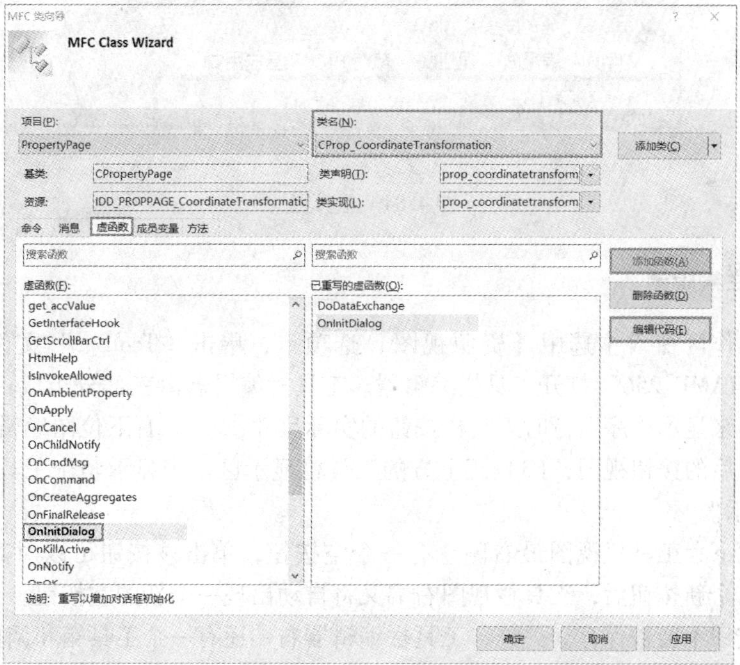

图 4.82 添加 OnInitDialog（）

（2）在 PropertyPage 单文档应用程序中的 CProp_PolarCoordinateComputer 类、CProp_FWJ_
JL_Computer 类、CProp_CoordinateTransformation 类都要用到 const double PI = 3.14159265358979，
只须在 PropertyPage.h 中出现一次即可，其余地方不需要设置，如图 4.83 所示。

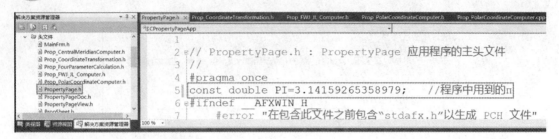

图 4.83   设置 PI

# 4.2 工 具 栏

工具栏是用图形表示的一系列应用程序命令列表，也是图形按钮的集合。工具栏中的每个图形按钮都以位图形式存放。这些位图被定义在应用程序的资源文件中，并且每个图形按钮都与某个菜单命令相对应，当用户单击工具栏的某个图形按钮时，该按钮即刻发送相应的命令消息。

【例 4.3】在【例 4.1】应用程序项目"SurveyCalculate"项目中增加工具栏，如图 4.84 所示。

图 4.84   工具栏

### 4.2.1   工具栏编辑器

在项目工作区窗口中选中【资源视图】选项卡，单击"ToolBar"文件夹，再双击"IDR_MAINFRAME_256"打开工具栏编辑器。工具栏编辑器由三部分组成：（1）其左下位图显示区用来显示程序运行时工具栏按钮的实际尺寸；（2）右下位图编辑区用来编辑、显示放大尺寸后的按钮视图；（3）正上方的工具栏显示区用来显示整个工具栏完整视图，如图 4.85 所示。

默认情况下，工具栏视图最右侧总有一个空按钮，单击该按钮可以对其进行编辑修改。当创建一个新按钮后，工具栏视图右端又将自动出现一个新的空按钮。当保存工具栏资源时，空按钮不会被保存。另外，工具栏编辑器右端还有一个工具箱和调色板，可以用来编辑工具栏按钮的位图。

在工具栏编辑器中，工具栏按钮的操作说明如下：

    删除按钮：按住工具栏上要删除的按钮，然后拖到下面的空白区域释放即可；

    调整按钮位置：拖动按钮到新的位置释放鼠标即可；

    增加分隔线：拖动按钮右移一点点距离释放；

    去掉分隔线：拖动按钮左移一点点距离释放。

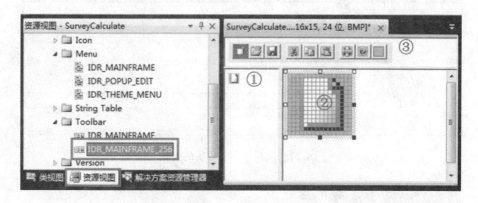

图 4.85　工具栏编辑器

在应用程序项目"SurveyCalculate"添加 5 个新的工具栏按钮：单击工具栏视图最右侧的空白按钮，利用工具栏提供的文本，在空按钮上绘制一个"M"字符（中央子午线计算）；同样再分别绘制"P"字符（极坐标法计算待定点）、"A"字符（方位角及距离计算）、"T"字符（坐标转换）、"F"字符（四参数计算），如图 4.86 所示。

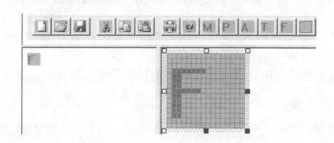

图 4.86　增加工具按钮

### 4.2.2　工具栏和菜单项的关联

系统将工具栏右端的空白按钮分配一个默认按钮命令 ID，可以通过属性窗口修改 ID 属性。如果要为工具栏按钮提供与菜单选项相同的 ID，则使用下拉列表框选择菜单选项的 ID。

如单击"M"字符工具栏按钮，打开按钮属性对话框，在 ID 组合框中输入 ID_M_CentralMeridianComputer（与"中央子午线计算"菜单项的 ID 相同），就可以将工具栏中的按钮与对应的菜单项关联起来，如图 4.87 所示。

按钮属性对话框的"Width"和"Height"分别设置按钮的宽度和高度；在"Prompt"属性设置按钮的提示信息，提示信息被\n 分为前后两部分，\n 之前的内容将在状态栏中提示，\n 之后的内容将在鼠标移动到按钮上时出现。在"M"按钮的"Prompt"属性中输入提示信息"欢迎使用中央子午线计算小功能\n 中央子午线计算"，当用户将鼠标移动到该按钮时，提示信息会显示在状态栏和工具栏对应的位置。"Prompt"属性设置如图 4.88 所示。

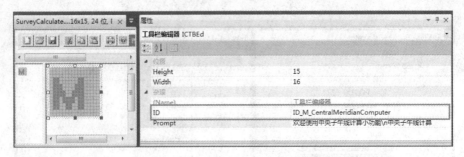

图4.87　工具栏和菜单项的关联

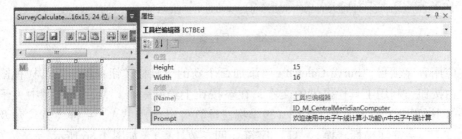

图4.88　中央子午线计算工具栏按钮属性设置

同样，将"P"字母工具栏按钮同"极坐标法计算待定点坐标"菜单项关联起来，如图4.89所示。

将"A"字母工具栏按钮同"方位角及距离计算"菜单项关联起来，如图4.90所示。

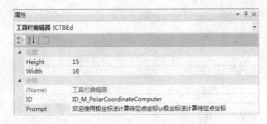

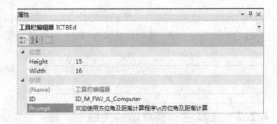

图4.89　极坐标法计算待定点坐标工具栏
按钮属性设置

图4.90　方位角及距离计算工具栏
按钮属性设置

将"T"字母工具栏按钮同"坐标转换"菜单项关联起来，如图4.91所示。

将"F"字母工具栏按钮同"四参数计算"菜单项关联起来，如图4.92所示。

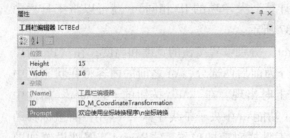

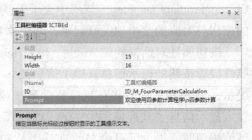

图4.91　坐标转换计算工具栏按钮属性设置

图4.92　四参数计算工具栏按钮属性设置

程序运行效果如图4.93所示。

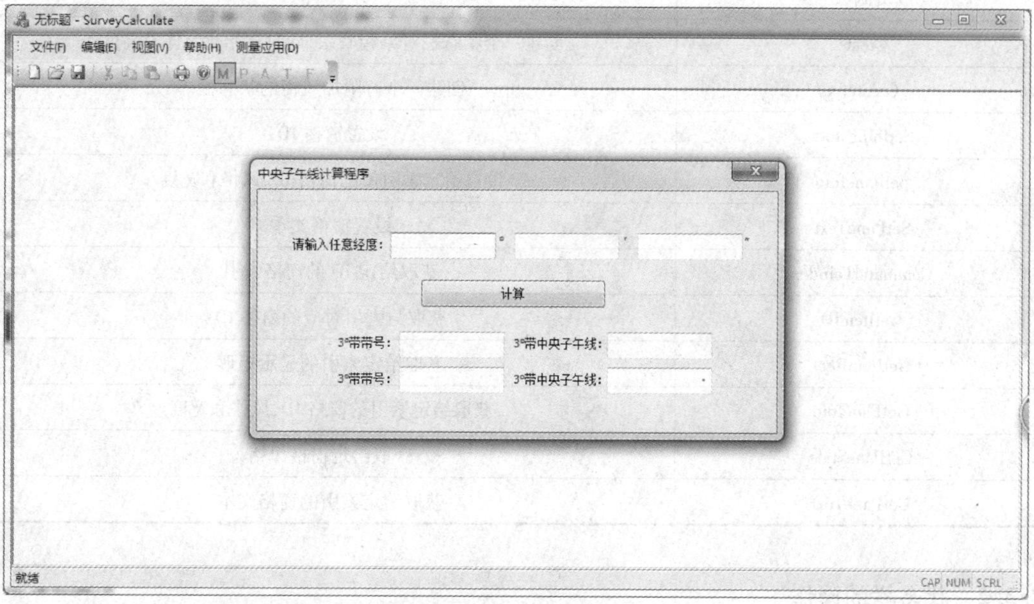

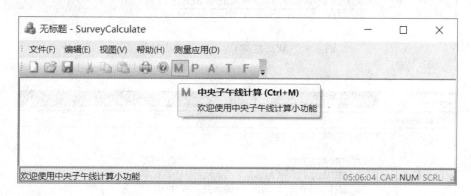

图4.93 运行效果

# 4.3 状 态 栏

### 4.3.1 状态栏的功能

状态栏实际上是一个窗口，一般分为几个窗格，每个窗格显示不同的信息。如果使用 MFC 应用程序向导创建一个单文档应用程序，其他接受默认选项时，则生成的应用程序会自动创建带默认窗格的状态栏，如图4.94所示。

图4.94 状态栏

在 MFC 中，状态栏的功能由 CMFCStatusBar 类实现。对状态栏的控制经常通过调用其成员函数来完成，常用状态栏成员函数如表4.7所示。

表 4.7　常用状态栏成员函数

| 成员函数名 | 功　　能 |
| --- | --- |
| Create | 创建一个状态栏对象相联系,同时初始化字体及高度 |
| CreateEx | 创建一个有附加风格的状态栏 |
| SetIndicators | 设置窗格 ID |
| SetPaneInfo | 设置给定索引值的窗格 ID、风格和宽度 |
| SetPaneText | 设置窗格文本 |
| CommandToIndex | 获取给定 ID 的窗格索引 |
| GetItemID | 获取与索引对应的窗格 ID |
| GetItemRect | 获取给定索引的显示矩形 |
| GetPaneInfo | 获取给定索引的窗格 ID、风格和宽度 |
| GetPaneStyle | 获取给定窗格风格 |
| GetPaneText | 获取给定索引的窗格文本 |

## 4.3.2　状态栏的操作

利用 MFC 应用程序向导创建应用程序时，应用程序向导首先在 CMainFrame 类中定义一个成员变量 mwndStatusBar，它是状态栏类 CMFCStatusBar 的对象，如图 4.95 所示；其次在 MFC 应用程序框架的实现文件 MainFrm.cpp 中，为状态栏定义一个静态数组 indicators，如图 4.96 所示。

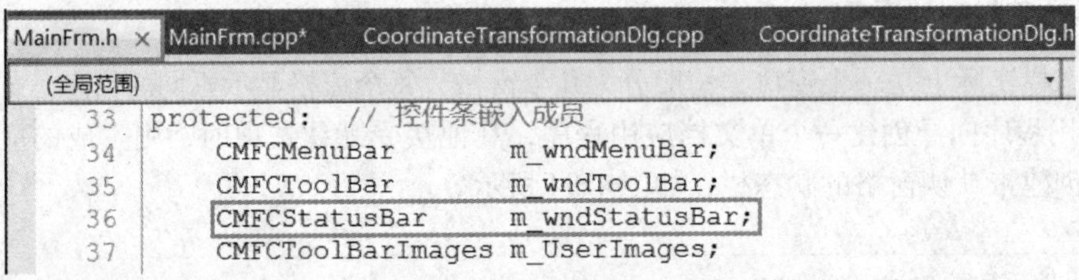

```
MainFrm.h ×  MainFrm.cpp*   CoordinateTransformationDlg.cpp   CoordinateTransformationDlg.h
(全局范围)
33  protected:   // 控件条嵌入成员
34      CMFCMenuBar      m_wndMenuBar;
35      CMFCToolBar      m_wndToolBar;
36      CMFCStatusBar    m_wndStatusBar;
37      CMFCToolBarImages m_UserImages;
```

图 4.95　状态栏类 CMFCStatusBar 对象

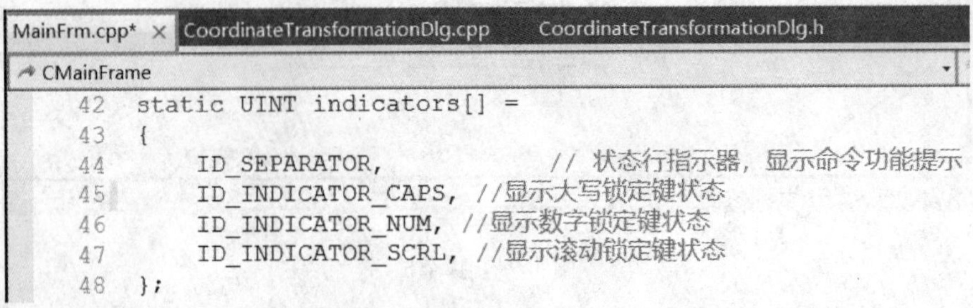

```
MainFrm.cpp* ×  CoordinateTransformationDlg.cpp   CoordinateTransformationDlg.h
CMainFrame
42  static UINT indicators[] =
43  {
44      ID_SEPARATOR,              // 状态行指示器,显示命令功能提示
45      ID_INDICATOR_CAPS, //显示大写锁定键状态
46      ID_INDICATOR_NUM, //显示数字锁定键状态
47      ID_INDICATOR_SCRL, //显示滚动锁定键状态
48  };
```

图 4.96　静态数组 indicators

这个全局的提示符数组 indicators 中的每个元素代表状态栏上一个窗格的 ID 值，这些 ID 在应用程序的串表资源 String Table 中进行了说明。通过增加新的 ID 标识符来增加用于显示状态信息的窗格。状态栏显示的内容由数组 indicators 决定，各窗格的标识符、位置以及个数也由该数组决定。状态栏显示的内容是可以修改的。

一个应用程序只有一个状态栏，因此对状态栏的操作主要是对状态栏上的窗格进行操作。为了把一个窗格添加到默认的状态栏中，一般要完成下列步骤：

（1）为新建窗格创建一个命令 ID 和默认字符串；

（2）将该窗格的命令 ID 添加到状态栏的静态数组 indicators 中；

（3）调用函数 CStatusBar：：SetPaneText（）更新窗格的文本。

函数 SetPaneText（）的原型为

virtual BOOL SetPaneText( int nIndex,LPCTSTR lpszNewText, BOOL bUpdate = TRUE)；

其中，参数 nIndex 表示窗格索引，第一个窗格的索引为 0，其余递加 1；参数 lpszNewText 表示要显示的信息；参数 bUpdate 为 TRUE，则系统自动更新显示结果。

【例4.4】在【例4.1】基础上，完成在状态栏中显示系统时间。

（1）选择项目工作区的【解决资源管理器】视图，打开 MainFrm. cpp 文件。在状态栏的静态数组 indicators 的第一项后面添加 ID_INDICATOR_CLOCK（如图4.97所示），为状态栏增加一个窗格，用来显示系统时间。

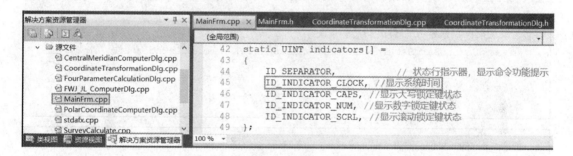

图 4.97 添加 ID_INDICATOR_CLOCK

（2）选择项目工作区的资源视图，打开串表编辑器。在串表编辑器中的空白框 ID 框中输入 ID_INDICATOR_CLOCK，在标题框中输入 00：00：00，定义窗格中数据输出格式及长度，如图4.98所示。

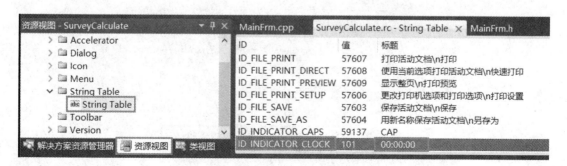

图 4.98 设置数据输出格式

（3）在 CMainFrame 类的 OnCreate（）函数的"return 0；"语句前添加如下代码：

```
int CMainFrame::OnCreate(LPCREATESTRUCT lpCreateStruct)
{   ...........
    SetTimer(1,1000,NULL);
    return 0;
}
```

函数 CWnd::SetTimer（）用来安装一个计时器，它的第一个参数指定计时器 ID 为 1，第二个参数指定计时器的时间间隔为 1000 毫秒。这样，每隔 1 秒 OnTimer（）函数就会被调用一次。

（4）利用类向导给 CMainFrame 类添加 WM_TIMER 和 WM_CLOSE 消息处理函数 OnTimer（）和 OnClose（），以 OnTimer（）函数为例，如图 4.99 和图 4.100 所示，并添加如下代码。

```
void CMainFrame::OnTimer(UINT_PTR nIDEvent)
{
    // TODO: 在此添加消息处理程序代码和/或调用默认值
    CTime time;
    time = CTime::GetCurrentTime();   //获得系统时间
    CString s = time.Format(_T("% H:% M:% S"));   //将系统时间转换成时:分:秒格式的字
符串
    //更新时间窗格显示的时间内容
     m_wndStatusBar.SetPaneText(m_wndStatusBar.CommandToIndex(ID_INDICATOR_
CLOCK),s);
    CFrameWndEx::OnTimer(nIDEvent);
}
```

```
void CMainFrame::OnClose()
{
    // TODO: 在此添加消息处理程序代码和/或调用默认值
    KillTimer(1);//关闭计时器
    CFrameWndEx::OnClose();
}
```

图 4.99　类向导菜单项

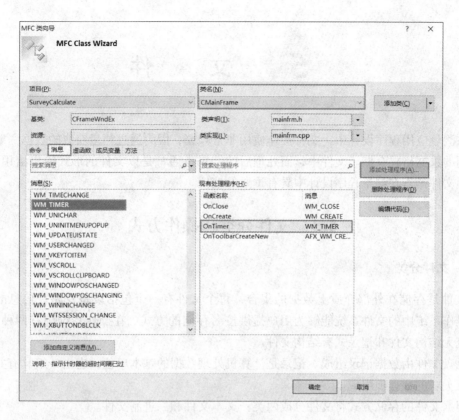

图 4.100　MFC 类向导

（5）编译、链接并运行程序，运行效果如图 4.101 所示。

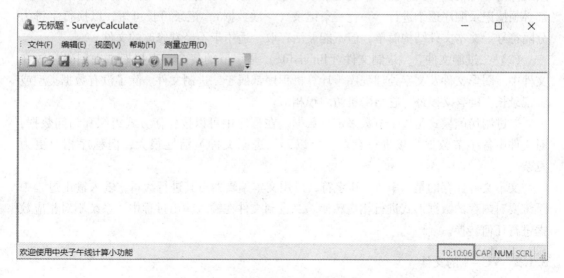

图 4.101　运行效果

# 5 文 件

在测量应用程序设计中，文件操作使用非常频繁，因为通过测量获取的数据一般都是以不同的数据格式存储于文件中，而处理后的结果也通常是以文件的形式输出给用户的。因此，文件操作在测量程序设计中具有重要的地位。

## 5.1 文件分类和操作方式

### 5.1.1 文件分类

文件是存储在外部介质上数据的集合，每个文件有一个包括设备及路径信息的文件名。操作系统中的文件系统能够为用户提供按名存储的方式。在操作系统中有两种文件：字符流无结构文件和记录式有结构文件。

磁盘文件由数据记录组成。记录是计算机处理数据的基本单位，它由一组具有共同属性相互关联的数据项组成。

根据文件的存储方式将文件分成两类：文本文件和二进制文件。

根据文件的处理方式将文件分成两类：顺序文件和随机文件。

（1）文本文件。文本文件以字节为单位，每字节为一个 ASCII 码，代表一个字符，故又称为字符文件。文本文件中的记录按顺序一个接一个地排列，读写文件存储记录时，都必须按记录顺序逐个进行。一行一条记录（一项数据），记录可长可短，以换行字符为分隔符号。文本文件结构简单，但不能灵活存取，适用于不经常修改的文件。

（2）二进制文件。二进制文件（Binaryfile）是字节的集合，直接把二进制码存放在文件中。图形文件及文字处理程序等计算机程序都属于二进制文件。除了没有数据类型或者记录长度的含义以外，它与随机访问很相似。

二进制访问模式是以字节数来定位数据，在程序中可以按任何方式组织和访问数据，对文件中各字节数据直接进行存取。所以，二进制文件灵活性很大，但程序相对更为复杂。

文本文件保存的是一串 ASCII 字符，可用文本编辑器对其进行编辑，输入输出过程中系统要对内存的数据形式进行相应转换。二进制文件在输入输出过程中，系统不对相应数据进行任何转换。

### 5.1.2 VC++的文件

Visual C++ 2010 中常用的操作文件的方法有四种：

第一种是使用标准 C 文件函数；

第二种是 I/O 流类 fstream；

第三种是 MFC 文件类 CFile、CStdioFile；

第四种是 MFC 文件类 . net Framework 的文件操作类 System：：IO。

## 5.2 标准 C 文件操作函数

常用的文本操作函数有以下几种：

（1）文件的打开。在 C 语言中，对于文件的操作是利用 FILE 结构体进行的，具体实现时，首先需要利用 fopen 函数返回一个指向 FILE 结构体的指针。该函数的声明形式如下所述：

$$FILE \ *fopen(const \ char \ *filename, const \ char \ *mode);$$

fopen 函数有两个参数，其中第一个参数（filename）就是一个指向文件名字符串的常量指针类型，表明将要打开的文件；第二个参数（mode）指定文件打开的模式，如表 5.1 所示。

表 5.1 文件打开模式及意义

| 文件打开模式 | 意 义 |
| --- | --- |
| r | 为读取而打开,如果文件不存在或不能找到,函数调用失败 |
| w | 为写入操作打开一个空文件,如果给定的文件已经存在,那么它的内容被清空 |
| a | 为写入操作打开文件。如果文件已经存在,那么在该文件尾部添加新数据,在写入新的数据之前,不会移除文件中已有的 EOF 标记;如果文件不存在,那么首先创建这个文件 |
| r + | 打开文件用于写入操作和读取操作,文件必须存在 |
| w + | 为写入操作和读取操作打开一个空的文件。如果给定文件已经存在,那么它的内容将被清空 |
| a + | 打开文件用于读取操作和添加操作并且添加操作在添加新数据之前会移除该文件中已有的 EOF 标记,然后当写入操作完成之后再恢复 EOF 标记,如果文件不存在,那么首先创建这个文件 |

（2）文件的写入

size_t fwrite( const void *buffer, size_t size, size_t count, FILE *stream);

（3）文件的关闭

int fclose( FILE *stream);

（4）文件指针定位

int fseek( FILE *stream, long offset, int origin);

（5）文件的读取

size_t fread( void *buffer, size_t size, size_t count, FILE *stream);

## 5.3 I/O 文件流 fstream

文件流是在磁盘文件和内存数据（如程序中的变量、数组、链表等）之间建立一条数据流的管道，数据可以通过这条管道在内存和磁盘文件之间进行流动。

文件流分为输入流和输出流。输入流是以文件为源头，以内存为目的地的流，即从磁盘文件读取数据到内存中的流；输出流以内存为源头，以磁盘文件为目的地的流，即将内存数据写入磁盘文件的流。

在涉及文本文件的操作时，将输入文件看成是键盘，将输出文件看成是显示器，格式不变，只须在程序中增加打开与关闭文件的语句。利用文件流进行文本文件操作时，在程序内定义一个文件类的对象，由该对象与文件发生联系，程序内所有与文件的操作都是对该对象的操作。

利用 I/O 文件流类对文件进行操作的过程为：

（1）建立文件类的对象，使文件类对象与欲操作的文件发生联系，用对象打开文件。在打开文件后，都要判断打开是否成功。若打开成功，则文件流对象值为非零值；若打开不成功，则其值为 0。

（2）文本文件读写（文件流的数据输入输出）。

（3）关闭文件。

# 5.4　利用 MFC 类进行文件操作

MFC 中提供支持文件操作的基类：CFile，该类提供了没有缓存的二进制格式的磁盘文件输入输出功能，通过其派生类能够间接地支持文本文件（CStdioFile 类）和内存文件（CMemFile 类）。

## 5.4.1　MFC 类

### 5.4.1.1　CFile 类

MFC 中提供的支持文件操作的基类是：CFile，该类有三种形式的构造函数，其中常用的两种声明形式如下所示：

（1）CFile（）；

默认构造函数，仅构造一个 CFile 对象，使用时还必须用 Open 函数打开文件。

（2）CFile（LPCTSTR lpszFileName，UINT nOpenFlags）；

这种方式通过指定文件名和文件打开方式构造 CFile 对象，在构造函数内部调用 Open 函数打开或者创建文件。可以看到，这种构造形式有两个参数，其中参数 lpszFileName 指定文件的名称，nOpenFlags 参数指定文件共享和访问的方式，可以指定如表 5.2 中之一或多个值的组合。

表 5.2　nOpenFlags 取值及说明

| 取　　值 | 说　　明 |
| --- | --- |
| CFile：：modeCreate | 指示构造函数创建一个新文件。如果该文件已经存在,那么将它的长度截断为 0 |
| CFile：：modeNoTruncate | 与 CFile：：modeCreate 组合使用。如果正创建的文件已经存在,那么它的长度将不会被截断为 0 |
| CFile：：modeRead | 打开文件,该文件仅用于读取操作 |
| CFile：：modeReadWrite | 打开文件,该文件可读可写 |
| CFile：：modeWrite | 打开文件,该文件仅用于写入操作 |

CFile 类还提供了很多非常有用的方法，例如，写入数据可以调用 Write 方法，读取

数据可以使用 Read 方法。同时，该类也提供了移动文件指针的方法，其中 Seek 方法可以将文件指针移动到指定的位置：如 SeekToBegin 方法把文件指针放置到文件的开始位置；SeekToEnd 方法将把文件指针放置到文件的结尾处。另外，还可以通过 CFile 类的 GetLength 方法获得文件的长度。

使用 CFile 操作文件的流程如下：

（1）构造一个 CFile 对象。

（2）调用 CFile∷Open（）函数创建、打开指定的文件。

（3）调用 CFile∷Read（）和 CFile∷Write（）进行文件操作。

（4）调用 CFile∷Close（）关闭文件句柄。

### 5.4.1.2 CStdioFile 类

CStdioFile 是 CFile 的派生类，对文件进行流式操作，对于文本文件的读写很有用处，可按行读取写入。

CStdioFile 的逐行读操作函数：BOOL ReadString（CString & rString）；

读取一行文本到 rString 中，遇回车换行符停止读取，回车和换行均不读到 rString 中，尾部也不添加 "0x00"。如果文件有多行，则当文件没有读完时，返回 TRUE，读到文件结尾，返回 FALSE。

CStdioFile 的逐行写操作函数：virtual void WriteString（LPCTSTR lpsz）；

将数据写入到与 CStdioFile 对象相关的文件中，不支持 CString 类型数据写入。结束的 "\0" 不被写入到文件中，lpsz 缓冲区中的所有换行符被替换为回车换行符，即 "\n" 转换为 "\r\n"。

## 5.4.2 CFileDialog 通用对话框

编程时，用户不仅可以使用各种自定义对话框控件，还可以直接使用 Windows 系统提供的通用对话框资源和消息框资源，实现程序的快速设计开发。

通用对话框是 Windows 预先定义的面向标准用户界面的对话框。在应用程序设计中，用户可以直接使用这些对话框资源来执行各种标准操作，不需要再创建对话框资源和对话框类，如使用颜色对话框设置颜色、使用字体对话框定义字体等。

MFC 提供了一些通用对话框类封装了这些通用对话框，常用通用对话框类如表 5.3 所示，其对话框模板资源和代码在通用对话框中提供。MFC 通用对话框类是从 CCommonDialog 类派生出来的，而 CCommonDialog 类又是从 CDialog 类派生出来的。

表 5.3 MFC 常用通用对话框类

| 对 话 框 | 用 途 |
| :---: | :---: |
| CFileDialog | 文件对话框,用于打开或保存一个文件 |
| CFontDialog | 字体对话框,用于选择字体 |
| CColorDialog | 颜色对话框,用于选择或创建颜色 |
| CFindReplaceDialog | 查找替换对话框,用于查找或替换字符串 |
| CPrintDialog | 打印对话框,用于设置打印机的参数及打印文档 |
| CPageSetupDialog | 页面设置对话框,用于设置页面参数 |

在这些通用对话框中，除了查找替换对话框是非模态对话框外，其余的都是模态对话框。使用通用对话框的基本步骤为：先构造通用对话框类对象，然后调用成员函数DoModal 来显示对话框并完成相应对话框效果的设置，如果选择"OK"（确定）按钮，DoModal 函数返回 IDOK 信息，表示确认用户输入；若选择"Cancel"（取消）按钮，DoModal 函数返回 IDCANCEL 信息，表示取消用户输入。关于通用对话框的数据结构、MFC 类构造函数和相关成员函数的说明参阅 MSDN 文档。

创建通用对话框的主要过程为：

（1）构造对话框类的对象；

（2）调用成员函数 DoModal 函数显示对话框并完成相应对话框效果的设置。只有当调用对话框类的成员函数 DoModal 并返回 IDOK 后，该对话框类的其他成员函数才会生效。

CFileDialog 通用文件对话框类用于实现文件选择对话框，以支持打开或保存一个文件。该类的构造函数声明形式如下所示：

CFileDialog( BOOL bOpenFileDialog, LPCTSTR lpszDefExt = NULL, LPCTSTR lpszFileName = NULL, DWORD dwFlags = OFN _ HIDEREADONLY ｜ OFN _ OVERWRITEPROMPT, LPCTSTR lpszFilter = NULL, CWnd * pParentWnd = NULL)；

该构造函数参数比较多，其意义分别为：

（1）bOpenFileDialog：BOOL 类型，如果将此参数设置为 TRUE，那么将构造一个打开对话框；如果将此参数设置为 FASLE，那么将构造一个保存为对话框。也就是说，通过 CFileDialog 类，既可以创建"打开"对话框，也可以创建"另存为"对话框。

（2）lpszDefExt：指定默认的文件扩展名。如果用户在文件名编辑框中输入的文件名没有包含扩展名，那么此参数指定的扩展名将自动添加到输入文件名后面，作为该文件名的扩展名。如果此参数为 NULL，就不会为文件添加扩展名。在保存文件时，可以设置这个参数来指定一个默认的文件扩展名。当用户没有输入文件扩展名时，系统将会自动添加一个。

（3）lpszFileName：指定显示在文件对话框中的初始文件名。如果为 NULL，则没有初始的文件名显示。

（4）dwFlags：一个或多个标记的组合，允许定制文本对话框。当为 OFN_HIDEREADONLY 时表示隐藏对话框中的"只读"复选框；当为 OFN_OVERWRITEPROMPT 时表示文件保存时，若有指定的文件重名，则出现提示对话框。

（5）lpszFilter：一连串的字符串对，用来指定一个或一组文件过滤器。如果指定了文件过滤器，那么只有选择的某种或某几种类型的文件才会出现在文件列表中。每一种文件类型用两个字符串描述，前一字符串表示过滤器名称，后一个字符串表示文件扩展名；若指定多个扩展名，则用"；"分隔；字符串之间用"｜"分隔，最后以两个"｜"符结束。

（6）lpParentWnd：一个 CWnd 指针，指向父窗口或者拥有者窗口的指针。

## 5.5　测绘应用实例

在第 4 章 SurveyCalculate 单文档应用程序的基础上，实现方位角及距离计算小程序的批量处理，将距离及方位角计算程序对话框中的控件布局进行重新安排，并增加批量计算方面的控件，如图 5.1 所示。

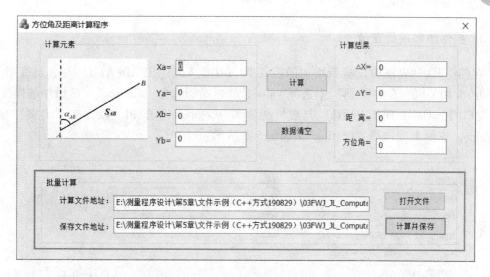

图 5.1 批量计算运行界面

## 5.5.1 补充添加控件并设置属性

对话框中需要增加的控件如图 5.2 所示，对应的控件类型、ID、标题、属性、变量类别、变量类型和成员变量等信息如表 5.4 所示。

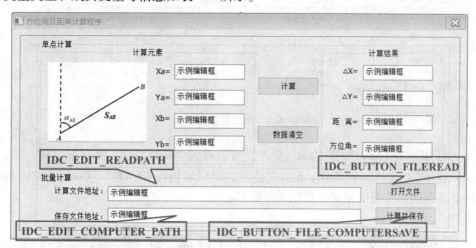

图 5.2 方位角及距离计算程序应用程序控件布局

**表 5.4 控件的基本设置**

| 控件 | 控件 ID 号 | 标题 | 属性 | 变量类别 | 变量类型 | 成员变量 |
|---|---|---|---|---|---|---|
| 组框 | IDC_STATIC | 批量计算 | 默认 | | | |
| 编辑框 | IDC_EDIT_READPATH | | 默认 | Value | CString | m_sReadPath |
| | IDC_EDIT_COMPUTER_PATH | | 默认 | Value | CString | m_sComputerPath |
| 按钮 | IDC_BUTTON_FILEREAD | 打开文件 | 默认 | | | |
| | IDC_BUTTON_FILE_COMPUTERSAVE | 计算并保存 | 默认 | | | |

### 5.5.2　控件添加成员变量

在控件 ID 列表框中，将新增加的控件 ID（IDC_EDIT_READPATH）与成员变量 m_sReadPath 相关联，在"类别"中选择 Value，变量类型选择"CString"；新增加的控件 ID（IDC_EDIT_COMPUTER_PATH）与成员变量 m_sComputerPath 相关联，在"类别"中选择 Value，变量类型选择"CString"，如图 5.3 所示。

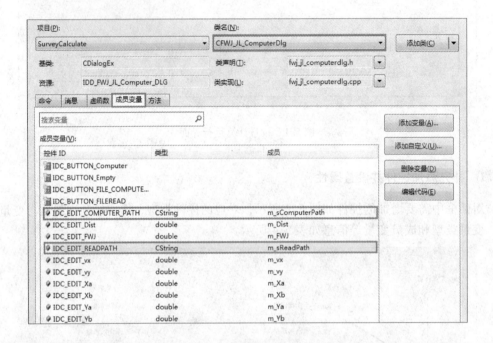

图 5.3　添加成员变量

在 FWJ_JL_ComputerDlg 类的源代码中，可以看到类向导添加了哪些新内容：

（1）在 FWJ_JL_ComputerDlg.h 头文件中，可以看到在 CFWJ_JL_ComputerDlg 类中增加了两个公有成员变量的定义，如图 5.4 所示。

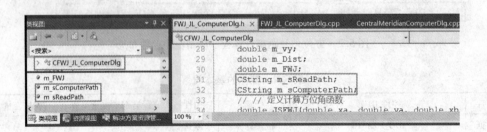

图 5.4　新增变量的定义

（2）在 FWJ_JL_ComputerDlg.cpp 中 FWJ_JL_ComputerDlg 类的构造函数中，可以看到这几个成员变量进行了初始化，将它们分别赋值为〞〞，如图 5.5 所示。

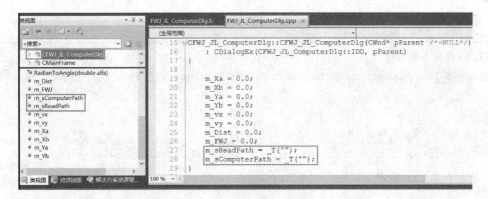

图 5.5 新增变量的初始化

### 5.5.3 建立消息映射

#### 5.5.3.1 "打开文件"按钮

在"打开文件"命令按钮上右击"添加事件处理程序",如图 5.6 所示；然后在"事件处理向导"中选择消息类型,并接受系统建议的"函数处理程序名称",如图 5.7 所示。

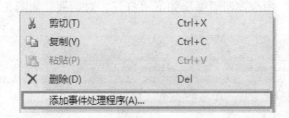

图 5.6 "添加事件处理程序"菜单项

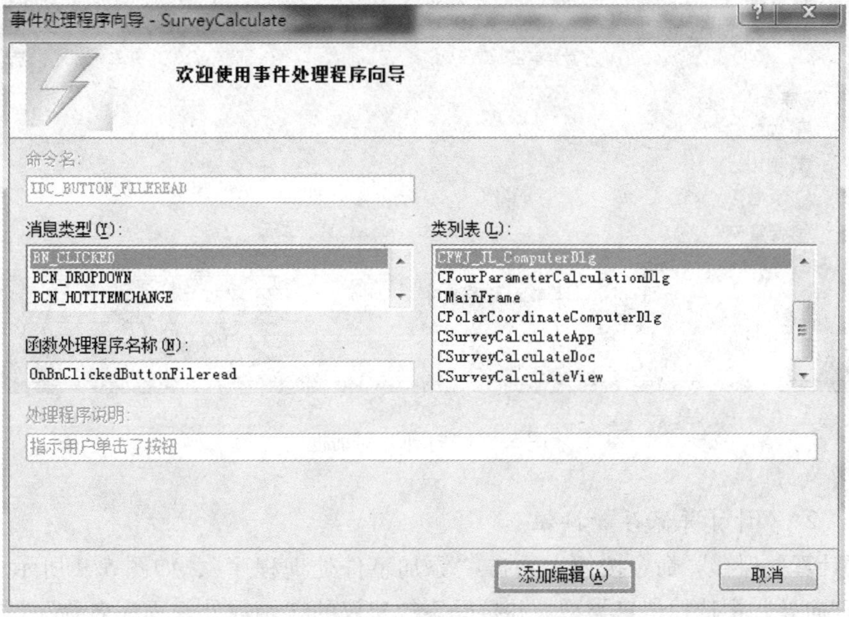

图 5.7 "事件处理程序向导"对话框

添加"打开文件"的消息处理函数,代码如下。

```cpp
//打开文件命令按钮
void CFWJ_JL_ComputerDlg::OnBnClickedButtonFileread()
{
    CString filter;
    filter = "文本文件(*.txt)|*.txt‖";
    CFileDialog fileDlg(TRUE,NULL,NULL,OFN_HIDEREADONLY,filter);
    if(fileDlg.DoModal()! = IDCANCEL)
    {
        m_sReadPath = fileDlg.GetPathName();
        UpdateData(false);
    }
    else
        MessageBox(_T("无法打开文件!"));
}
```

单击"打开文件"命令按钮后弹出如下"打开"对话框,如图5.8所示。

图5.8 "打开"对话框

### 5.5.3.2 "计算并保存"按钮

在"计算并保存"命令按钮上右击"添加事件处理程序",如图5.9所示;然后在"事件处理向导"中选择消息类型,并接受系统建议的"函数处理程序名称",如图5.10所示。

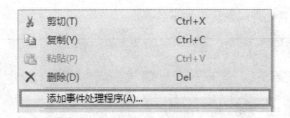

图 5.9 "添加事件处理程序"菜单项

图 5.10 "事件处理程序向导"对话框

程序计算时读取的文本文件数据格式分两种形式：

（1）计算前坐标数据格式中无逗号形式，如

　　　起点点名　起点 X 坐标　起点 Y 坐标　终点点名　终点 X 坐标　终点 Y 坐标

具体实例如图 5.11 所示。

图 5.11 "文件格式"（无逗号）

此种情况下，消息处理函数代码如下：

```
//计算并保存命令按钮(文件格式无逗号)
void CFWJ_JL_ComputerDlg::OnBnClickedButtonFileComputersave()
{
    // TODO：在此添加控件通知处理程序代码
    CString filter;
    filter = "文本文件(*.txt)|*.txt||";//指定文件类型
    //利用 CFileDialog 类构造函数创建一个通用文件对话框
    CFileDialog fileDlg(FALSE,_T("txt"),NULL,OFN_HIDEREADONLY,filter);
    if(fileDlg.DoModal()! = IDCANCEL)
    {
        m_sComputerPath = fileDlg.GetPathName();//取得文件路径及文件名
        CStdioFile ReadFile;//读对象
        //以读模式打开利用 CFileDialog 通用文件对话框打开的文本文件
        ReadFile.Open(m_sReadPath,CFile::modeRead);
        CStdioFile WriteFile;//写对象
        //以写模式打开利用 CFileDialog 通用文件对话框保存的文本文件
        WriteFile.Open(m_sComputerPath,CFile::modeCreate|CFile::modeWrite);
        WriteFile.WriteString(_T(" ------------------Calculation
                                 Result ------------------\n"));

        CString strLineR,strLineW;

        /* 定义 6 个临时字符串,存放数据内容,并初始化为'\0'* /
        char TempStr1[13];
        char TempStr2[13];
        char TempStr3[13];
        char TempStr4[13];
        char TempStr5[13];
        char TempStr6[13];

        BOOL bEOF = true;//判断读文件是否到文件尾
        int i = 0;

        while(bEOF)
        {
            bEOF = ReadFile.ReadString(strLineR);
            char mch[200];
            /* memcpy 指的是 C 和 C ++ 使用的内存拷贝函数,memcpy 函数的功能是从源内存地
                址的起始位置开始拷贝若干个字节到目标内存地址中。
            void * memcpy(void * dest, const void * src, size_t n);
```

从源 src 所指的内存地址的起始位置开始拷贝 n 个字节到目标 dest 所指的内存地址的
起始位置中 * /

```
memcpy(mch,strLineR,200);
i++;


if(bEOF==false) break;
sscanf(mch,"%s %s %s %s %s %s",
    TempStr1,TempStr2,TempStr3,TempStr4,TempStr5,TempStr6);
double Xa,Ya;
double Xb,Yb;
double Dist,FWJ;
Xa=atoi(TempStr2);Ya=atoi(TempStr3);
Xb=atoi(TempStr5);Yb=atoi(TempStr6);
Dist=JSJLS(Xa,Ya,Xb,Yb);
FWJ=JSFWJ(Xa,Ya,Xb,Yb);
strLineW. Format(_T("%d,%s-%s 的距离为:%.4lf,
            方位角为:%.10lf\n"),i,TempStr1,TempStr4,Dist,FWJ);
WriteFile. WriteString(strLineW);
    }
    WriteFile. Close();
    ReadFile. Close();
    UpdateData(false);
}
else
    MessageBox(_T("无法打开文件!"));
}
```

（2）计算前坐标数据格式中有逗号形式，如

起点点名，起点 X 坐标，起点 Y 坐标，终点点名，终点 X 坐标，终点 Y 坐标
具体实例如图 5.12 所示。

图 5.12 "文件格式"（有逗号）

　　此种情况下，消息处理函数代码如下所示。

```
    //计算并保存命令按钮(文件格式有逗号,I/O 流类 fstream 形式实现)
void CFWJ_JL_ComputerDlg::OnBnClickedButtonFileComputersave()
{
    // TODO: 在此添加控件通知处理程序代码
        CString filter;
        filter = "文本文件(*.txt)|*.txt‖";
        CFileDialog fileDlg(FALSE,_T("txt"),NULL,OFN_HIDEREADONLY,filter);
        if (fileDlg.DoModal()! = IDCANCEL)
        {
            m_sComputerPath = fileDlg.GetPathName();
            //利用 C++实现数据的输入、计算和输出
            ifstream infile;//将文本中原始数据输入到内存里
            infile.open(m_sReadPath);
            //将计算后的数据保存到文本文件中
            ofstream outfile(m_sComputerPath,ios::out);
            if(! infile)
            {
                cerr << "打开文件错误!" << endl;
                exit(1);
            }
            outfile << "------------------ Calculation
                                            Result --------------------- \n";
            static int j = 1;//用于排序
            while(1)
            {
                //判断是否读到文件尾,函数 eof()返回真表示已读结束
                if(infile.eof()! =0)
                    break;
                string str;//用于接收字符串
                double SJ[6];//用于存放坐标数据
                //用于存放坐标数据名,定义 4 个是为了方便写下面 for 循环
                string SJNAME[4];
                for (int i =0; i < 6; i++)//一行有 6 个数据,用 for 循环依次读入
                {
                    //数据名所在位置为第一(i=0)和第三个(i=3)
                    //由于不需要转换成浮点型,所以单独写
                    if (i==0 ‖ i==3)
                    {
                        //getline 用于获取流文件中的一行数据,以","为终止符
                        getline(infile, str, ',');
```

```
                    SJNAME[i] = str;
                    continue;//读完一个就再次 for 循环,读下一个数据
                }
                //一行中的最后一个数据读取时,不能继续用逗号作为分隔符
                //要以换行符作为分隔符,所以单独写

                if (i == 5)
                {
                    //getline 用于获取流文件中的一行数据,以换行符为终止符
                    getline(infile, str);
                    //把获得的字符串转换为浮点型数据,用于计算
                    SJ[i] = atof(str.c_str());
                    continue;
                }
                else
                {
                    getline(infile, str, ',');
                    SJ[i] = atof(str.c_str());
                    continue;
                }
            }//for 循环,读取一行数据
            string ptAname = SJNAME[0], ptBname = SJNAME[3]; //A、B 两点点名
            //A、B 两点坐标
            double ptxa = SJ[1], ptya = SJ[2], ptxb = SJ[4], ptyb = SJ[5];
            //完成距离及方位角的计算并将结果保存到计算后方位角及距离数据.txt 中
            outfile << j << "," << ptAname << "至" << ptBname << "的距离为:"
                    << setiosflags(ios::fixed) << setprecision(4)
                    << JSJLS(ptxa,ptya,ptxb,ptyb) << ",方位角为:"
                    << setprecision(8) << JSFWJ(ptxa,ptya,ptxb,ptyb) << endl;
            j++;
        }
        outfile.close();
        infile.close();
        UpdateData(false);
    }
    else
        MessageBox(_T("无法打开文件:"));
}
```

### 5.5.4  程序补充

如果采用 I/O 流类 fstream 形式实现文件的操作，FWJ_JL_ComputerDlg.cpp 源文件里

应添加如图 5.13 所示的头文件。

```
FWJ_JL_ComputerDlg.cpp ×
(全局范围)
  5    #include "stdafx.h"
  6    #include "FWJ_JL_Computer.h"
  7    #include "FWJ_JL_ComputerDlg.h"
  8    #include "afxdialogex.h"
  9    #include "math.h"
 10    #include<iomanip>
 11    #include<fstream>
 12    #include<iostream>
 13    #include<string>
 14    using namespace std;
```

图 5.13　新增头文件

### 5.5.5　编译并运行程序

单击【生成】菜单下面的【生成解决方案】菜单项，如图 5.14 所示；检查程序代码是否有问题，没有问题，单击【调试】菜单下面的【开始执行（不调试）】菜单项，如图 5.15 所示；运行结果如图 5.16 所示。

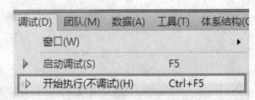

图 5.14　"生成解决方案"菜单项　　　　　　图 5.15　"开始执行"菜单项

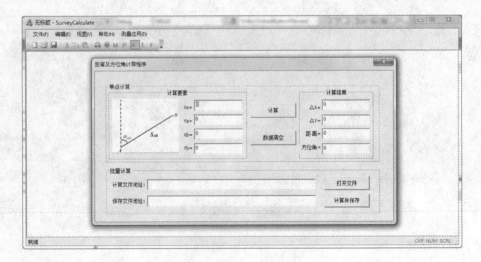

图 5.16　运行效果

### 5.5.6　数据格式及显示结果

单击【打开文件】命令按钮，如图5.17所示，弹出打开对话框；选择计算前坐标数据 . txt，如图5.18所示；单击【计算并保存】命令按钮，如图5.19所示；弹出另存为对话框，保存文件名为计算后结果，如图5.20所示；计算后结果存储形式如图5.21所示。

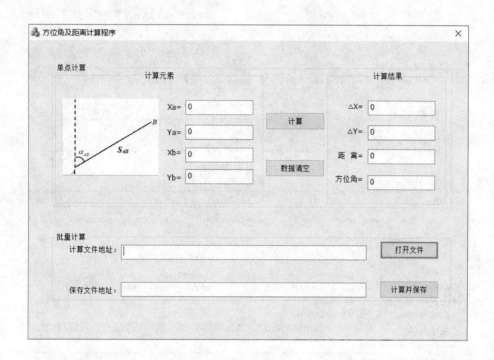

图 5.17　打开文件

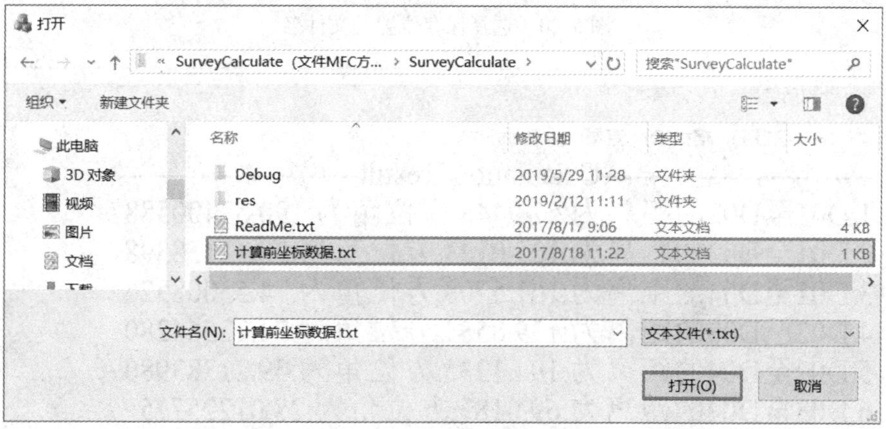

图 5.18　选择打开文件

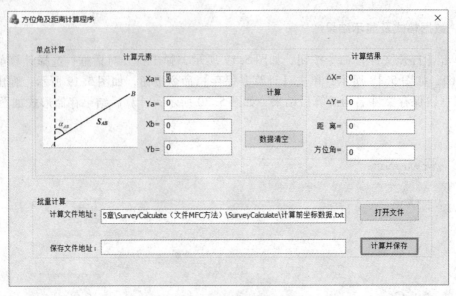

图 5.19 计算并保存

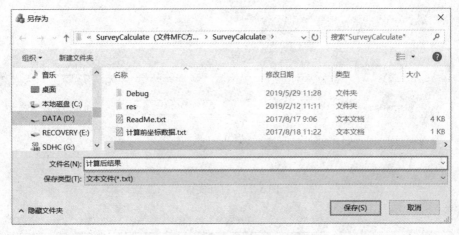

图 5.20 选择保存位置及文件名

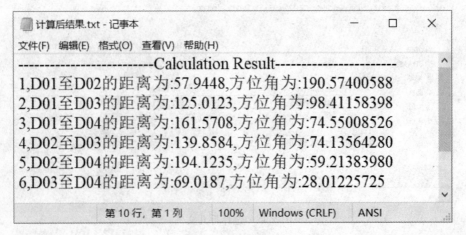

图 5.21 存储形式

<table>
<tr><td rowspan="2">**6**</td><td rowspan="2"></td></tr>
<tr><td></td></tr>
</table>

# 6　图形图像操作

在控制网平差处理后，经常要用误差椭圆来直观地显示精度。在摄影测量与遥感工程中经常要处理遥感影像，因此，图形图像操作在测量程序设计中具有重要的地位，如图6.1 所示的"南方平差易"显示了导线位置及误差椭圆。

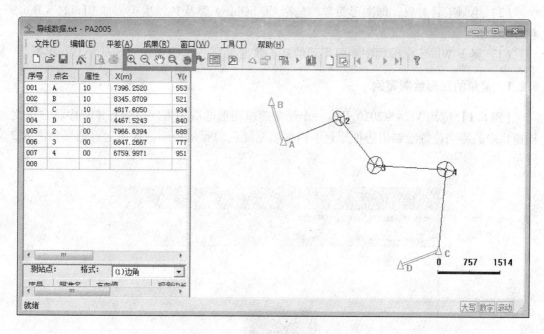

图 6.1　"南方平差易"的图形显示

Windows 是一个图形操作系统，Windows 使用图形设备接口（GDI）进行图形和文本的输出。为此，MFC 封装了 GDI 对象，提供了 CGdiObject 类和 CDC 类来支持图形和文本的输出。

## 6.1　图形绘制基础

在 Windows 应用程序中，图形与文本都是通过图形设备接口（Graphics Device Interface，GDI）以图形形式来处理的。GDI 是 Windows 系统的重要组成部分，负责系统与用户或绘图程序之间的信息交换，并控制在输出设备上显示图形或文字。Windows 应用程序使用 GDI 和 Windows 设备驱动程序来支持与设备无关的图形。为了适应不同的设备，Windows 系统管理并协调一系列输出设备驱动程序，将应用程序的图形输出请求转换为打印机等其他输出设备上的输出。对于开发人员来说，只需要在系统的帮助下建立一个与某个实际输出设备的关联，以要求系统加载相应的设备驱动程序，其他的具体输出操作则由系统实现。GDI 是一个完整的两维绘制系统，具有设备环境、绘制函数以及用于测量和定位所绘制的图像的几种坐标系统。为了支持上述任务，MFC 为绘图提供了一套简便的机制。

在 MFC 应用程序中，所有绘图都是利用设备环境（Device Context，简称为 DC，也称作设备上下文）和基本绘图工具来进行的，从而把绘图活动简化到相关的两大类：设备环境类 CDC 和图形对象类 CGdiObject 及其派生类。

在 MFC 应用程序中，绘制图形操作通常涉及三类对象：

（1）输出对象，亦即设备环境对象，包括 CDC 类及其派生类；

（2）绘制工具对象，即图形对象，包括 CGdiObject 类及其派生类，如 CFont、CBrush 和 CPen 等；

（3）属于 Windows 编程中需要用到的基本数据类型，如 CPoint、CSize 和 CRect 等。

### 6.1.1　简单的图形绘制案例

【例 6.1】应用 VC++2010 开发一个绘制简单图形的应用程序，运行该程序将在单文档窗口中的适当位置绘制出边框绿色、内部填充红色的圆角矩形，程序运行结果如图 6.2 所示。

图 6.2　程序执行结果

操作步骤：

（1）在 Visual Studio2010 下，选择【文件】→【新建】→【项目】命令，在【新建项目】对话框下，选择【MFC 应用程序】，输入名称"Ex6_1"，单击【确定】按钮。

（2）在【MFC 应用程序向导】中选择【单个文档】应用程序，单击【完成】按钮。

（3）在【解决方案资源管理器】窗口中，双击文件名 Ex6_1View.cpp，修改其中的 void CEx6_1View::OnDraw（**CDC** \* **pDC**）函数，在其中添加如下代码：

```
void CEx6_1View::OnDraw(CDC* pDC)
{
    CEx6_1Doc* pDoc = GetDocument();
    ASSERT_VALID(pDoc);
    if (!pDoc)
        return;
    // TODO: 在此处为本机数据添加绘制代码
    pDC -> SetMapMode(MM_ANISOTROPIC);
    CPen newpen;
    newpen. CreatePen(PS_SOLID,5,RGB(0,255,0));
    pDC -> SelectObject(&newpen);
    CBrush newbr;
    newbr. CreateSolidBrush(RGB(128,0,0));
    pDC -> SelectObject(&newbr);
    pDC -> RoundRect(200,100,330,200,15,15);
}
```

（4）选择【调试】→【开始执行】，运行结果见图 6.2。

【例 6.2】应用 VC ++ 2010 开发一个绘制直线的应用程序。

A 编程思路

Windows 程序是基于消息编程的。在程序运行中，当单击鼠标左键时，就可以获得一个点，即线条的起点。接着按住鼠标左键并拖动一段距离后松开鼠标，此时也可获得一个点，即线条的终点。也就是说，我们需要捕获两个消息，一个是鼠标左键按下的消息（WM_LBUTTONDOWN），在该消息响应函数中，可以获得将要绘制的线条的起点；另一个是鼠标左键弹起来的消息（WM_LBUTTONUP），在该消息响应函数中，可以获得将要绘制的线条的终点。

B 操作步骤

（1）在 Visual Studio2010 下，选择【文件】→【新建】→【项目】命令，在【新建项目】对话框下，选择【MFC 应用程序】，输入名称"Ex6_2"，单击【确定】按钮。

（2）在【MFC 应用程序向导】中选择【单个文档】应用程序，单击【完成】按钮。

（3）添加 WM_LBUTTONDOWN 消息响应函数。

选择【类视图】，在【CEx6_2View】右击选择【类向导】（如图 6.3 所示），弹出【MFC 类向导】；然后添加 WM_LBUTTONDOWN 消息响应函数。操作步骤如图 6.4 中①~⑥所示。

图 6.3 类向导菜单项

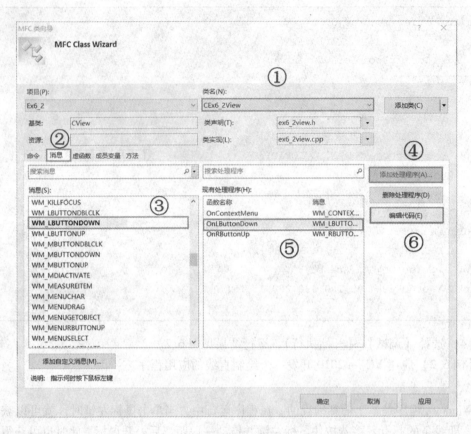

图 6.4　添加函数操作步骤

（4）增加成员变量。

在消息响应函数 void CEx6_2View∶∶OnLButtonDown（UINT nFlags，CPoint point）中有两个参数，其中第二个参数是 CPoint 类型，CPoint 类表示一个点。也就是说，当鼠标左键按下时，鼠标单击处的坐标点已由此参数传递给 OnLButtonDown 这一消息函数。我们所需要做的工作就是在此消息响应函数中保存该点的信息。为此需要在视类中增加一个成员变量，选择【类视图】，在【CEx6_2View】右击选择【添加＼添加成员变量】，如图 6.5 所示；弹出【添加成员变量向导】，然后添加是 CPoint 类型的成员变量 m_ptOrigin，如图 6.6 所示。

（5）在消息响应函数 OnLButtonDown 中保存鼠标左键按下点的消息，代码如下所示。

```
void CEx6_2View::OnLButtonDown(UINT nFlags, CPoint point)
{
    // TODO: 在此添加消息处理程序代码和/或调用默认值
    m_ptOrigin = point;
    CView::OnLButtonDown(nFlags, point);
}
```

（6）添加 WM_LBUTTONUP 消息响应函数。

图 6.5 添加变量菜单项

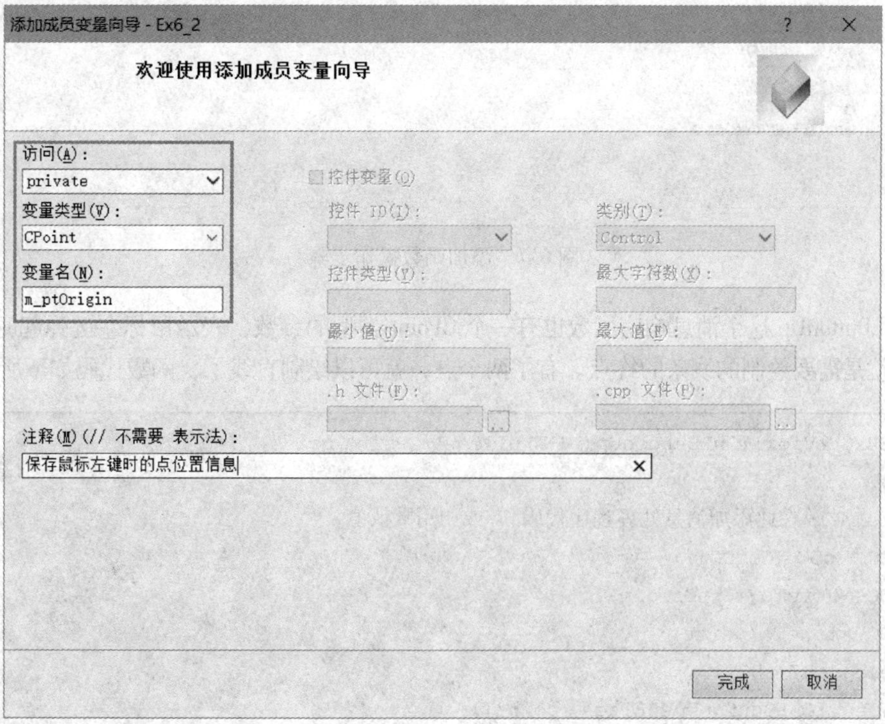

图 6.6 添加变量

通过消息响应函数 OnLButtonDown 获得了绘制线条的起点，现在还要获得线条的终点才能绘制出一个线条。终点是在鼠标左键弹起时获得的。这样，在 CEx6_2View 类中还需要对 WM_LBUTTONUP 消息进行响应。

选择【类视图】，在【CEx6_2View】右击选择【类向导】，弹出【MFC 类向导】，然后添加 WM_LBUTTONUP 消息响应函数。操作步骤如图 6.7 所示。

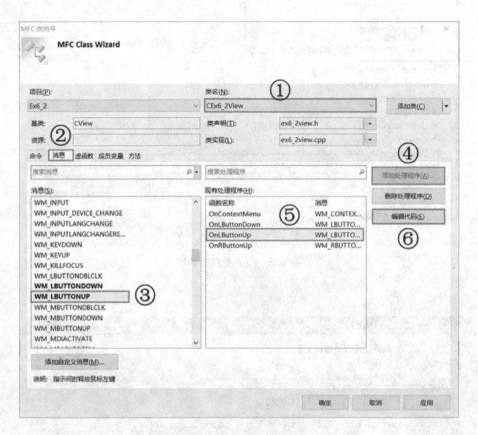

图 6.7　添加函数操作步骤

OnLButtonUp 这个消息响应函数也有一个 CPoint 类型的参数，表示鼠标左键弹起时的位置点，也就是需要绘制的线条的终点。有了两个点，就可以绘制直线了，函数代码如下所示。

```
void CEx6_2View::OnLButtonUp(UINT nFlags, CPoint point)
{
    // TODO：在此添加消息处理程序代码和/或调用默认值
    CDC * pDC = GetDC();
    pDC -> MoveTo(m_ptOrigin);
    pDC -> LineTo(point);
    ReleaseDC(pDC);
    CView::OnLButtonUp(nFlags, point);
}
```

### 6.1.2 坐标与映射模式

在平面上绘图或者输出文本时，离不开坐标系，因为不管是绘制图形还是输出文本，都要指出它们在屏幕上的位置。

在 MFC 绘图中，存在着两种坐标系：

（1）设备坐标系：是以视图区的左上角为原点，向右为 X 轴正方向，向下为 Y 轴正方向，其度量单位是像素数，所以视图区中的一点的设备坐标就是该点距视图区左上角的水平和垂直距离的像素数，像素的大小取决于具体的屏幕和分辨率。

（2）逻辑坐标系：是在内存中虚拟的一个坐标系，该坐标系与设备坐标系的对应关系由映射方式来决定。逻辑坐标系的单位有多种，可以是像素，也可以是厘米、毫米、英寸等。

在 Windows 中预定义了 8 种映射模式，这些映射模式决定了逻辑坐标与设备坐标之间的关系，如表 6.1 所示；其中最常用的是默认映射模式 MM_TEXT，如图 6.8 所示。

**表 6.1　坐标映射模式**

| 类　　别 | 映射模式 | X 轴方向 | Y 轴方向 | 逻辑单位 | 数值 |
|---|---|---|---|---|---|
| 默认模式 | MM_TEXT | 向右 | 向下 | 像素 | 1 |
| 固定比例的映射模式 | MM_LOMETRIC | 向右 | 向上 | 0.1mm | 2 |
| | MM_HIMETRIC | 向右 | 向上 | 0.01mm | 3 |
| | MM_LOENGLISH | 向右 | 向上 | 0.01in | 4 |
| | MM_HIENGLISH | 向右 | 向上 | 0.001in | 5 |
| | MM_TWIPS | 向右 | 向上 | 1/1440in | 6 |
| 可变比例的映射模式 | MM_ISOTROPIC | 自定义 | 自定义 | 可调整(x = y) | 7 |
| | MM_ANISOTROPIC | 自定义 | 自定义 | 可调整(x! = y) | 8 |

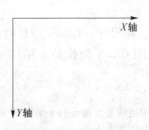

图 6.8　MM_TEXT 映射模式

在设备环境对象中提供了可以用于设置和获取映射模式的函数：virtual int SetMapMode（int nMapMode）和用于返回设备环境对象的当前映射模式的函数：int GetMapMode（）const。该函数返回值为上述映射模式表中的一个映射模式。

### 6.1.3   简单数据类及常用功能

在图形绘制操作中，经常要使用 MFC 中的简单数据类 CPoint、CSize 和 CRect 等。

#### 6.1.3.1   CPoint 类

类 CPoint 表示屏幕上的一个二维点，是对 Windows 的 POINT 结构的封装，其 POINT 结构如下：

```
typedef struct tagPOINT {
    LONG x;
    LONG y;
} POINT;
```

注意：CPoint 类派生于 POINT 结构，这意味着 POINT 结构的数据成员 x 和 y，也是 CPoint 的可以访问的数据成员。

CPoint 类的常用构造函数有：

```
CPoint (int initX, int initY);
CPoint (POINT initPt);
```

其中，参数 initX 用于指定 CPoint 的成员 x 的值；initY 用于指定 CPoint 的成员 y 的值；initPt 用于初始化 CPoint 的一个 POINT 结构或 CPoint 对象。

#### 6.1.3.2   CSize 类

类 CSize 表示一个矩形的长和宽，CSize 类与 Windows 中表示相对坐标或位置的 SIZE 结构类似，是从 SIZE 结构派生而来。

```
typedef struct tagSIZE {
    LONG cx;
    LONG cy;
} SIZE, * PSIZE;
```

CSize 类的常用构造函数有：

```
CSize (int initCX, int initCY);
CSize (SIZE initSize);
```

其中，参数 initCX 用于指定 CSize 的成员 cx 的值；initCY 用于指定 CSize 的成员 cy 的值；initSize 用于初始化 CSize 的一个 SIZE 结构或 CSize 对象。

#### 6.1.3.3   CRect 类

类 CRect 表示一个矩形的位置和尺寸，CRect 类是对 Windows 结构 RECT 的封装，凡是能用 RECT 结构的地方都可以用 CRect 类代替。结构 RECT 表示一个矩形的位置和尺寸，其定义为：

```
typedef struct tagRECT {
    LONG left;          //矩阵左上角点的 x 坐标
    LONG top;           //矩阵左上角点的 y 坐标
    LONG right;         //矩阵右下上角点的 x 坐标
        LONG bottom;    //矩阵右下上角点的 y 坐标
} RECT;
```

#### 6.1.3.4   MFC 中的颜色

在 MFC 中，为了使颜色选择更容易，提供了 COLORREF 类型，该类型的定义如下：

typedef DWORD COLORREF;

COLORREF 数据类型用 4 个字节 32 位的值来表示 RGB 颜色，其中第 1 个字节的值代表 Alpha 值，为操作系统保留的，第 2、3、4 个字节的值分别代表红（R）、绿（G）和蓝（B）的数值。每个值的变化范围在 0～255 之间。这三个值合成在一起表示一种颜色，共可以表示 255×255×255 = 16581375 种颜色，这意味着大约有 0.16 亿种不同的颜色。

COLORREF 可以使用十六进制格式表示颜色：0x00bbggrr。其中，bb 表示蓝色分量；gg 表示绿色分量；rr 表示红色分量。如红色为 0x000000ff，绿色为 0x0000ff00，蓝色为 0x00ff0000。

COLORREF 也可以使用 Window.h 中定义的宏 RGB 来选择颜色，格式如下：

    COLORREF RGB (
        BYTE byRed,
        BYTE byGreen,
        BYTE byBlue
    );

RGB 宏有三个参数，分别代表红、绿、蓝三种颜色的值。这三个参数都是 BYTE 类型，取值范围为 0～255。如红色 RGB（255，0，0），绿色 RGB（0，255，0），蓝色 RGB（0，0，255），黑色 RGB（0，0，0），白色 RGB（255，255，255），…。可以将这三个分量设置成 0～255 之间的任意值，从而得到各种不同的颜色。

说明：计算机所处理的数据信息，是以二进制数编码表示的，其二进制数"0"和"1"是构成信息的最小单位，称作"位"或"比特（bit）"。在计算机中，由若干个位组成一个"字节"（Byte）。字节由多少个位组成，取决于计算机的自身结构。通常，微型计算机的 CPU 多用 8 位组成一个字节，用以表示一个字符的代码。构成一个字节的 8 个位被看作一个整体。字节（Byte）是存储信息的基本单位，其中 1B（Byte）= 8b（bit），1KB = 1024B，1MB = 1024KB，1GB = 1024MB，1T = 1024GB。

### 6.1.3.5 OnDraw 函数

一般情况下，应用程序的绘图工作都要在视图（CView）类中进行，由应用程序向导生成的程序中，有一个视图类的成员函数 OnDraw，自动实现了在视图类中引用 CDC 类。这是由 MFC 程序内部的一个特殊机制实现的。在 MFC 应用程序中，当窗口发生重绘时，一般在视图类的（屏幕/打印机）绘图消息响应函数 OnDraw 中进行，如图 6.9 所示。

其中，pDC 就是一个设备环境类 CDC 对象的指针，在此函数中，可以通过 pDC 指针调用 CDC 类的函数进行绘图。

OnDraw 函数是 CView 类中的一个虚函数，每次当实体需要重新绘制（如用户改变了窗口的大小或者恢复先前覆盖的部分）时，应用程序框架都会自动调用该函数。该函数的定义为：

    virtual void OnDraw(CDC * pDC) = 0;

应用程序中，几乎所有的绘图都在视图类的 OnDraw 函数中完成，这时必须在视图类中重写该函数。

### 6.1.3.6 CString 类

如果要在程序窗口中输出一串文字这一功能，在 C 语言中一般是定义一个 char *类

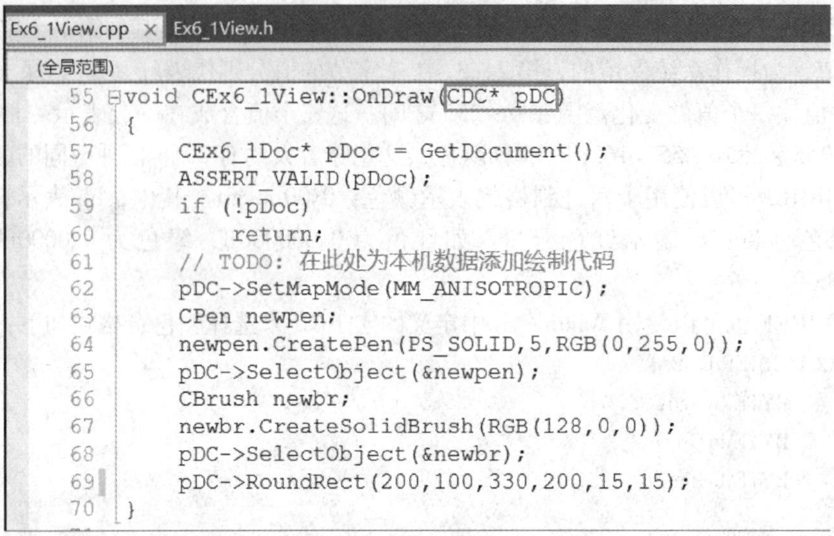

```
Ex6_1View.cpp ×   Ex6_1View.h

(全局范围)

55 ⊟void CEx6_1View::OnDraw(CDC* pDC)
56 |{
57       CEx6_1Doc* pDoc = GetDocument();
58       ASSERT_VALID(pDoc);
59       if (!pDoc)
60          return;
61       // TODO: 在此处为本机数据添加绘制代码
62       pDC->SetMapMode(MM_ANISOTROPIC);
63       CPen newpen;
64       newpen.CreatePen(PS_SOLID,5,RGB(0,255,0));
65       pDC->SelectObject(&newpen);
66       CBrush newbr;
67       newbr.CreateSolidBrush(RGB(128,0,0));
68       pDC->SelectObject(&newbr);
69       pDC->RoundRect(200,100,330,200,15,15);
70 |}
```

图 6.9   OnDraw 函数

型的变量；在 C++ 中一般使用 string 类定义字符串变量。在 MFC 中，它提供了一个字符串类：CString。这个类没有基类，位于头文件 afx. h 中。一个 CString 对象由一串可变长度的字符组成。利用 CString 操作字符串时，无论存储多少个字符，都不需要对它进行内存分配，因为这些操作在 CString 类内部都已经完成了。这就是 CString 类的好处。CString 类重载了多个操作符，使用户可以把 CString 类型的对象当作简单类型的变量一样进行赋值、相加操作。

CString 类提供了多个重载的构造函数，利用这些构造函数，可以构造一个空的 CString 对象；或者利用一个已有的 CString 对象，构造一个新的 CString 对象；或者用一个字符指针，构造一个 CString 对象。

```
CString ();
CString (const CString & stringSrc);
CString (TCHAR ch, int nRepeat = 1);
CString (LPCSTR lpch, int nlength);
CString (const unsigned char * psz);
CString (LPCWSTR lpsz);
CString (LPCSTR lpsz)。
```

在 Ex6_1 中 void CEx6_1View::OnDraw（CDC * pDC）函数内部添加实现字符串显示的代码如下所示，显示效果如图 6.10 所示。

```
void CEx6_1View::OnDraw(CDC*  pDC)
{
    CEx6_1Doc*  pDoc = GetDocument();
    ASSERT_VALID(pDoc);
    if (! pDoc)
```

```
    return;
// TODO：在此处为本机数据添加绘制代码
pDC -> SetMapMode(MM_ANISOTROPIC);
CPen newpen;
newpen. CreatePen(PS_SOLID,5,RGB(0,255,0));
pDC -> SelectObject(&newpen);
CBrush newbr;
newbr. CreateSolidBrush(RGB(128,0,0));
pDC -> SelectObject(&newbr);
pDC -> RoundRect(200,100,330,200,15,15);
CString str(_T("这是一个矩形!"));
pDC -> TextOutW(340,150,str);
}
```

图 6.10　运行效果

### 6.1.3.7　添加字符串资源

CString 类提供了一个成员函数：LoadStringW，其声明形式如下：

BOOL LoadStringW( UINT nID );

该函数可以装载一个有 nID 标识的字符串资源。其好处是，可以先构造一个字符串资源，在需要使用时将其装载到字符串变量中，这样就不需要在程序中对字符串变量直接赋值了。

VC ++ 开发环境中，如何定义字符串资源呢？

在【资源视图】选项卡中，有一项是 String Table，表示字符串表，如图 6.11 所示。用鼠标双击该项，VC ++ 将在右边的窗格中打开当前程序的字符串表，其中列出了已经定义好的各个字符串。在这个字符串表中，第一列是字符串资源的 ID 号，第三列就是字符串资源的文本内容。

图 6.11　String Table

如果想要添加新的字符串资源，可以在这个字符串表最底部的空行上单击，给新的字符串资源定义一个 ID 号，在标题编辑框中输入新的字符串文本，如图 6.12 所示。也可右击打开属性，通过属性界面进行输入，如图 6.13 所示。

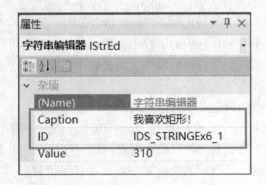

图 6.12　添加字符串资源方法 1

图 6.13　添加字符串资源方法 2

在 Ex6_1 中 void CEx6_1View::OnDraw（CDC * pDC）函数内部调用 LoadStringW 函数，代码如下所示，运行效果如图 6.14 所示。

```
void CEx6_1View::OnDraw(CDC* pDC)
{
    CEx6_1Doc* pDoc = GetDocument();
    ASSERT_VALID(pDoc);
    if (! pDoc)
        return;
    // TODO: 在此处为本机数据添加绘制代码
    pDC -> SetMapMode(MM_ANISOTROPIC);
    CPen newpen;
    newpen. CreatePen(PS_SOLID,5,RGB(0,255,0));
    pDC -> SelectObject(&newpen);
    CBrush newbr;
    newbr. CreateSolidBrush(RGB(128,0,0));
    pDC -> SelectObject(&newbr);
    pDC -> RoundRect(200,100,330,200,15,15);
    CString str(_T("这是一个矩形!"));
    pDC -> TextOutW(340,150,str);
    str. LoadStringW(IDS_STRINGEx6_1);
    pDC -> TextOutW(200,200,str);
}
```

图 6.14　运行效果

# 6.2  设备环境类

Windows 本身是一个图形界面的操作系统，进行 Windows 程序设计中，随时都会同设备环境打交道。设备环境（Device Context，DC，也称设备上下文或环境描述表），是一种 Windows 数据结构，它包括与一个设备（如显示器或打印机）的绘制属性相关的信息。所有的绘制操作都是通过一个设备环境对象进行的，该对象封装了实现绘制线条、形状和文本的 Windows API 函数。设备环境可以用来向屏幕、打印机和图元文件输出结果。用户在绘图之前，必须获取绘图区域的一个设备环境，然后才能进行图形设备接口函数的调用。

设备环境由 CDC 类及其派生类描述。CDC 类相当于一个画图的画布，提供绘图的场地和环境。在这个环境中，画布一般是窗口的工作区，所以每个窗口 CWnd 对象都提供一个设备环境；除此之外，设备环境中还包括一套默认的用于当前环境绘图的基本绘图工具，一般情况下，用户在每次绘图前都把这套工具换成自定义的工具，当然也可以使用默认的工具。另外，CDC 类提供了许多支持绘图的成员函数。

### 6.2.1  CDC 类及其派生类

CDC 类是 MFC 对设备环境 DC 结果及其相关绘图和状态设置的 C++ 封装类，封装了所有与绘图相关的操作。CDC 是 CObject 的直接派生类，CDC 类自己也有若干派生类，其中包括：窗口客户区 DC 所对应的 CClientDC 类；OnPaint 和 OnDraw 消息响应函数的输入参数中使用的 CPaintDC 类；图元文件对应的 CMetaFileDC 类；整个窗口所对应的 CWindowDC 类，如图 6.15 所示。

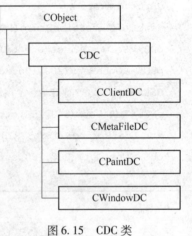

图 6.15  CDC 类

#### 6.2.1.1  CDC 类

CDC 类是所有设备环境类的基类，对 GDI 的所有绘图函数进行类封装。除了一般的窗口显示外，还用于基于桌面的全屏幕绘制和非屏幕显示的打印机输出。CDC 类封装了所有图形输出函数，包括矢量、光栅和文本输出。

利用 MFC 类实现划线功能时，首先需要定义一个 CDC 类型的指针，并利用 CWnd 类的成员函数 GetDC 获得当前窗口的设备环境对象的指针；接着利用 CDC 类的成员函数 MoveTo 和 LineTo 完成画线操作；最后调用 CWnd 类的成员函数 ReleaseDC 释放设备环境资源，代码如下所示，运行效果如图 6.16 所示。

```
void CEx6_2View::OnLButtonUp(UINT nFlags, CPoint point)
{
    // TODO: 在此添加消息处理程序代码和/或调用默认值
    CDC * pDC = GetDC();


    pDC -> MoveTo(m_ptOrigin);
```

```
    pDC -> LineTo(point);


    ReleaseDC(pDC);
    CView::OnLButtonUp(nFlags, point);

}
```

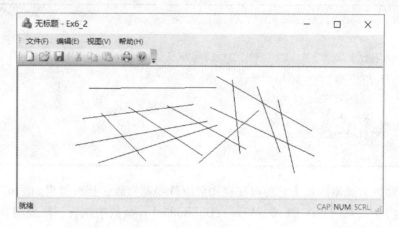

图 6.16　CDC 类实现划线功能运行效果

#### 6.2.1.2　CClientDC 类

这个类派生于 CDC 类，并且在构造函数时调用 GetDC 函数，在析构时调用 ReleaseDC 函数。也就是说，当一个 CClientDC 对象在构造时，它在内部会调用 GetDC 函数，获得一个设备环境对象；在这个 CClientDC 对象析构时，会自动释放这个设备环境资源。这样的话，程序中如果使用 CClientDC 类型定义 DC 对象，就不需要显示地调用 GetDC 函数和 ReleaseDC 函数了，代码如下所示，运行效果同 CDC 类。

```
void CEx6_2View::OnLButtonUp(UINT nFlags, CPoint point)
{
    // TODO: 在此添加消息处理程序代码和/或调用默认值
    CClientDC dc(this);
    dc.MoveTo(m_ptOrigin);
    dc.LineTo(point);
    CView::OnLButtonUp(nFlags, point);

}
```

说明：由于代码仍然在 CEx6_2View::OnLButtonUp 函数中执行，需要将在 CDC 类中执行的代码注释掉。

在构造 CClientDC 对象时，需要一个 CWnd 类型的指针作为参数。如果想在视类窗口中绘图，就应该传递 CEx6_2View 对象的指针。每个对象都有一个 this 指针指向自己本身。如果要构造一个与视类窗口有关的 CClientDC 对象，就把代表视类对象的 this 指针作为参数传递给该对象的构造函数。

### 6.2.1.3　CWindowDC 类

CWindowDC 类也派生于 CDC 类，并且在构造函数时，调用 GetWindowDC 函数，获得相应的设备环境对象；在析构时，调用 ReleaseDC 函数，释放该设备环境对象所占用的资源。也就是说，当一个 CWindowDC 对象在绘图时，也不需要显示地调用 GetDC 函数和 ReleaseDC 函数，该对象会自动获取和释放设备环境资源，代码如下所示。

```
void CEx6_2View::OnLButtonUp(UINT nFlags, CPoint point)
{
    // TODO: 在此添加消息处理程序代码和/或调用默认值
    CWindowDC dc(GetParent());
    dc.MoveTo(m_ptOrigin);
    dc.LineTo(point);
    CView::OnLButtonUp(nFlags, point);
}
```

它与前两种方式不同在于它可以在视图区以外绘制直线，运行效果如图 6.17 所示。

说明：由于代码仍然在 CEx6_2View::OnLButtonUp 函数中执行，需要将在 CClientDC 类中执行的代码注释掉。

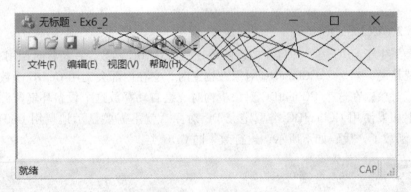

图 6.17　运行效果

### 6.2.1.4　CMetaFileDC 类

CMetaFileDC 类也派生于 CDC 类。一个 Windows 元文件 DC 包含了一系列图形设备接口命令，例如绘制一条直线、绘制一个椭圆、输出一行文本，但这时绘制的图形是看不到的，它们存在于元文件中，实际上是在内存中绘制的。当在元文件绘制完成之后，可以播放该元文件，这时就可以在窗口中看到先前在该文件中绘制的图形了。要注意的是，元文件并没有包含所绘图形的图形数据，它包含的是图形的绘制命令。

### 6.2.1.5　CPaintDC 类

CPaintDC 类只能用于响应窗口重绘消息（WM_PAINT）的绘图输出，一般用在 OnPaint 函数中。OnPaint 函数首先构造一个 CPaintDC 对象，再调用 OnPrepareDC 函数将其准备好，最后以这个准备好的 CPaintDC 对象指针为参数，来调用 OnDraw 函数进行绘图操作，过程如图 6.18 所示。

```cpp
void CView::OnPaint()
{
    // standard paint routine
    CPaintDC dc(this);
    OnPrepareDC(&dc);
    OnDraw(&dc);
}
```

图 6.18 CPaintDC 类操作

### 6.2.2 简单图形绘制

GDI 提供了绘制基本图形的成员函数，这些成员函数封装在 MFC 的 CDC 类中，能直接被调用，绘制出各种基本图形，MFC 绘图函数使用的坐标系是逻辑坐标，坐标原点位于图形坐标系的左上角，坐标单位为像素。

（1）画点。画点是在窗口指定位置显示某种颜色的一个像素点。其函数原型为：

```
COLORREF SetPixel (int x, int y, COLORREF crColor);
COLORREF SetPixel (POINT point, COLORREF crColor);
```

其中：参数 x，y 或 point 用来指定像素点的位置；crColor 参数表示颜色，由 RGB 宏来表示。

（2）画线。画线时，可以设置一个起点，从起点位置开始绘制，设置起点的函数原型：

```
CPoint MoveTo (int x, int y); 或 CPoint MoveTo (POINT point);
```

其中，函数参数表示指定的起始位置坐标。

调用 CDC 的成员函数 LineTo，可以直接从起点处绘制一条直线，指定直线的终点，其函数原型为：

```
BOOL LineTo (int x, int y); 或 BOOL LineTo (POINT point);
```

其中，函数的参数表示绘制直线的终点坐标。如果不设置起点，那么 LineTo 函数调用后的终点将作为下一条线的新起点。

（3）画折线。CDC 提供了一系列画折线的函数，如 Polyline、PolylineTo、PolyPolyline，其函数原型分别为：

```
BOOL Polyline (LPPOINT lpPoints, int nCount);
BOOL PolylineTo (const POINT * lpPoints, int nCount);
BOOL PolyPolyline (const POINT * lpPoints, const DWORD * lpPolyPoints, int nCount);
```

其中：前两个函数表示绘制一系列连续的折线，lpPoints 是 POINT 顶点的数组，nCount 为数组中顶点的个数（至少为2）；第三个函数表示绘制多条折线，lpPoints 是 POINT 顶点的数组，lpPolyPoints 表示各条折线所需的顶点数，nCount 表示折线的数目。

（4）画矩形。CDC 类成员函数 Rectangle 和 RoundRect 可以绘制矩形，然后使用当前画刷填充该矩形，Rectangle 函数原型为：

> BOOL Rectangle（int x1，int y1，int x2，int y2）；

> BOOL Rectangle（LPCRECT lpRect）；

RoundRect 函数原型：

> BOOL RoundRect（int x1，int y1，int x2，int y2，int x3，int y3）；

> BOOL RoundRect（LPCRECT lpRect，POINT point）；

其中：参数 x1，y1 和 x2，y2 分别为边界矩形左上角和右下角坐标，x3 表示圆角曲线的宽度，y3 表示圆角曲线的高度；lpRect 用来指定边界矩形的区域；point 的成员 x，y 分别表示 x3，y3 绘制圆角椭圆大小。

（5）画多边形。实现多边图形绘制的 CDC 函数为 Polygon，其函数原型：

> BOOL Polygon（LPPOINT lpPoints，int nCount）；

其中，参数 lpPoints 为多边形 POINT 顶点的数组，nCount 为数组中顶点个数。

（6）画椭圆。椭圆是由矩形边界所确定的内接圆或内接椭圆所形成的。其函数原型：

> BOOL Ellipse（int x1，int y1，int x2，int y2）；

> BOOL Ellipse（LPCRECT lpRect）；

其中，参数 x1，y1 和 x2，y2 分别为边界矩形左上角、右下角坐标，lpRect 用来指定边界矩形的区域。当 x2 – x1 等于 y2 – y1 时，外切边界为正方形，内接封闭曲线为正圆。

（7）画弧。通过弧所依附的边界矩形来确定弧的大小，用于描述弧的位置和大小的边界矩形是隐藏的。画弧函数原型：

> BOOL Arc（int x1，int y1，int x2，int y2，int x3，int y3，int x4，int y4）；

> BOOL Arc（LPCRECT lpRect，POINT ptStart，POINT ptEnd）；

其中：参数 x1，y1 和 x2，y2 分别为边界矩形左上角和右下角坐标；x3，y3 为弧的起点坐标，x4，y4 为弧的终点坐标；画弧时，从起点至终点按逆时针方向绘制，另外，lpRect 用来定义边界矩形的区域，lpRect 的成员 left，top，right，botton 分别表示 x1，y1，x2，y2；ptStart 表示弧的起点坐标 x3，y3，ptEnd 表示弧的终点坐标 x4，y4。

# 6.3　图形设备接口

## 6.3.1　GDI 及其使用方法

Windows 操作系统可以配置不同的输出设备，如各种显示器、打印机等。它们有不同的打印驱动程序，当针对不同的设备编程时，GDI 提供了这样一个平台，屏蔽了不同设备之间的差异，就像 Windows 操作系统屏蔽了硬件一样。

图形设备接口（Graphics Device Interface，GDI）是指这样一个可执行程序，它处理来自 Windows 应用程序的图形函数调用，然后把这些调用传递给合适的设备驱动程序，由设备驱动程序来执行与硬件相关的函数，并产生最后的输出结果。GDI 可以看作是一个应用程序与输出设备之间的中介，一方面，GDI 向应用程序提供了一个设备无关性的编程环境；另一方面，它又以设备相关的格式和具体的设备打交道。

为了支持 GDI 绘图，MFC 提供了两种重要的类：（1）设备环境类，用于设置绘图属性和绘制图形；（2）绘图对象类，封装了各种 GDI 绘图对象，包括画笔、画刷、字体、位图、调色板和区域等。

在 MFC 中，CGdiObject 类是 GDI 绘图对象的基类。CGdiObject 类有 6 个直接的派生类，GDI 对象主要也是这 6 个，分别是 CBitmap、CBrush、CFont、CPalette、CPen 和 CRgn，类的继承关系如图 6.19 所示。

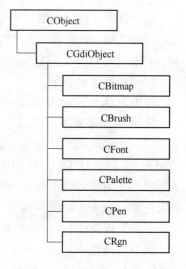

图 6.19　CPaintDC 类操作

CBitmap 类封装了使用 Windows GDI 进行图形绘制中关于位图的操作，位图可以用于填充区域。

CBrush 类封装了 Windows GDI 中有关画刷的操作，画刷用来填充一个封闭图形对象的内部区域。

CFont 类封装了 Windows GDI 中有关字体的操作，用户可以建立一种 GDI 字体，并使用 CFont 成员函数来访问它，设置文本的输出效果，包括文字的大小、是否加粗、是否斜体、是否加下划线等。

CPen 类封装了 Windows GDI 中有关画笔的操作，用于绘制对象的边框及直线和曲线。

CPalette 类封装了 Windows 的调色板。调色板在一个应用程序和一个颜色输出设备（比如一个显示设备）之间提供了一个接口，这个接口允许应用程序充分使用输出设备的颜色处理能力，而不会干涉其他应用程序显示的颜色。

CRgn 类封装了一个 Windows GDI 区域。该区域是某一窗口中的一个椭圆或多边形区域，要使用这个区域，可以使用 CRgn 类的成员函数以及 CDC 类的成员函数。

### 6.3.2　GDI 绘图过程

GDI 绘图过程包括以下步骤：获取设备环境，设置坐标映射，创建绘图工具，调用 CDC 绘图函数绘图。

（1）获取设备环境。用户在绘图之前，必须获取绘图窗口区域的一个设备环境，然后才能调用其绘图工具进行绘图。在 MFC 应用程序中获得设备环境的常用方法有以下几种：

1）如果要绘制图形的函数由视图类的 OnDraw（CDC ∗ pDC）函数调用，则可以将 OnDraw 函数中的 CDC 对象指针 pDC 作为该函数的一个参数传入。参数 pDC 就是用来获取设备环境的，在该函数运行结束后，系统会自动释放。

2）可以构造一个 CClientDC 对象，使用该对象进行绘图，其构造函数为：

CClientDC（CWnd ∗ pWnd）；

因为 CView 类是由 CWnd 类（所有窗口的基类）派生而来，所以在构造的时候传入当前视图类的指针即可。

3）可以通过调用从 CWnd 类继承的成员函数 GetDC（）来获得当前窗口设备环境的指针，其函数声明如下：

CDC ∗ GetDC（）；

该函数没有任何参数，用于获取一个窗口视图区指针，通过当前视图类指针进行调用。因为 Windows 限制可用 DC 的数量，所以 DC 属于稀缺的公共资源。对每次获得的 DC，在使用完成后必须立即释放。

（2）设置坐标映射。

使用 SetMapMode 函数设置设备环境对象使用的映射模式；

使用 GetMapMode 函数获取设备环境对象的当前映射模式。

（3）创建绘图工具并选入设备环境。要绘图，必须有画笔或者画刷等绘图工具。在 Windows 中，有 HPEN、HBRUSH 等 GDI 对象，MFC 对 GDI 对象进行了很好地封装，提供了封装 GDI 对象的类，如 CPen、CBrush、CFont、CBitmap 和 CPalette 等。这些类都是 GDI 对象类 CGdiObject 的派生类。

一般先创建画笔（刷），然后调用 CDC：：SelectObject 函数将画笔（刷）选入设备环境，成为当前绘图工具；绘图完毕，恢复设备环境以前的画笔（刷）对象；最后调用 CGdiObject：：DeleteObject 函数，删除画笔（刷）对象。

### 6.3.3   画笔

在【例 6.2】中实现的画线功能，绘制的都是黑色线条。这是因为设备环境中有一个默认的黑色画笔，因此绘制的线条都是黑色的。如果想要绘制一个特定颜色、特定线宽、特定线型的线条，首先需要创建一个新画笔，然后将此画笔选入设备描述表中，接下来绘制的线条颜色、线宽和线型就由这个新画笔决定了。

可以利用 MFC 提供的 CPen 类来创建画笔对象。该类封装了与画笔相关的操作。它有三个构造函数，其中一个构造函数的原型声明如下所示：

CPen (int nPenStyle, int nWidth, COLORREF crColor);

其中，第一个参数（nPenStyle）指定笔的线型（实线、点线、虚线等），如表 6.2 所示；第二个参数（nWidth）指定笔的线宽；第三个参数（crColor）指定笔的颜色，这个参数是 COLORREF 类型，利用 RGB 这个宏可以构建这种类型的值。

表 6.2   画笔样式

| 样式 | 说明 | 样式 | 说明 |
|---|---|---|---|
| PS_SOLID | 实线 | PS_DASHDOTDOT | 双点划线 |
| PS_DASH | 虚线 | PS_NULL | 不可见线 |
| PS_DOT | 点线 | PS_INSIDEFRAME | 实线（边框线） |
| PS_DASHDOT | 点划线 | | |

另外，在程序中，当构造一个 GDI 对象后，该对象并不会立即生效，必须选入设备环境，它才会在以后的绘制操作中生效。利用 SelectObject 函数可以实现把 GDI 对象选入设备环境中，并且该函数会返回指向先前被选对象的指针。这主要是为了在完成当前绘制操作后，还原设备环境用的。例如，在某个局部范围内绘图时，可能需要改变画笔的颜色，此时需要把新画笔选入设备环境中。当这部分绘图操作完成之后，还应该恢复到原来的画笔颜色，再接着用原来画笔完成其他部分的绘图操作。一般情况下，在完成绘图操作

之后，都要利用 SelectObject 函数把先前的 GDI 对象选入设备环境，以便使其能恢复到先前的状态。

使用画笔对象的具体方法如下：

（1）创建一支画笔，方法有以下两种：

1）调用 CPen 类的带参数构造函数构造 CPen 类画笔对象。

2）使用 CPen::CreatePen（int nPenStyle，int nWidth，COLORREF crColor）函数来创建一支画笔对象。

（2）将创建的画笔对象选入设备环境。通常使用 CDC 类的成员函数 SelectObject 来选择用户创建好的画笔指针到当前设备环境中，调用成功后将返回原来使用画笔对象的指针。

（3）调用绘图函数。

（4）绘图完毕后，删除当前的 GDI 对象，恢复原来的 GDI 对象，通常调用函数 SelectObject 和 DeleteObject 来完成，代码如下所示，运行效果如图 6.20 所示。

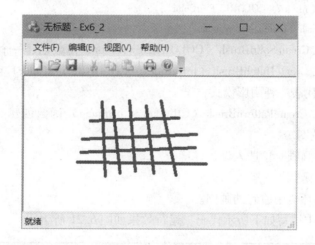

图 6.20　运行效果

```
void CEx6_2View::OnLButtonUp(UINT nFlags, CPoint point)
{
    // TODO: 在此添加消息处理程序代码和/或调用默认值
    CClientDC dc(this);
    CPen pen(PS_SOLID,5,RGB(0,0,255));
    CPen * pOldPen = dc.SelectObject(&pen);
    dc.MoveTo(m_ptOrigin);
    dc.LineTo(point);
    dc.SelectObject(pOldPen);
    pen.DeleteObject();
    CView::OnLButtonUp(nFlags, point);
}
```

说明：由于代码仍然在 CEx6_2View∷OnLButtonUp 函数中执行，需要将在 CWindowDC 类中执行的代码注释掉。

### 6.3.4　画刷

利用画笔可以画图形的边框，而用面刷就可以在图形内着色。大多数的 GDI 绘图函数既使用画笔又使用画刷，用画笔绘制各种图形的周边，而用画刷填充图形。因而可以用一种颜色和风格去设置画笔，而用另一种颜色和风格去设定画刷，通过函数调用就可以绘制出形状复杂的图形。

使用画笔对象的具体方法如下：

（1）创建一支画刷，方法主要有以下 4 种。

1）调用 CBrush 类的 4 种构造函数之一构造画刷对象。

　　　CBrush（）；

　　　CBrush（COLORREF crColor）；

　　　CBrush（int nIndex，COLORREF crColor）；

　　　explicit CBrush（CBitmap * pBitmap）；

2）使用 BOOL CreateSolidBrush（COLORREF crColor）函数创建一个特定颜色的刷子；

3）使用 BOOL CreateHatchBrush（int nIndex，COLORREF crColor）函数创建一个带阴影的刷子，nIndex 代表一种阴影模式；

4）使用 BOOL CreatePatternBrush（CBitmap * pBitmap）函数创建一个位图刷子，一般采用 8×8 的小位图。

（2）将创建的画刷对象选入设备环境。

（3）调用绘图函数。

（4）恢复设备环境中原有的画刷。

在【例 6.2】中填写如下所示代码，运行效果如图 6.21 所示。

```
void CEx6_2View::OnLButtonUp(UINT nFlags, CPoint point)
{
    // TODO：在此添加消息处理程序代码和/或调用默认值
    CClientDC dc(this);
    CBrush brush(HS_CROSS,RGB(0,0,255));
    CBrush * pOldBrush = dc.SelectObject(&brush);
    dc.Rectangle(CRect(m_ptOrigin,point));
    dc.SelectObject(pOldBrush);
    brush.DeleteObject();
    CView::OnLButtonUp(nFlags, point);
}
```

说明：由于代码仍然在 CEx6_2View∷OnLButtonUp 函数中执行，需要将在 CPen 类中执行的代码注释掉。

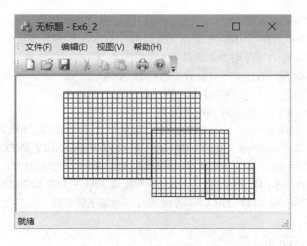

图 6.21　运行效果

# 6.4　绘　制　文　本

在 Windows 中，文本也作为图形来处理，文本实际上是按照选定的字体格式绘制出来的。和画笔、画刷一样，字体也是一种 GDI 对象，用来定义 Windows 输出文本的字符、字符集及符号集。使用它的方法和画笔、画刷绘图工具类似，一般先通过 CFont 类（字体类）创建字体对象，然后选择创建的字体对象到设备环境，以便在设备环境中绘制文本。在应用程序的视图区也可以输出文本，设备环境提供了用于文本输出的函数。

与绘图函数类似，MFC 提供的 CFont 类决定了文本的输出格式。用户除了可以使用 Windows 预定义的系统字体输出文本之外，还可以自己定义逻辑字体。

## 6.4.1　创建字体

在程序中创建自定义字体并不是在程序中真正创造出一种完全满足用户需要的字体，而是将当前用户创建的字体与 Windows 字体匹配并关联。在 MFC 程序中，通常使用成员函数 CreateFont、CreatePointFont 和 CreateFontIndirect 创建字体对象，使用 SelectObject 函数将创建的字体对象选入设备环境。

### 6.4.1.1　CreateFontIndirect 函数

CreateFontIndirect 函数用于创建逻辑字体对象，其函数原型如下：

BOOL CreateFontIndirect（const LOGFONT * lpLogFont）；

其中，参数 lpLogFont 是一个 LOGFONT 类型的结构指针，该函数利用 lpLogFont 指向 LOGFONT 结构定义的一个字体对象，此字体对象能被任何设备选作当前字体。

LOGFONT 结构体类型定义如下：

typedef struct tagLOGFONT {

　　LONG　lfHeight；// 以逻辑单位表示的字体高度，为 0 时采用系统默认值

　　LONG　lfWidth；// 以逻辑单位表示的字体平均宽度，为 0 时由系统根据高度取最佳值

　　LONG　lfEscapement；// 每行文本的倾斜度，以 1/10 度为单位

```
LONG    lfOrientation;//每个字符的倾斜度,以1/10度为单位
LONG    lfWeight;//字体粗细,取值范围为0~1000,0代表默认浓度
BYTE    lfItalic;//非零时表示倾斜字体
BYTE    lfUnderline;//非零时表示创建下划线字体
BYTE    lfStrikeOut;//非零时表示创建中划线字体
BYTE    lfCharSet;//指定字体的字符集
BYTE    lfOutPrecision;//指定输出精度,一般取 OUT_DEFAULT_PRECIS
BYTE    lfClipPrecision;//指定裁剪精度,一般取 CLIP_DEFAULT_PRECIS
BYTE    lfQuality;//指定输出质量,一般取默认值 DEFAULT_QUALITY
BYTE    lfPitchAndFamily;//指定字体间距和所属字库,一般取 DEFAULT_PITCH
TCHAR lfFaceName[LF_FACESIZE];//指定匹配的字样名称
| LOGFONT;
```

### 6.4.1.2　CreateFont 函数

CreateFont 函数用于创建自定义字体对象，其函数原型如下：

```
BOOL CreateFont(int nHeight,int nWidth,int nEscapement,int nOrientation,
    int nWeight,BYTE bItalic,BYTE bUnderline,BYTE cStrikeOut,
    BYTE nCharSet,BYTE nOutPrecision,BYTE nClipPrecision,
    BYTE nQuality,BYTE nPitchAndFamily,LPCTSTR lpszFacename
);
```

CreateFont 函数的参数类型与 LOGFONT 结构完全一致。调用该函数时，参数为 0，表示使用系统默认值。

### 6.4.1.3　CreatePointFont 函数

CreatePointFont 函数用于指定高度和字体初始化一个 CFont 对象：

```
BOOL CreatePointFont(int nPointSize,LPCTSTR lpszFaceName, CDC * pDC = NULL);
```

CreatePointFont（）函数只需 3 个参数：字体的高度（为实际像素的 10 倍）、字体和使用字体的设备环境。

### 6.4.1.4　字体对话框

Windows 还提供了一个用于设置字体的通用对话框。字体对话框的创建也很简单，因为 MFC 也提供了一个相应的类：CFontDialog。该类派生于 CDialog，也是一个对话框类，如图 6.22 所示。

CFontDialog 类的构造函数如下所示：

```
CFontDialog(
    LPLOGFONT lplfInitial = NULL,
    DWORD dwFlags = CF_EFFECTS | CF_SCREENFONTS,
    CDC * pdcPrinter = NULL,
    CWnd * pParentWnd = NULL
);
```

该函数有四个参数，含义分别如下所述：

lplfInitial 指向 LOGFONT 结构体的指针，允许用户设置一些字体的特征。

dwFlags 主要设置一个或多个与选择的字体相关的标记。

pdcPrinter 指向打印设备环境的指针。

pParentWnd 指向字体对话框父窗口的指针。

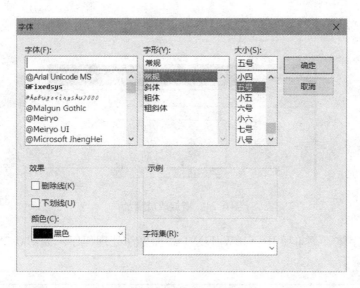

图 6.22 字体通用对话框

### 6.4.2 字体设置实例

【例 6.3】在单文档应用程序窗口的客户区显示指定格式的文本。

（1）在 Visual Studio2010 下，选择【文件】→【新建】→【项目】命令；在【新建项目】对话框下，选择【MFC 应用程序】，输入名称"Ex6_3"，单击【确定】按钮。

（2）在【MFC 应用程序向导】中选择【单个文档】应用程序。

（3）选择【视图】/【资源视图】菜单下的 Menu，双击"IDR_MAINFRAME"菜单编辑器窗口，添加"视图"下一级菜单"字体"，其 ID 号为 ID_VIEW_FONT，如图 6.23 所示。

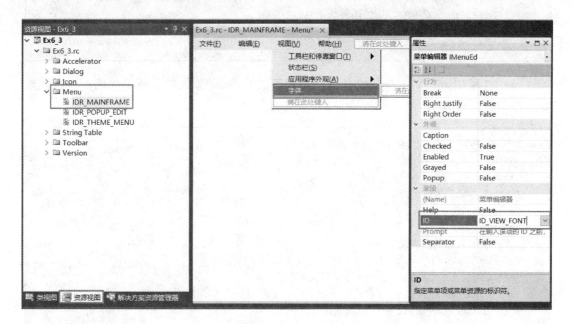

图 6.23 增加字体菜单

（4）增加成员变量。在视类 CEx6_3View.h 文件的类声明中添加两个成员变量，如图 6.24 所示。

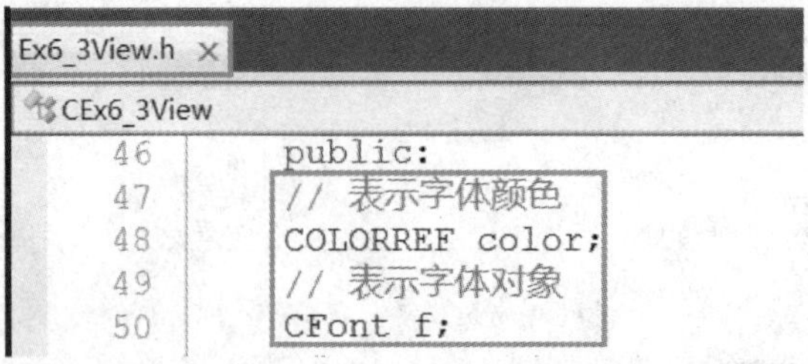

```
Ex6_3View.h ×
CEx6_3View
46        public:
47            // 表示字体颜色
48            COLORREF color;
49            // 表示字体对象
50            CFont f;
```

图 6.24　增加成员变量

（5）为"字体"菜单项 ID_VIEW_FONT 添加事件处理程序，如图 6.25 和图 6.26 所示，代码如下所示。

```cpp
//字体菜单项操作
void CEx6_3View::OnViewFont()
{
    // TODO：在此添加命令处理程序代码
    CFontDialog dlgFont; //声明字体对话框对象
    if(dlgFont.DoModal() == IDOK)
    {
        f.DeleteObject();//切断字体资源,f 为新增加的字体对象
        LOGFONT LogF;
        dlgFont.GetCurrentFont(&LogF);//获取当前字体的对话框
        f.CreateFontIndirectW(&LogF);
        color = dlgFont.GetColor(); //获取用户所选择的颜色,color 为新增加的字体颜色
        Invalidate(); //调用绘图刷新函数
    }
}
```

（6）打开 CEx6_3View.cpp 文件，在绘图函数 OnDraw 添加如下所示代码，运行效果如图 6.27～图 6.30 所示。

```cpp
void CEx6_3View::OnDraw(CDC* pDC)
{
    CEx6_3Doc* pDoc = GetDocument();
    ASSERT_VALID(pDoc);
    if (!pDoc)
        return;
    // TODO：在此处为本机数据添加绘制代码
    CFont * Old = pDC -> SelectObject(&f);//设置字体
    pDC -> SetTextColor(color);//设置文本颜色
    pDC -> TextOutW(10,10,_T("使用公用字体对话框动态设置字体"));//在文档中显示文本
    pDC -> SelectObject(Old);//恢复设备环境
}
```

图 6.25 "添加事件处理程序"菜单项

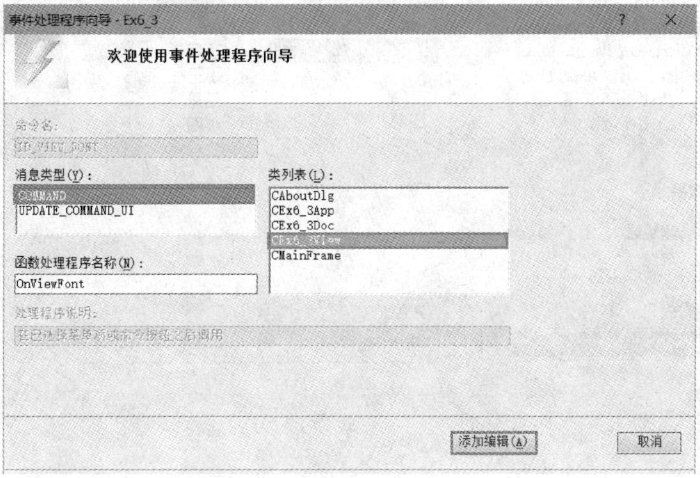

图 6.26 事件处理程序向导

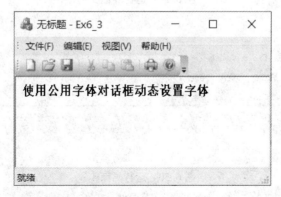

图 6.27 运行界面 1

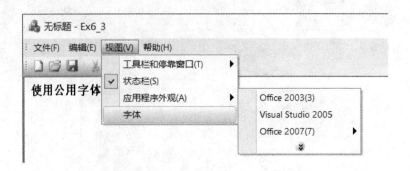

图 6.28    运行界面 2

字体

| 字体(F): | 字形(Y): | 大小(S): | |
| --- | --- | --- | --- |
|  | 粗斜体 | 二号 | 确定 |
| @Fixedsys | 常规 | 小一 | 取消 |
| @Malgun Gothic | 斜体 | 二号 |  |
| @Microsoft JhengHei | 粗体 | 小二 |  |
| @Microsoft JhengHei UI | 粗斜体 | 三号 |  |
| @Microsoft YaHei UI |  | 小三 |  |
| @MingLiU_HKSCS-ExtB |  | 四号 |  |
| @MingLiU-ExtB |  | 小四 |  |

效果

☐ 删除线(K)

☐ 下划线(U)

颜色(C):

红色

示例

字符集(R):

图 6.29    运行界面 3

使用公用字体对话框动态设置字体

图 6.30    运行界面 4

# 6.5 图像操作编程实例

## 6.5.1 图像操作原理

图像处理程序有很多功能，例如图像文件读取、图像旋转、缩放、反转、柔化等。图像处理有这么多强大的功能，那它是怎么工作的呢？简单地说，图像处理就是对图像像素值的简单操作。

图像操作程序主要是利用 PictureBox 控件和 Bitmap 类对象，在打开一个图像时，可以利用 PictureBox 控件的 Image 属性的 GetPiexl 方法访问图像的像素值；为加速图像处理的过程，可以在图像装入时就读取图像的像素值。将获得的各像素值的红、绿、蓝各颜色的分量存放在一个结构变量数组中，这样就可以在对同一图像采取多种处理时，而不必重复读取每个像素的值，这样就会加快应用程序的运行。

## 6.5.2 图像操作程序

【例6.4】创建一个基于对话框的应用程序，实现图像读入、图像旋转、图像缩放和保存图像，程序运行界面如图 6.31 所示。

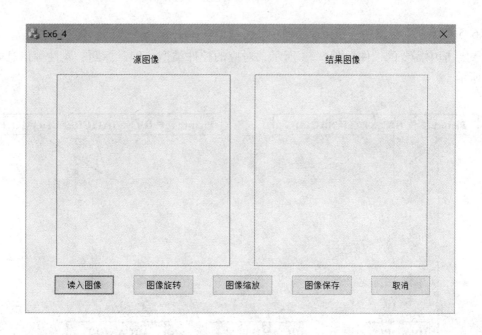

图 6.31 运行界面

### 6.5.2.1 创建基于对话框应用程序的具体步骤

(1) 在 Visual Studio2010 下，选择【文件】→【新建】→【项目】命令；在【新建项目】对话框下，选择【MFC 应用程序】，输入名称"Ex6_4"，单击【确定】按钮。

(2) 在【MFC 应用程序向导】中选择【基于对话框】应用程序，单击【完成】。

#### 6.5.2.2　设置对话框的属性

选中新建对话框，在其属性窗口中 Caption 中输入"图像操作应用程序"，如图6.32所示；对话框标题栏将被更改为"图像操作应用程序"，如图6.33所示。

图6.32　Caption 属性设置

图6.33　Caption 属性显示效果

#### 6.5.2.3　添加控件并设置属性

对话框中需要的控件如图6.34所示，对应的控件类型、ID、标题、属性等信息如表6.3所示。

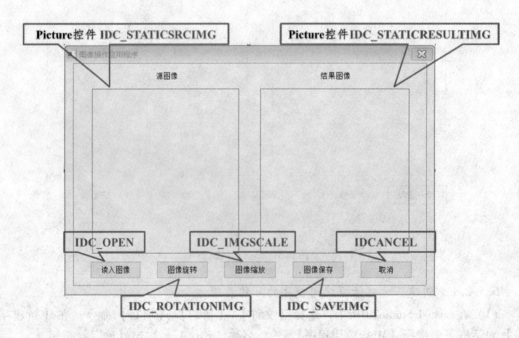

图6.34　坐标转换应用程序控件布局

表 6.3 控件的基本设置

表 6.3 控件的基本设置

| 控件 | 控件 ID 号 | 标题 | 属性 |
|---|---|---|---|
| Picture 控件 | IDC_STATICSRCIMG | — | 默认 |
| | IDC_STATICRESULTIMG | — | 默认 |
| 按钮 | IDC_OPEN | 读入图像 | 默认 |
| | IDC_ROTATIONIMG | 图像旋转 | 默认 |
| | IDC_IMGSCALE | 图像缩放 | 默认 |
| | IDC_SAVEIMG | 图像保存 | 默认 |
| | IDC_CANCEL | 取消 | 默认 |

### 6.5.2.4 增加成员变量

定义两个 CImage 类对象，一个用来存储原始影像，一个用来保存处理后的影像，如图 6.35 和图 6.36 所示。

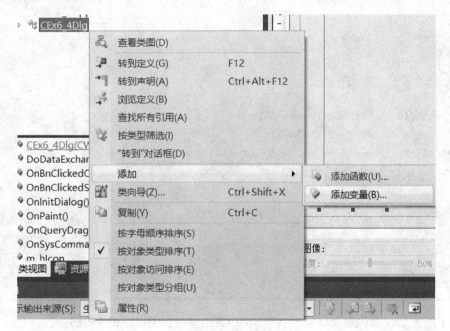

图 6.35 添加变量菜单项

图 6.36 CImage 类对象

说明：为什么引入 CImage 类。

CBitmap 类只能处理 BMP 格式的图片，非常受限；而 CImage 可以处理 JPGE、GIF、BMP、PNG 多种格式图片，扩展了图片处理功能且能与 CBitmap 进行转换（因为所载入的位图句柄都是 HBITMAP，所以可相互转换），因此引入 CImage 类进行图像处理。

### 6.5.2.5　建立消息映射

（1）"读入图像"命令按钮：

```
//读入图像命令按钮,打开原始影像
void CEx6_4Dlg::OnBnClickedOpen()
{
    // TODO: 在此添加控件通知处理程序代码
    CString strFilter;
    strFilter = "JPEG图像文件|*.jpg|位图文件|*.bmp|GIF图像文件|*.gif|PNG图像文件
|*.png|TIF图像文件|*.tif||";
    CFileDialog dlg(TRUE, NULL, NULL, OFN_FILEMUSTEXIST, strFilter);
    if(IDOK != dlg.DoModal())
        return;
    m_Image.Destroy();
    HRESULT hResult;
    // 将外部图像文件装载到CImage对象中
    CString str = dlg.GetPathName();
    hResult = m_Image.Load(dlg.GetPathName());
    if (FAILED(hResult))
    {
        MessageBox(_T("调用图像文件失败!"));
        return;
    }
    Invalidate(); // 调用 OnPaint
}
```

为了能够实现图像显示，需要完善 void CEx6_4Dlg::OnPaint( )代码：

```
void CEx6_4Dlg::OnPaint()
{
    if (IsIconic())
    {
        CPaintDC dc(this); // 用于绘制的设备上下文
        SendMessage(WM_ICONERASEBKGND,
reinterpret_cast<WPARAM>(dc.GetSafeHdc()), 0);
        // 使图标在工作区矩形中居中
        int cxIcon = GetSystemMetrics(SM_CXICON);
        int cyIcon = GetSystemMetrics(SM_CYICON);
```

```
        CRect rect;
        GetClientRect(&rect);
        int x = (rect.Width() - cxIcon + 1) / 2;
        int y = (rect.Height() - cyIcon + 1) / 2;
        // 绘制图标
        dc.DrawIcon(x, y, m_hIcon);
    }
    else
    {
        // 获得显示控件的 DC
        CDC* pDC = GetDlgItem(IDC_STATICSRCIMG) -> GetDC();
        CDialog::OnPaint();
        CDialog::UpdateWindow();
        if (! m_Image.IsNull())
        {
            CRect rectdst;
            GetDlgItem(IDC_STATICSRCIMG) -> GetClientRect(&rectdst);
            m_Image.Draw(pDC -> m_hDC, rectdst);
        }
    }
}
```

显示效果如图 6.37 所示。

图 6.37 读入图像显示效果

(2)"图像旋转"命令按钮。

1)添加图像旋转函数,如图 6.38 和图 6.39 所示。

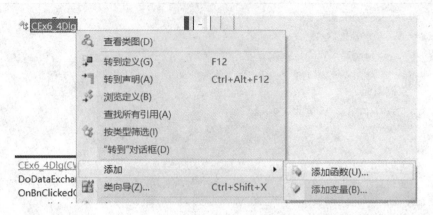

图 6.38　添加函数菜单项

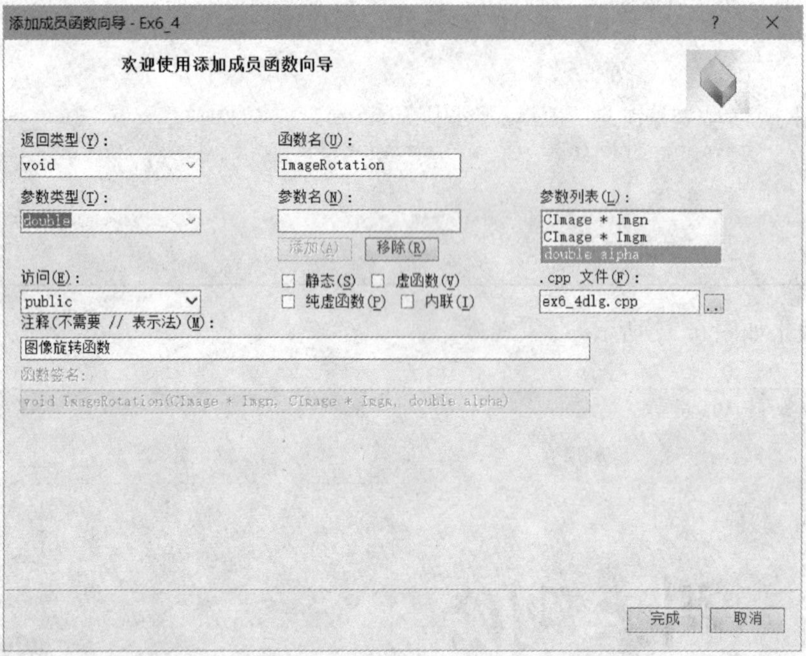

图 6.39　添加成员函数向导

代码如下所示：

```cpp
//图像旋转函数
void CEx6_4Dlg::ImageRotation(CImage *  Imgn, CImage *  Imgm, double alpha)
{
    int ww, Dx, Dy, bpd;
    double centerx, centery, sintheta, costheta;
    double X1, Y1, X2, Y2, theta, xx, yy, rr;
    BYTE * * list, * sc, * lp;
```

```
int x, y;
Dx = Imgm -> GetWidth();
Dy = Imgm -> GetHeight();
sc = (BYTE*) malloc(2* (Dx* Imgm -> GetBPP() +31)/32* 4);    //申请工作单元
list = (BYTE* *) malloc(Dy* sizeof(BYTE*));                  //对原位图建立二维数组
for (int i = 0; i < Dy; i ++)
{
    list[i] = (BYTE*) Imgm -> GetPixelAddress(0, i);
}
centerx = Dx/2.0 +0.5;                                       //计算位图中心位置
centery = Dy/2.0 +0.5;
rr = sqrt(centerx* centerx + centery* centery);             //计算对角线长度
theta = atan(centery/centerx);
X1 = fabs(rr* cos(alpha + theta)) +0.5;
Y1 = fabs(rr* sin(alpha + theta)) +0.5;
X2 = fabs(rr* cos(alpha - theta)) +0.5;
Y2 = fabs(rr* sin(alpha - theta)) +0.5;
if (X2 > X1)    X1  =  X2;                                   //得外接矩形宽度
if (Y2 > Y1)    Y1  =  Y2;                                   //外接矩形高度
ww = (int)(2 *  X1);
Imgn -> Destroy();
Imgn -> Create(ww,(int)(2* Y1 +1),Imgm -> GetBPP());        //建立结果位图
bpd = Imgm -> GetBPP()/8;
sintheta = sin(alpha);
costheta = cos(alpha);
for (int j = (int)(centery - Y1),Yd = 0; j < = (centery + Y1); j ++,Yd ++)
{
    if (Imgm -> GetBPP() ==8)
        memset(sc,255,ww);                                  //256 色位图像素行置背景值
    else
        memset(sc,255,ww* bpd);                             //真彩色位图像素行置背景值
    for (int i = (int)(centerx - X1),Xd = 0; i < = centerx + X1; i ++,Xd + = bpd)
    {
        xx = centerx + costheta* (i - centerx) + sintheta* (j - centery);
        yy = centery - sintheta* (i - centerx) + costheta* (j - centery);
        x = (int)(xx + 0.5);
        y = (int)(yy + 0.5);
        if (x < 0 ‖ x > = Imgm -> GetWidth() ‖ y < 0 ‖ y > = Imgm -> GetHeight())
            continue;
        if (x == Imgm -> GetWidth())    x --;
        if (y == Imgm -> GetHeight())    y --;
        memcpy(&sc[Xd],&list[y][x* bpd],bpd);       //从源位图复制像素数据
```

```
        }
        lp = (BYTE*) Imgn -> GetPixelAddress(0,Yd);        //处理结果总结果位图
        memcpy(lp,sc,ww* bpd);
    }
    free(list);                                            //释放工作单元
    free(sc);
}
```

2）添加图像显示 ShowResultImg 函数，如图 6.40 所示。

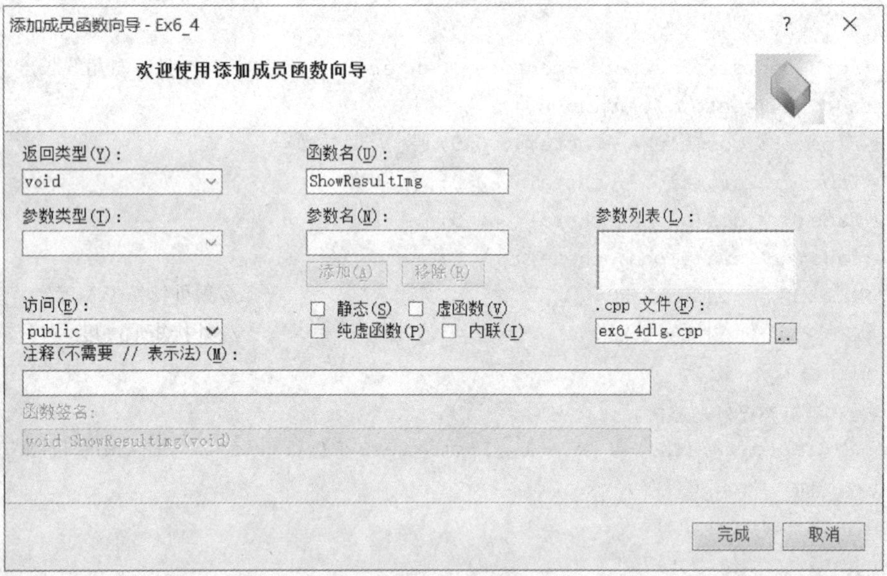

图 6.40　添加成员函数向导

代码如下所示：

```
//图像显示函数
void CEx6_4Dlg::ShowResultImg(void)
{   CDC* pDC = GetDlgItem(IDC_STATICRESULTIMG) -> GetDC();// 获得显示控件的 DC
    CDialog::OnPaint();
    CDialog::UpdateWindow();
    if (! m_ImageResult.IsNull())
    {   CRect rectdst;
        GetDlgItem(IDC_STATICRESULTIMG) -> GetClientRect(&rectdst);
        m_ImageResult.Draw(pDC -> m_hDC, rectdst);
    }
}
```

3）"图像旋转"添加事件处理程序，如图 6.41 所示。

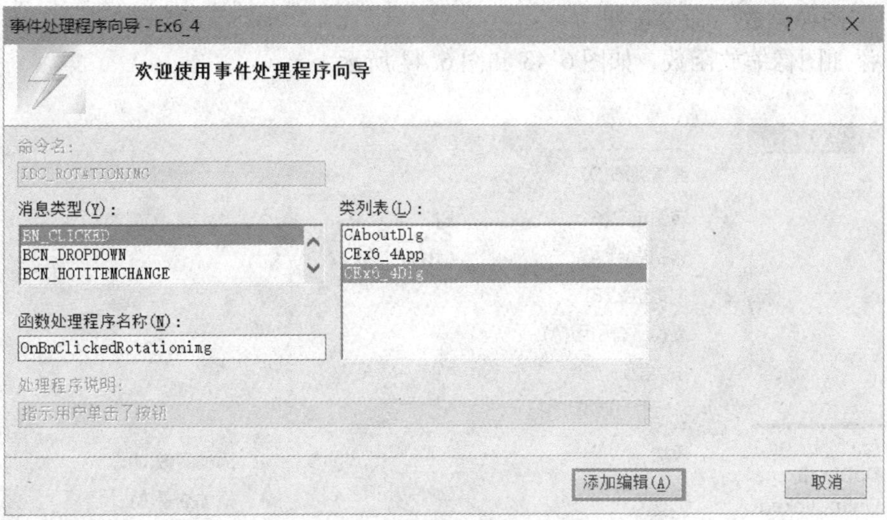

图 6.41 添加成员函数向导

代码如下所示，显示效果如图 6.42 所示。

```
//图像旋转命令按钮
void CEx6_4Dlg::OnBnClickedRotationimg()
{
    // TODO: 在此添加控件通知处理程序代码
    ImageRotation(&m_ImageResult,&m_Image, 0.52);
    ShowResultImg();
}
```

图 6.42 图像旋转显示效果

（3）"图像缩放"命令按钮。

1）添加图像缩放函数，如图 6.43 和图 6.44 所示。

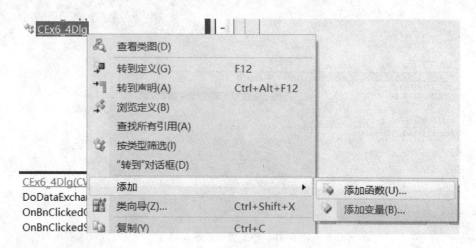

图 6.43　添加函数菜单项

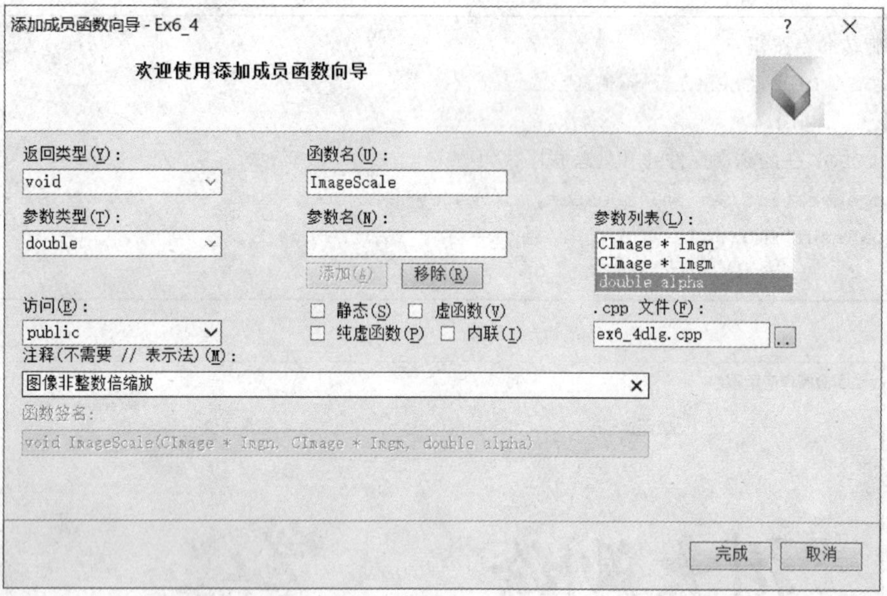

图 6.44　添加成员函数向导

代码如下所示：

```
// //图像非整数倍缩放
void CEx6_4Dlg::ImageScale(CImage *  Imgn, CImage *  Imgm, double alpha)
{
    int nSize;
    BYTE * * list, * sc,* lp;
```

```
    int Dx, Dy, x, y, bpd;
    Dx = (int)(alpha *  Imgm -> GetWidth());      //计算结果位图宽度
    Dy = (int)(alpha *  Imgm -> GetHeight());      //计算结果位图高度
    Imgm -> Destroy();
    Imgn -> Create(Dx, Dy, Imgm -> GetBPP());      //建立结果位图
    bpd = Imgm -> GetBPP()/8;
    nSize = (Dx *  Imgm -> GetBPP() + 31) / 32 * 4;      //计算工作单元大小
    sc = (BYTE*) malloc(nSize);      //申请像素行工作单元
    // 申请指针数组
    list = (BYTE* *) malloc(Imgm -> GetHeight() * sizeof(BYTE*));
    for (int i = 0;i < Imgm -> GetHeight();i ++)
        list[i] = (BYTE*) Imgm -> GetPixelAddress(0, i);      //生成二维数组
    for (int j = 0;j < Dy;j ++)
    {
        y = int(j/alpha + 0.5);
        for (int i = 0;i < Dx;i ++)
        {
            x = int(i/alpha + 0.5);                //x1,y1 为整数部分
            if (x > Imgm -> GetWidth() || y > Imgm -> GetHeight())      // 范围检查
            {
                continue;
            }
            if(x == Imgm -> GetWidth())      x --;
            if(y == Imgm -> GetHeight())      y --;
            memcpy(&sc[i* bpd],&list[y][x* bpd],bpd);      //从源位图复制像素数据
        }
        lp = (BYTE*) Imgn -> GetPixelAddress(0,j);      //处理结果总结果位图
        memcpy(lp,sc,Dx* bpd);
    }
    free(sc);      //释放工作单元
    free(list);
}
```

2）添加图像重载显示函数，如图 6.45 所示。

代码如下所示：

```
// 显示函数重载
void CEx6_4Dlg::ShowResultImg(float scale)
{ // 获得显示控件的 DC
    CDC* pDC = GetDlgItem(IDC_STATICRESULTIMG) -> GetDC();
    CDialog::OnPaint();
    CDialog::UpdateWindow();
```

```
    if (! m_ImageResult.IsNull())
    {
        CRect rectdst;
        GetDlgItem(IDC_STATICRESULTIMG)->GetClientRect(&rectdst);
        rectdst.right = int(rectdst.right* scale);
        rectdst.bottom = int(rectdst.bottom* scale);
        m_ImageResult.Draw(pDC->m_hDC,rectdst);
    }
}
```

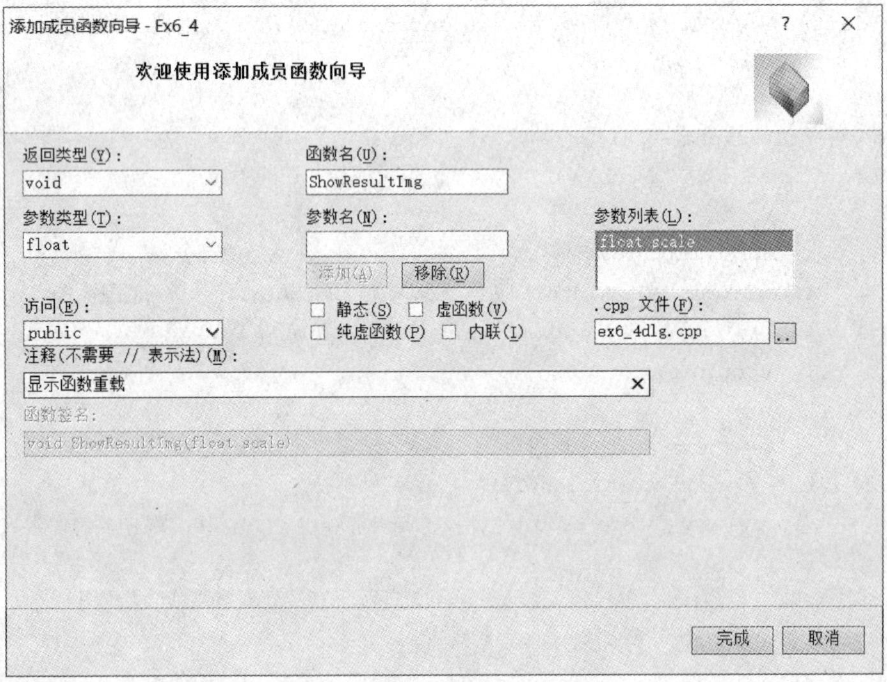

图 6.45　添加成员函数向导

3）"图像缩放"添加事件处理程序，如图 6.46 所示；显示效果如图 6.47 所示。
代码如下所示：

```
//图像缩放命令按钮
void CEx6_4Dlg::OnBnClickedImgscale()
{
    // TODO：在此添加控件通知处理程序代码
    ImageScale(&m_ImageResult,&m_Image, 0.5);
    ShowResultImg(0.5);
}
```

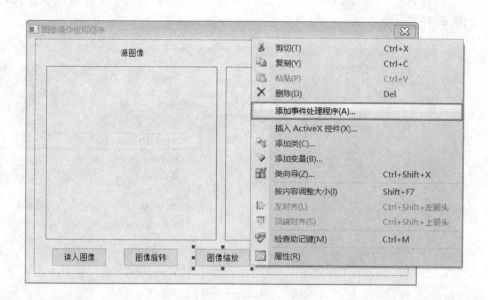

图 6.46 添加函数菜单项

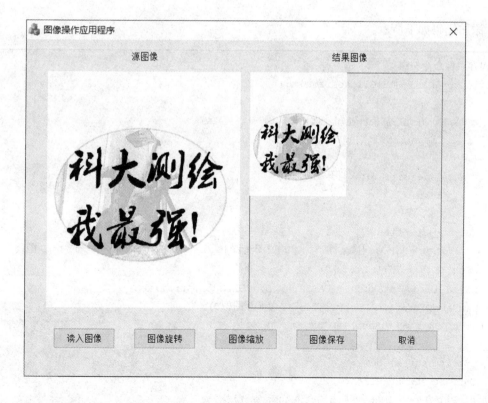

图 6.47 图像缩放显示效果

（4）"图像保存"命令按钮。在"图像保存"命令按钮上右击"添加事件处理程序"，如图 6.48 所示。

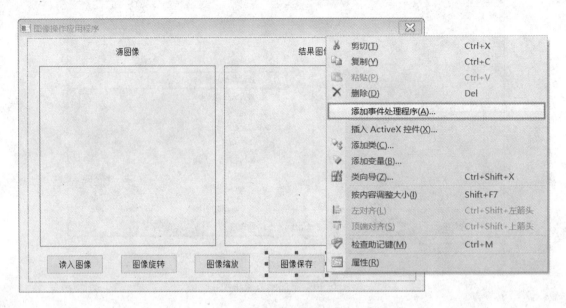

图 6.48　添加函数菜单项

添加代码如下所示：

```
//保存图像命令按钮
void CEx6_4Dlg::OnBnClickedSaveimg()
{
    // TODO: 在此添加控件通知处理程序代码
    if (m_Image.IsNull())
    {
        MessageBox(_T("未打开图片!"));
        return;
    }
    CString strFilter;
    strFilter = "JPEG 图像文件 |* . jpg |位图文件 |* . bmp |GIF 图像文件 |* . gif |PNG 图像文件
|* . png |TIF 图像文件 |* . tif ‖";
    CFileDialog ImgSaveDlg(FALSE,NULL,NULL,NULL,strFilter);
    ImgSaveDlg.m_ofn.lpstrTitle = _T("保存图像");
    if (IDOK ! = ImgSaveDlg.DoModal())
        return;
    CString strFileName;
    CString strExtension;
    strFileName = ImgSaveDlg.GetPathName();
    switch (ImgSaveDlg.m_ofn.nFilterIndex)
    {
```

```
case 1:
    strExtension = "bmp"; break;
case 2:
    strExtension = "jpg"; break;
case 3:
    strExtension = "gif"; break;
case 4:
    strExtension = "png"; break;
case 5:
    strExtension = "tif"; break;
default:
    break;
}

    strFileName = strFileName + _T(".") + strExtension;
//图像保存
HRESULT hResult = m_Image. Save (strFileName);
if (FAILED(hResult))
{
    MessageBox(_T("保存图像文件失败!"));
}
}
```

# 7 文档/视图程序设计

目前常用的各种 Windows 程序中，很多是以文档、视图结构为基础的。MFC 的文档/视图（Document/View）结构将数据管理和数据显示的职能分开，数据由文档对象管理，而数据显示的实现则由视图对象负责，两者配合共同完成用户数据处理和数据的文字/图形表示。该体系结构属于 MFC 开发应用程序的一种规范，可以使软件组件的分工更加明确，形成高度模块化的操作。

几乎每一个软件都致力于数据的处理，毕竟信息以及数据的管理是计算机技术的主要用途。把数据管理和显示方法分离开来，需要考虑下面几个议题：

（1）程序的哪一部分拥有数据；

（2）程序的哪一部分负责更新数据；

（3）如何以多种方式显示数据；

（4）如何让数据的更改有一致性；

（5）如何储存数据（放到永久储存装置上）；

（6）如何管理使用者接口，不同的数据类型可能需要不同的使用者接口，而一个程序可能管理多种类型的数据。

为了统一和简化数据处理方法，微软公司在 MFC 中提出了文档/视图结构的概念，其办公软件 Office 中的系列程序就是典型的采用文档/视图结构的应用程序，它们代表了Windows 应用程序的标准风格。

## 7.1 概　　述

Visual C++ 中的 MFC 常用的 3 种应用程序为：单文档界面（SDI）、多文档界面（MDI）和基于对话框的应用程序。

SDI 的应用程序只支持打开一个文档。Windows 中的 Notepad（记事本）就是 SDI 的应用程序的一个典型例子。

而 MDI 的应用程序每次可以读写多个文件或文档，可以同时有多个子窗口，对多个文档进行操作。WPS2019 就是 MDI 的应用程序的典型例子。

MFC 隐藏了两者之间的许多差别，用户在使用应用程序向导创建 SDI 和 MDI 应用程序时，SDI 与 MDI 的主要差别在于 SDI 应用程序不生成 CChildFrame 类，CMainFrame 类的基类为 CFrameWndEx；MDI 应用程序有 CChildFrame 类，CMainFrame 类的基类为 CMDIFrameWndEx。

MFC 对"文档"的设计思想是：一个类中的所有成员变量，可以通过文档/视图的串行化（Serialize）机制，既能够保存到一个文件中去，也能够从一个文件中读出并加载到该类相应的成员变量中去。

文档和视图联合起来处理用户数据，并绘制结果数据的文字/图形表示。应用程序的数据由文档对象负责处理和保存，而数据的可视化表示则通过视图对象实现。MFC 中文档对象的基类是 CDocument，视图对象的基类是 CView。文档/视图的操作在窗口框架类中实现。

MFC 给用户提供 Document/View 结构，将一个应用程序所需要的"数据处理与显示"的函数空壳（构架）都设计好了。但这些函数都是虚函数，我们可以在派生类中重写这些函数。那些与文件读写有关的操作在 CDocument 的 Serialize 函数中进行，与数据和图形显示有关的操作在 CView 的 OnDraw 函数中进行。因此，我们仅需要关注 Serialize 和 On-Draw 函数就可以了。

### 7.1.1　文档/视图的概念

利用应用程序向导生成单文档和多文档程序框架时，由它所创建的各个类在一起工作，构成一个相互关联的结构。此结构称为文档/视图结构。在这个框架中，数据的维护及其显示分别由两个不同但又彼此紧密相关的类——文档类和视图类负责。

由 CWinApp 类派生的应用程序对象（即一个运行的应用程序）扮演几种角色：管理应用程序的初始化，负责保持文档、视图、框架窗口类之间的关系，接收 Windows 消息，将消息调度到需要的目标窗口。

框架窗口对象提供了一个应用程序的主窗口。通常窗口包含了一个最大/最小化按钮、标题栏和系统菜单，还可以用来处理工具条和状态条的创建、初始化和销毁。

文档是用来保存应用程序中与用户交互的数据以及数据处理的集合，每当 MFC SDI/MDI 响应 File（Open）/File（New）的时候，都会打开一份文档。文档可以拥有多个视图。文档的任务是对数据进行管理和维护，数据通常被保存在文档类的成员变量中。

视图在 Windows 中就是一个窗口，也就是一个可视化的矩形区域。视图的作用是显示和编辑文档数据。但是每个视图必须依附于一个概架（SDI 中是 MainFrame，MDI 中是 ChildFrame）。当然你可以自己去创建（用 Create 函数）一个视图，并且去显示它。视图类是文档和用户之间的中介。视图可以直接或间接的访问文档类中的这些成员变量，从文档类中将数据读出来，然后在屏幕上显示。值得注意的是，虽然每个文档可以有多个视图，但每个视图只能对应于一个确定的文档。例如，一个 *.txt 文件在记事本和在写字板里中打开的表现形式是不同的，但它们打开的是同一文件，这就是一个文档对应不同的视图。

至于框架，它实际上也是一个 Windows 窗口。在框架上可以放置菜单、工栏栏、状态栏等，而视图则放在框架的客户区。因此，MFC 中看到的窗口实际上是 Frame 和 View 共同作用的结果。框架窗口负责文档与视图的界面管理，当框架窗口关闭时，在其中的视图也自动删除。

在文档/视图应用程序中，文档模板（Document Template）负责创建文档/视图结构。一个应用程序对象可以管理一个或多个文档模板，每个文档模板用于创建和管理一个或多个同种类型的文档（这取决于应用程序是 SDI 程序还是 MDI 程序）。那些支持多种文档类型（如电子表格和文本）的应用程序，有多种文档模板对象。应用程序中的每一种文档都必须有一种文档模板和它相对应。如果应用程序既支持绘图又支持文本编辑，就需要一种绘图文档模板和一种文本编辑模板。

MFC 提供了一个文档模板类 CDocTemplate 支持文档模板。文档模板类是一个抽象类，它定义了文档模板的基本处理函数接口。由于它是一个抽象类，因此不能直接用它来定义对象，而是必须用它的派生类。对一个单文档界面程序，使用 CSingleDocTemplate 类（单文档模板类）；而对于一个多文档界面程序，使用 MultiDocTemplate 类（多文档模板类）。

文档模板定义了文档、视图和框架窗口这 3 个类的关系。通过文档模板，可以在创建或打开一个文档时，选择用什么样的视图、框架窗口来显示它。这是因为文档模板保存了文档和对应的视图和框架窗口的 CRuntimeClass 对象的指针。此外，文档模板还保存了所支持的全部文档类的信息，包括这些文档的文件扩展名信息、文档在框架窗口中的名字、代表文档的图标等。

### 7.1.2  SDI 程序中文档、视图对象的创建过程

SDI 程序中，框架窗口、文档和视图的关联是在应用程序类的 InitInstance 成员函数中通过文档模板类完成的，通过如图 7.1 所示代码注册应用程序的文档模板，用作文档、框架窗口和视图之间的连接。

```
Ex7_1.cpp* ×   MainFrm.cpp    MainFrm.h    Ex7_1View.h
CEx7_1App                                              InitInstance()
110      // 注册应用程序的文档模板。文档模板
111      // 将用作文档、框架窗口和视图之间的连接
112      CSingleDocTemplate* pDocTemplate;
113      pDocTemplate = new CSingleDocTemplate(//创建单文档模板类对象
114          IDR_MAINFRAME,
115          RUNTIME_CLASS(CEx7_1Doc),//CEx7_1Doc是应用程序中的文档类
116          RUNTIME_CLASS(CMainFrame), //CMainFrame是应用程序中的框架窗口
117          RUNTIME_CLASS(CEx7_1View));//CEx7_1View是应用程序中的视图类
118      if (!pDocTemplate)
119          return FALSE;
120      AddDocTemplate(pDocTemplate);
```

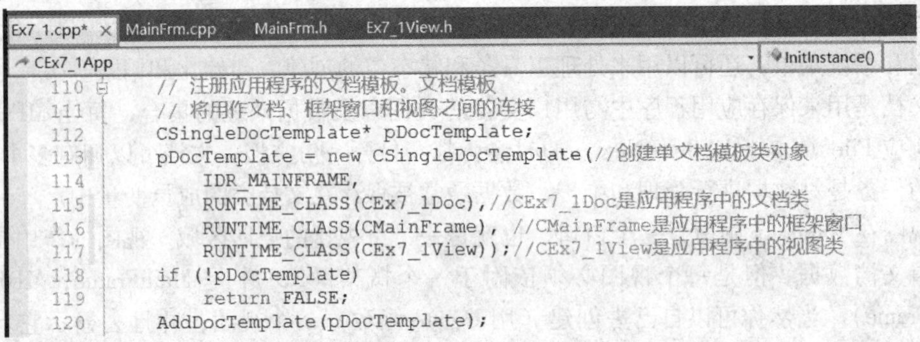

图 7.1  注册应用程序的文档模板

从上面的程序中可以看到：系统首先创建了一个单文档模板对象指针，该指针主要用来将程序中的文档类、视图类和框架窗口类联系在一起进行管理。在单文档模板类的构造函数的参数中，含有资源的 ID 和文档、视图和框架窗口的类名和 RUNTIME_CLASS 宏。该宏对于所制定的类返回指向 CRuntimeClass 的指针，主要目的是使得主结构可以在运行的时候动态创建这些类的对象。

如果是多文档应用程序，定义的文档模板对象是 CMultiDocTemplate 类的对象。如果多文档应用程序需要处理多种类型的文档对象，需要分别定义相应的文档模板对象。

在创建单文档和多文档应用程序的时候，创建了一系列类，其中多文档比单文档多了一个 CChildFrame 类，其余的都一样。Ex7_1 为单文档应用程序，Ex7_2 为多文档应用程序，两者的对比如图 7.2 所示。

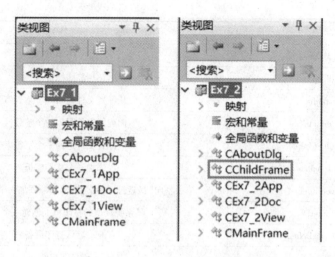

图 7.2 单文档和多文档应用程序对比

# 7.2 文档/视图框架的主要成员

文档/视图结构对数据进行管理和维护，数据保存在文档类的成员变量中，文档/视图框架虽然可以调用很多不同的类，但核心类只有 CWinApp、CDocument、CView 和 CFrameWnd。MFC 框架实际上是为用户提供了一个 Windows 程序的模板。之所以称之为模板，是因为它为应用程序提供了很多默认的行为。

## 7.2.1 CWinApp 类

CWinApp 类代表主程序。CWinApp 本身是不可见的，它负责维护进程的启动、终止、消息循环、命令行参数和资源管理。其中 InitInstance 与 ExitInstance 是最常重载的两个方法，其他成员提供了一些基本功能和基本信息，如表 7.1 所示。

表 7.1 CWinApp 类常用的成员及方法

| 成 员 | 描 述 |
| --- | --- |
| m_hInstance | 当前实例句柄 |
| m_bHelpMode | 布尔值，当为"真"时，支持 Shift + F1 作为"帮助"的快捷键 |
| m_lpCmdLine | 命令行参数 |
| m_nCmdShow | 窗口初始化状态参数 |
| m_pszExeName | 可执行文件名 |
| m_pszProfileName | 基于应用程序名的默认名字 |
| m_pszHelpFilePath | 默认文件路径 |
| m_pszRegisterKey | 配置注册表主键值 |
| LoadCursor | 加载光标资源 |
| LoadStandardCursor | 加载标准光标 |

| 成　员 | 描　述 |
|---|---|
| LoadOEMCursor | 加载 OEM 光标 |
| LoadIcon | 加载图标资源 |
| GetProfileInt | 从配置文件返回一个整数值 |
| WriteProfileInt | 向配置文件写入一个整数值 |
| GetProfileString | 从配置文件返回一个字符串 |
| AddDocTemplate | 添加一个文档模板 |
| AddToRecentFileList | 向"最近打开的文件"菜单项添加一个字符串 |
| CreatePrinterDC | 从系统默认的打印机上创建一个 DC |
| GetPrinterDeviceDefaults | 获取默认打印设备 |
| OnFileNew( ) | 创建新文件 |
| OnFileOpen( ) | 打开一个文件 |

## 7.2.2　CDocument 类

　　MFC 中的文档是指应用程序中与用户交互的数据以及数据处理的集合。在文档/视图结构中，文档是应用程序数据的抽象表示，文档对象为其他对象（主要是视图对象）提供公用的成员函数，以便这些对象可以方便地访问数据。

　　文档类都是从 CDocument 类中派生的，而 CDocument 类派生自 CObject，因此文档类支持 CObject 的所有性质，包括动态创建、文档访问、运行时类型识别等。同时，CDocument 还继承了 CCmdTarget，因此可以接收来自菜单或工具栏的 WM_COMMOND 消息。MFC 的 CDocument 只定义了函数，并没有具体的功能实现代码，需要派生出自己的类，并在派生类中添加数据成员和成员函数来支持对数据的处理，如图 7.3 所示。CDocument 类提供了文档类所需要的最基本的功能实现，它提供的方法主要有一般方法和虚拟方法，如表 7.2 所示。

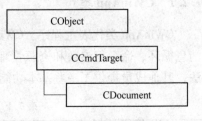

图 7.3　CDocument 类层次关系

表 7.2　CDocument 类的一般方法

| 方　法 | 说　明 |
|---|---|
| GetTitle( ) | 获得文档标题 |
| SetTitle( ) | 设置文档标题 |
| GetPathName( ) | 获得文档数据文件的路径字符串 |
| SetPathName( ) | 设置文档数据文件的路径字符串 |
| ClearPathName | 清除路径名称 |
| GetDocTemplate( ) | 获得指向描述文档类型的文档模板的指针 |
| AddView( ) | 对与文档相关联的视图列表添加指定的视图 |

| 方　　法 | 说　　明 |
|---|---|
| RemoveView( ) | 从文档视图列表中删除视图 |
| UpdateAllViews( ) | 更新所有视图 |
| DisconnectViews( ) | 使文档与视图相分离 |
| GetFile( ) | 获得指向 CFile 类型的指针 |

CDocument 的一般方法，为文档对象以及文档和其他对象（如视图对象、应用程序对象以及框架窗口等）交互的实现提供了一个框架。

CDocument 类提供的虚拟方法（如表 7.3 所示），可以在应用程序中重写它们，实现对基类成员方法的覆盖，使其成为 CDocument 派生类中方法。

表 7.3　CDocument 类的虚拟方法

| 方　　法 | 说　　明 |
|---|---|
| OnNewDocument( ) | 由 MFC 调用来建立文档 |
| OnOpenDocument( ) | 由 MFC 调用来打开文档 |
| OnSaveDocument( ) | 由 MFC 调用来保存文档 |
| OnCloseDocument( ) | 由 MFC 调用来关闭文档 |
| CanCloseFrame( ) | 确定观察文档的框架窗口是否被允许关闭 |
| DeleteContents( ) | 在未撤销文档对象时删除文档数据 |
| ReleaseFile( ) | 释放文件以允许其他应用程序使用 |
| SaveModified( ) | 查询文档的修改状态并存储修改的文档 |
| IsModified( ) | 确定文档从它最后一次存储后是否被修订过 |
| SetModifiedFlag( ) | 设置文档从它最后一次存储后是否被修订过的布尔值 |
| GetFirstViewPosition( ) | 获得视图列表头的位置 |
| GetNextView( ) | 获得视图列表的下一个视图 |

CDocument 类的虚拟方法中，最常用的是 SetModifiedFlag( ) 和 UpdateAllViews( )。文档内容被修改之后，一般要调用 SetModifiedFlag( ) 来设定一个标志，在 MFC 关闭文档之前，提示用户保存该数据。UpdateAllViews( ) 刷新所有和文档关联的视图。实际上该函数调用各个视图类的 OnUpdate( ) 函数，这样做可以保证各个视图与文档内容之间的同步。

用户还可以通过使用函数 GetFirstViewPosition( ) 和 GetNextView( ) 得到和文档关联的视图指针，从而进一步逐个对视图进行操作。

文档最主要的功能为：

（1）打开保存文档。

（2）维护文档相关的视图列表。

（3）维护文档修改标志。

（4）通过电子邮件发送文档。

用户修改文档数据的时候，会调用 SetModifiedFlag 方法来标志数据被更改过。当程序关闭该文档关联的最后一个视图的时候，文档会自动提示保存修改。

从 CDocument 类派生新的文档类的一般过程如下：

（1）为每一个文档类型从 CDocument 类派生一个相应的文档类。

（2）为文档类添加成员变量，这些变量主要用来保存文档的数据，并使其他的对象（如视图对象）可以访问这些成员变量，从而实现文档和视图的相互搭配使用。

（3）重载 Serialize 成员函数，实现文档数据的串行化。

说明：串行化也称序列化（Serialize），指将内存中的对象数据保存到永久介质，或者从永久介质中读取数据来重建对象，即维持一个对象的持续存在。文档序列化的目的，就是为了使 CDoument 派生的应用程序对象，能够在执行打开/保存操作时，正确识别所操作的对象。

无论保存文档或打开文档，应用程序都是通过调用文档类的 Serialize 串行化成员函数来完成操作的。因此，在大多数情况下，都需要重载 Serialize 成员函数。

Serialize 成员函数带有一个 CArchive 类型的参数，这是一个与所打开的文件相关联的对象。一般情况下，总是使用 CArchive 对象来保存和打开文档。程序代码如下：

```
void CEx7_1Doc::Serialize(CArchive& ar)// CEx7_1Doc 序列化
{
    CString m_str;
    if (ar.IsStoring())
    {
        // TODO: 在此添加存储代码
        ar << m_str;
    }
    else
    {
        // TODO: 在此添加加载代码
        ar > > m_str;
    }
}
```

CArchive 对象是单向的，也就是说，同一个 CArchive 对象只能用于保存或读取两者之一，不能通过同一个 CArchive 对象既进行文档的保存，又进行文档的读取。在框架创建 CArchive 对象时，已根据用户选择的是"保存"（"另存为"）还是"打开"，设置了 CArchive 对象的类型。我们可以使用 CArchive 类的成员函数 IsStoring 来检索当前 CArchive 对象的类型，从而得知用户所期望的操作是保存还是读取，执行不同的操作。

### 7.2.3　CView 类

视图类（CView）提供了对文档中存储的部分或全部数据的呈现机制。视图类通常以某种形式表示文档数据。一个视图对象只能关联一个文档对象；而一个文档对象可以关联多个视图，每个视图对象以不同形式表示文档数据，视图可以通过 GetDocument() 函数标识出自己的文档。

CView 类是从 CWnd 类下派生的，CView 类的基类为 CWnd。所以，视图类具有 CWnd

类的所有功能，如创建、移动、显示隐藏窗口等。同样 CView 类可以接收任何 Windows 消息，而 CDocument 类则不行。CView 类提供了文档类所需的最基本的功能实现。它提供的方法分为一般方法和虚拟方法，一般方法如表 7.4 所示。

表 7.4　CView 的一般方法

| 方　　法 | 说　　明 |
| --- | --- |
| GetDocument( ) | 返回与视图关联的文档 |
| DoPreparePrinting( ) | 显示打印对话框并创建打印环境 |
| IsSelected( ) | 确定文档是否被选中 |
| OnDragEnter | 当项目首次拖动到视图的拖放区域时调用 |
| OnDragLeave | 当项目离开拖动到视图的拖放区城时调用 |
| OnDrop | 当项目被放置到视图的拖放区域时调用 |
| Onscroll( ) | 当在视图中需要滚动对象时调用 |
| OnlnitialUpdate( ) | 当视图第一次与文档关联时调用,进行初始化操作 |
| OnPrepareDC( ) | 在调用 OnDraw 前为屏幕显示而调用,或者为了实行打印或打印预规操作而调用 OnPrint 之前调用 |

CView 提供的虚拟方法使应用程序可以重写它们来提供 CView 派生类中的方法，如表 7.5 所示。

表 7.5　CView 的主要虚拟方法

| 方　　法 | 说　　明 |
| --- | --- |
| OnActivateFrame | 激活或禁止包含该视图的窗口 |
| OnActivateView | 激活一个视图 |
| OnBeginPrinting | 开始打印工作 |
| OnDraw | 当文档中的图形在屏幕上显示、打印、打印预览时调用(该函数在屏幕发生变化或因为焦点的变化需要重绘时调用) |
| OnEndPrinting | 停止打印工作 |
| OnEndPrintPreview | 结束打印预览 |
| OnPreparePrinting | 文档打印或预览之前调用 |
| OnPrint | 打印或预览一个页面 |
| OnUpdate | 调用此函数已通知文档,其视图已经被修改 |

一个视图类可以通过 GetDocument( ) 函数得到和它关联的文档的指针，进一步可以得到文档中保存的数据。当一个文档对象的数据发生变化时，该文档对象可以通过调用成员函数 UpdateAllViews( ) 来作出响应，刷新所有的视图。这个函数是维护数据正确显示的常用手段。

CView 类中最常用的是 OnDraw 函数。该函数在屏幕发生变化或因为焦点的变化需要重绘时调用，没有该函数，就不可能在程序的切换后保证屏幕的正确显示。须注意 OnDraw 与前面用到的 WM_PAINT 是不同的，只要是需要重绘的时候，都会调用 OnDraw，无论是往屏幕画还是往打印机画；而 WM_PAINT 只负责往屏幕上绘制，不负责往打印机打印的。正确处理 OnDraw 可以轻松实现打印功能。

值得注意的是，尽量不要在 OnDraw 之外的函数调用绘图方法，因为那些方法不会在视图需要重新绘制的时候被自动调用。

CView 有许多子类，这些类大大丰富了视图的功能，如表 7.6 所示。

表 7.6   CView 类的主要子类

| 子　类 | 描　述 |
| --- | --- |
| CCtrlView | 允许使用带有 Tree、List、RichEdit 控件的文档视图结构的视图 |
| CDaoRecordView | 在对话框控件中显示数据库记录的视图（基于 DAO） |
| CEditView | 简单的多行文本编辑器的视图，类似 Notepat |
| CFromView | 可滚动的包含对话框控件的视图 |
| CListView | 基于 list 控件的文档 – 视图构架 |
| CRecordView | 在对话框控件上显示数据库记录的视图 |
| CRichEditView | 允许带有 RichEdit 控件的文档 – 视图结构的视图 |
| CScrollView | 支持自动滚动条控件的视图 |
| CTreeView | 基于树状控件的文档 – 视图构架 |

应用程序中可以使用 CView 或 CView 的派生类作为应用程序中视图类的基类。如果只是简单地接受了 Visual C ++ 的默认设置，那么应用程序对文档的任何操作都要编写代码。当应用程序要创建一种具有一定特性的应用程序，选择具有该特性的合适的 CView 派生类作为应用程序的基类将是一种很好的选择。如要在视图上显示数据库记录，则在利用 MFC 应用程序向导生成视图类时，基类可以选择 CRecordView 类。

### 7.2.4   CFrameWnd 类

CFrameWnd 类在 Doc/View 结构中起着举足轻重的作用。具体来说，框架窗口维护了很多幕后的工作，例如工具条、菜单、状态条的显示和更新、视图的位置和显示、其他可停靠空间的停靠和动态尺寸调整。许多默认为 MFC 应用程序应该具备的基本功能都是 CFrameWnd 类在默默进行着的。

在 SDI 程序中，使用的是 CFrameWnd；在 MDI 程序中，使用的是 CMDIFramewnd 和 CMDIChildwnd（基于 MDI 的应用程序比基于 SDI 的应用程序，在生成应用程序框时，多了一个 CChildFrame 类）。CFrameWnd 类的主要成员及方法如表 7.7 所示。

表 7.7   CFrameWnd 类的主要成员及方法

| 成　员 | 描　述 | 成　员 | 描　述 |
| --- | --- | --- | --- |
| m_hMenuDefault | 默认的菜单资源 | FloatControlBar | 浮动一个控制条 |
| m_hAccelTable | 加速键表 | GetControlBar | 获取一个控制条 |
| m_bHelpMode | 当为"真"时，按 Shift + F1 键激活帮助 | RecalLayout | 基于当前视图和控制条重新计算显示区域 |
| m_strlitle | 默认的标题 | InitialUpdateFrame | 调用所有关联的视图的 OnInialUpdate |

续表7.7

| 成　员 | 描　述 | 成　员 | 描　述 |
|---|---|---|---|
| m_dwMenuBarState | 菜单条可见状态 | GetActiveFrame | 获取活动框架(用于 MDI 程序) |
| Create | 创建窗口的方法,可以重载来改变一些窗口属性 | SetActivePreviewView | 激活一个预览视图 |
| OnShowMenuBar | 显示菜单条 | AddControlBar | 增加控制条 |
| OnHideMenuBar | 隐藏菜单条 | RemoveControlBar | 删除控制条 |
| SaveBarstate | 保存各种条的状态 | DockControlBar | 停靠控制条 |
| LoadBarState | 恢复各种条的状态 | CanDock | 可停靠判断 |
| ShowControlBar | 显示条,可以用来显示自己后添加的工具条等 | SetMessageText | 在状态条显示一条消息 |
| EnableDocking | 使一个控制条可以停靠 | GetMessageBar | 获取指向状态栏的指针 |
| DockControlBat | 停靠一个控制条 | | |

# 7.3　文　档　模　版

模板的作用在于记录文档、视图和框架之间的关系。文档模板分为两类：CSingleDocTemplate 和 CMultiDocTemplate。CSingleDocTemplate 用于 SDI 应用程序。如果同时拥有多个活动文档，则需要创建 CMultiDocTemplate 的实例，用于 MDI 应用程序。

MFC 把文档/视图/框架视为一体，只要创建文档/视图框架结构的程序，必定会同时创建这三个对象实例。三者之间的协调，是通过文档模板类完成的。

第 2 章 MFC 应用程序的启动流程中，系统首先声明并构造应用程序 CWinApp 唯一的全局对象 theApp，而文档模板对象的创建则是由应用程序对象 theApp 负责。文档模板对象负责创建文档对象和框架窗口对象，框架窗口对象进一步负责创建文档视图对象。文档对象和视图对象之间通过指针互相关联，具体关系如图 7.4 所示。

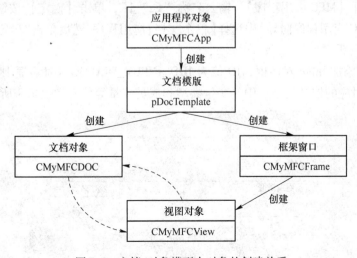

图 7.4　文档/对象模型中对象的创建关系

文档模板针对不同的文档类型创建，应用程序为每种文档类型创建一个文档模板，并通过 AddDoctemplate( ) 函数载入程序。即使存在多个相同类型的文档，也只需要一个文档模板来管理。还有一点就是模板可以记录应用程序可以打开的文件的类型，当打开文件时，会根据文档模板中的信息选择文档模板，如图 7.5 所示。

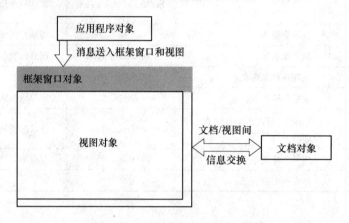

图 7.5　SDI 文档/视图结构的数据流向

# 7.4　文档/视图结构实例

【例 7.4】创建一个应用程序，在应用程序的主窗口中显示一行文本"科大测绘，中国测绘!"

问题分析：在生成的应用程序中的"编辑"菜单上有一个菜单项"改变显示文本"，单击该项可以弹出一个对话框，通过这个对话框可以改变主窗口中的显示文本。

操作步骤：

（1）创建项目文件。

1）在 Visual Studio2010 下，选择【文件】→【新建】→【项目】命令，在【新建项目】对话框下，选择【MFC 应用程序】，输入名称"Ex7_1"，单击【确定】按钮。

2）在【MFC 应用程序向导】中选择【单个文档】应用程序，然后单击"确定"按钮。

（2）添加资源。

1）为程序添加 Input 对话框，ID 值为 IDD_INPUT_DIALOG；对话框中需要的控件如图 7.6 所示，对应的控件类型、ID、变量类型和成员变量等信息如表 7.8 所示。

图 7.6　控件布局

表 7.8　控件的基本设置

| 控　件 | 控件 ID 号 | 变量类型 | 变量名称 |
|---|---|---|---|
| 编辑框 | IDC_INPUT_EDIT | CString | m_Input |

2）使用类向导为对话框新生成 CDialogEx 类的派生类 CInputDlg，如图 7.7 所示；并为其中 IDC_INPUT_EDIT 的编辑框控件添加相关联的成员变量 m_Input，如图 7.8 所示。

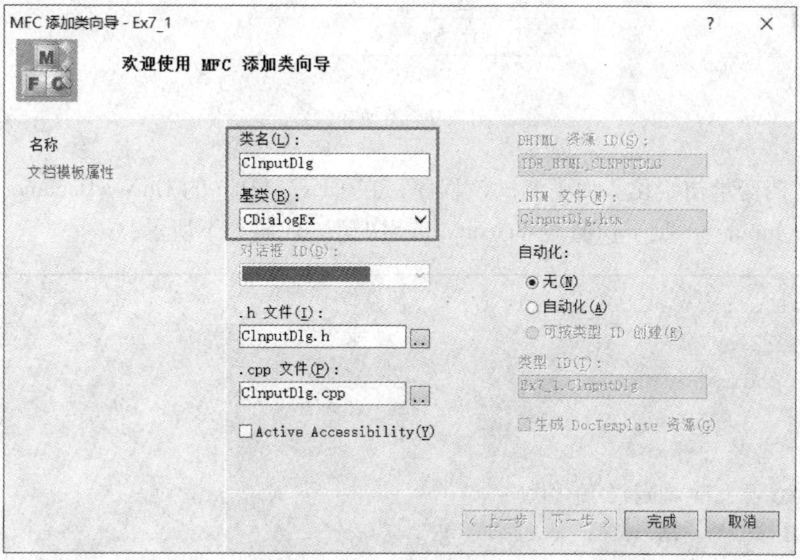

图 7.7　为对话框添加类

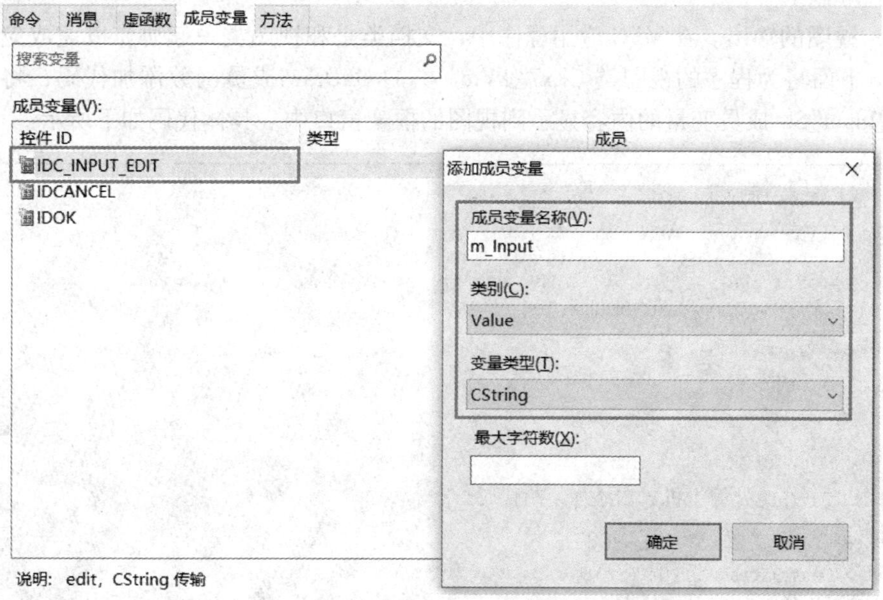

图 7.8　为 IDC_INPUT_EDIT 编辑框添加成员变量

（3）为文档类添加成员变量。由于需要在文档中显示字符串，因此为 CEx7_1Doc 类添加一个字符型的成员变量 m_Input_Str，在【类视图】下右击 CEx7_1Doc，弹出添加菜单下的添加变量菜单项，如图7.9所示。

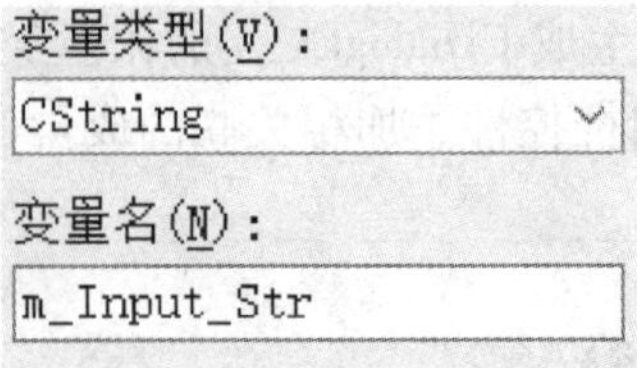

变量类型(<u>V</u>)：

CString

变量名(<u>N</u>)：

m_Input_Str

图7.9　添加变量

（4）文档变量初始化。为了测试该程序，在 CEx7_1Doc 的 OnNewDocument 函数中为公有成员 m_Input_Str 赋予初值"Welcome to SDI!"，代码如下所示：

```
BOOL CEx7_1Doc::OnNewDocument()
{
    if (! CDocument::OnNewDocument())
        return FALSE;

    // TODO: 在此添加重新初始化代码
    // (SDI 文档将重用该文档)
    m_Input_Str = "Welcome to SDI!";
    return TRUE;
}
```

（5）视图的输出。在 MFC 应用程序中，文档类是和视图类一起协作以完成应用程序功能的。下面将为程序的视图类 CEx7_1View 类的 OnDraw 成员函数添加代码，将文档类中的 m_Input_Str 成员变量的内容显示到视图的框架窗口中。具体代码如下所示：

```
// CEx7_1View 绘制
void CEx7_1View::OnDraw(CDC* pDC)
{
    CEx7_1Doc* pDoc = GetDocument();
    ASSERT_VALID(pDoc);
    if (! pDoc)
        return;

    // TODO: 在此处为本机数据添加绘制代码
    CString str = pDoc->m_Input_Str;
    pDC->TextOutW(10,10,str);
}
```

首先调用 GetDocument( ) 得到文档类的指针 pDoc，然后调用 TextOutW( ) 函数将文档类中的成员变量 m_Input_Str 的内容显示到框架窗口中的视图中去。

（6）获取对话框内容。

1）在"编辑"菜单中添加一个改变文档内容的选项，并设置新添加的菜单项 ID 为 ID_EDIT_CHANGETEXT。这样可以将对文档显示文本所做的修改保存到一个磁盘文件中，如图 7.10 所示。

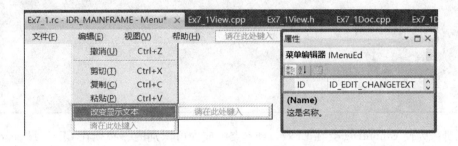

图 7.10　添加菜单项

2）使用向导为类 CEx7_1Doc 中菜单项"改变显示文本"添加处理函数 OnEditChangetext，如图 7.11 所示。

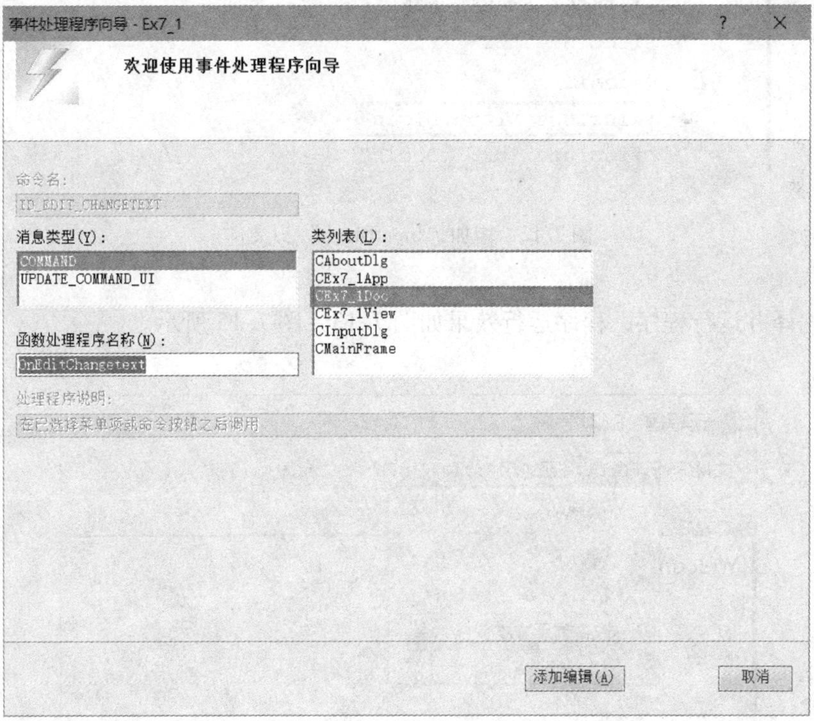

图 7.11　事件处理程序向导

具体代码如下：

```
void CEx7_1Doc::OnEditChangetext()
{
    // TODO：在此添加命令处理程序代码
    CInputDlg inputDlg;
    if(inputDlg.DoModal() == IDOK)
    {
        m_Input_Str = inputDlg.m_Input;
        UpdateAllViews(NULL);
    }
}
```

说明：为使 CInputDlg 类在 CEx7_1Doc 类中成为可识别的，必须在 CEx7_1Doc. cpp 文件中包含 CInputDlg 类的说明头文件 InputDlg. h，如图 7.12 所示。

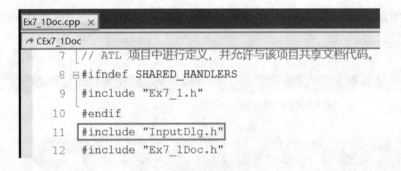

图 7.12　增加"InputDlg. h"头文件

（7）编译并运行程序，程序运行效果如图 7.13 ~ 图 7.15 所示。

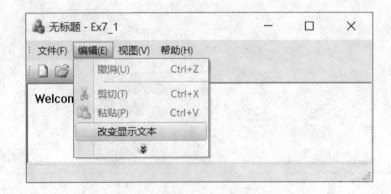

图 7.13　程序运行效果 1

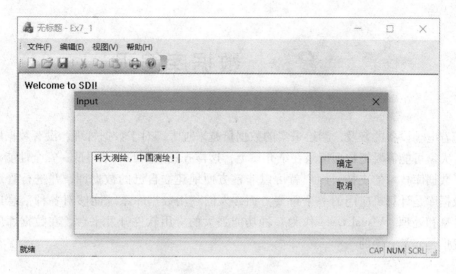

图 7.14　程序运行效果 2

图 7.15　程序运行效果 3

# $8$  数据库编程

随着电子设备的普及，测绘采集的数据量越来越大，对于数据管理，没有数据库技术之前，大家可能需要把数据记录在纸介质上，这样查找数据的效率很低，安全性能差。现在有了数据库技术的支持，用户就可以非常方便地建立自己的数据库，并进行管理和操作。数据库是计算机应用的一个重要方面，人们利用数据库系统能够对各种信息进行存储、共享和处理。Visual C ++作为一种功能强大的应用软件开发平台，在数据库应用中的开发也是非常方便的。

## 8.1  数据库应用技术概述

面向用户的数据库访问方式主要有 ODBC、DAO、OLE DB 和 ADO。

（1）ODBC（open database connectivity，开放数据库互连）是微软公司开放服务结构中有关数据库的组成部分，是应用程序访问数据库的一个标准接口，使应用程序能够访问各种数据库管理系统（DBMS），而不必依赖某个具体的 DBMS，从而实现同一程序对不同 DBMS 的共享。

（2）DAO（data access object，数据访问对象）提供了一种通过程序代码创建和操纵数据库的机制。

（3）OLE DB 是一种基于 COM 技术的数据库访问、操纵的技术。它可以有多个数据源，属于数据库访问技术中的底层接口。直接使用 OLE DB 来设计数据库应用程序比较复杂，通常使用 ADO 数据访问接口。

（4）ADO 也是目前在 Windows 环境中比较流行的数据库编程技术。它是基于 OLE DB 的访问接口，对 OLE DB 提供的接口进行了封装，定义了一组 ADO 对象，简化应用程序开发，属于数据库访问技术中的高层接口。ADO 还支持各种 B/S 与基于 Web 的应用程序，具有远程数据服务的特性。

## 8.2  ODBC 和引用

### 8.2.1  ODBC 简介

Microsoft 对于数据库的支持是多方面的，为了适应这种需求，Microsoft 推出了开放数据库互连技术 ODBC。它包含访问不同数据库所要求的 ODBC 驱动程序。只要调用 ODBC 所支持的函数，动态链接到不同的驱动程序即可。随着 ODBC 技术的推出，许多开发工具软件都把 ODBC 技术集成到自己的软件中，例如 Visual C ++等。

一个基于 ODBC 的应用程序，对数据库的操作不依赖于任何 DBMS（Database Management System，数据库管理系统），不直接与 DBMS 打交道，所有的数据库操作由对应的 DBMS 的 ODBC 驱动程序完成。也就是说，不论是 Oracle、SQL Server 还是 Access 数据库，均可用 ODBC API 进行访问。但直接使用 ODBC API 编写应用程序需要编制大量的代码，Visual C++ 提供了 MFC ODBC 类，封装了 ODBC API。由此可见，ODBC 的最大优点是能以统一的方式处理所有的数据库。在 Visual C++ 中也是一样，从 ODBC API 到 ODBC 的 MFC 类，还有 ADO、OLE DB 支持，这都是 Microsoft 对于数据前台工具开发的支持，再加上 Visual C++ 的界面处理，可以非常轻松地编写出数据库前端处理软件。

应用程序正是通过 ODBC 驱动来保证应用程序独立于不同的 DBMS 系统。否则应用程序需要直接与 DBMS 系统打交道，非常麻烦。当应用程序运行于不同的 DBMS 下的时候，还要考虑兼容性问题。现在 ODBC 中简单的一句话就是将应用程序的调用翻译为 DBMS 系统能够理解的命令。

MFC 中对于数据库的封装是完善的，它将数据库的读写和删除、加入以及生成新的表单都封装到几个类中了，用户可以像用类库一样来操作数据。这样就隐藏了烦琐的底层数据操作，大大减轻了程序员的工作量，并且能够将精力放在界面的处理上。

一个用 MFC 开发的应用程序，它是通过 ODBC 的动态链接库（后缀为 dll）来访问不同的数据库驱动，得到数据源的。使用 MFC 的数据库类后，我们可以不必关心底层的运作，MFC 将自动完成。一般 ODBC 动态链接库由 Windows 系统给出，驱动和数据源由相应的数据库给出。

### 8.2.2 如何访问数据库

在运行访问数据库的前台软件之前，要在控制面板上的 ODBC 数据源控制台中注册。为方便起见，假如使用的是 Access 数据库，可以首先建立 ODBC 数据源，然后链接数据源，最后选择和处理记录的步骤，访问 Access 数据库。

#### 8.2.2.1 建立 ODBC 数据源

在"控制面板"中选择"管理工具"，然后选择"ODBC 数据源管理程序（32 位）"，选择"系统 DSN"，如图 8.1 所示。这里有"用户 DSN"和"系统 DSN"选项，他们的区别在于，用户数据源仅对本用户可见，而系统数据源对本机所有用户可见，"可见"的范围更广。在"系统 DSN"下单击"添加"按钮，在弹出的"创建新数据源"对话框中选择 Microsoft Access Driver（ ＊. mdb），如图 8.2 所示，然后确定"数据源名"。

#### 8.2.2.2 连接数据源

要想访问数据源中的数据，首先要对数据进行链接，因此，程序必须建立一个数据源的链接，如图 8.3 所示。这些链接都封装到了 CDatabase 类中。一旦 CDatabase 建立了数据源的链接，用户就可以完成对数据的读取、修改、更新和处理。链接一个数据源后，就可以构造 CRecordset 派生类的对象，并从相应的数据库中读出相应的选择记录，将它们保存在 CRecordset 派生类中；同时，还可以管理事务或是直接执行 SQL 语句。

要想正确使用 CDatabase 类，必须在控制面板的 ODBC64（或 ODBC32）数据源控制台里面正确注册。在同一个应用程序中，可以有多个数据源，相应地对应多个 CDatabase 对象，也可以使用多个 CDatabase 对象来链接同一个数据源。

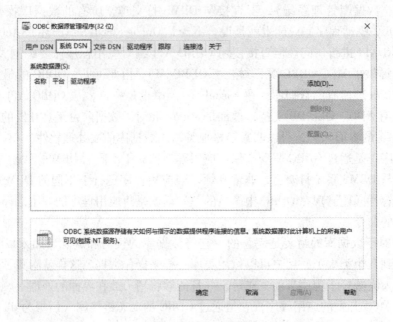

图 8.1   ODBC 数据源

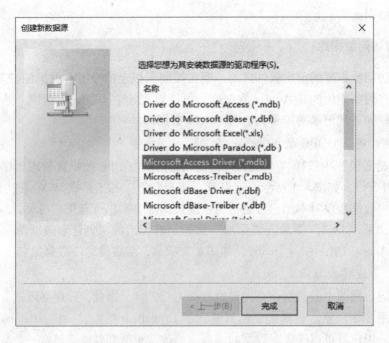

图 8.2   创建新数据源

### 8.2.2.3   选择和处理记录

在数据库操作中可以使用标准 SQL 语句，如 SELECT，从数据源中选出一个数据库或数据库的集合。在 MFC 中，这些数据库就封装在 CRecordset 对象中。CRecordset 类一般要派生出一个新的子类，来对应相应的数据库，因为在 CRecordset 派生类中的数据就对应

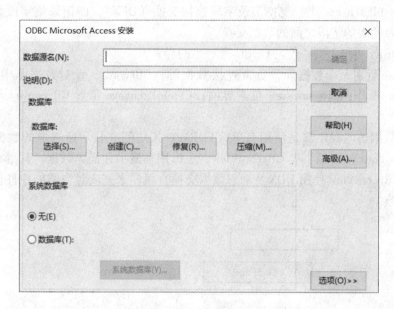

图 8.3 链接数据源

着相应的数据库中相应的行（也称为记录）。使用类向导或是应用程序向导，都会自动地创建到指定的数据源的链接，用户需要重载 CRecordset 类中的 GetDefaultSQL 函数来返回使用的表的名字。

一般 CRecordset 对象要完成如下一些的任务：

（1）查看当前记录的数据域；

（2）对数据库的数据进行处理；

（3）定制默认的 SQL 语句，以便在默认的时候，程序知道执行什么动作；

（4）在数据库中移动记录指针；

（5）增加、删除和更新数据源；

（6）一旦不需要某个数据库中相应的 CRecordset 对象时，就要将它释放掉，回收其占用的系统资源。

## 8.3 数据库测绘编程实例

MFC 的 ODBC 类主要包括：

（1）CDatabase 类：主要功能是建立与数据源的链接。

（2）CRecordset 类：该类代表从数据源选择的一组记录（记录集），程序可以选择数据源中的某个表作为一个记录集，也可以通过对表的查询得到记录集，还可以合并同一数据源中多个表的列到一个记录集中。通过该类可对记录集中的记录进行滚动、修改、增加和删除等操作。

（3）CRecordView 类：提供了一个表单视图与某个记录集直接相连，利用对话框数据交换机制（DDX）在记录集与表单视图的控件之间传输数据。该类支持对记录的浏览和更新，在撤销时会自动关闭与之相联系的记录集。

（4）CFieldExchange 类：支持记录字段数据交换（DFX），即记录集字段数据成员与相应的数据库的表的字段之间的数据交换。

（5）CDBException 类：代表 ODBC 类产生的异常。

CDatabase 针对某个数据库，负责连接数据源；CRecordset 针对数据源中的记录集，负责对记录的操作；CRecordView 负责界面；CFieldExchange 负责 CRecordset 与数据源的数据交换。

许多的数据访问程序都是使用表单（FORM）来访问并显示所选取的数据。在 MFC 中有一个从 CFormView 派生类 CRecordView，可以用来显示和操纵数据，其继承关系如图 8.4 所示。CRecordView 使用 DDX（动态数据交换）机制来完成对当前的控件值和数据库中的表的交换。

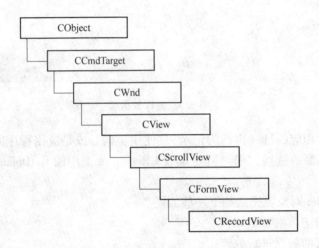

图 8.4   CRecordView 的继承关系

相应地，CRecordset 对象数据成员是使用 RFX（记录域交换）和数据源中的表中的数据进行交换。利用应用程序向导或者类向导，可以方便地将 CRecordView 类和相应的数据库中的表联系上。

### 8.3.1   CRecordView 类

CRecordView 类在头文件 afxdb.h 中定义，其成员函数如表 8.1 所示，一个 CRecordView 对象就是用一个视图中的控件来显示数据库中的记录。这个视图对象直接连接到一个数据源中的数据库。这个视图是由对话框模板生成的。CRecordView 类使用了动态数据交换（DDX）和数据库交换（RFX），在视图上的控件和数据源中的数据库中进行数据交换。同样，CRecordView 类支持默认的游标（即指向当前记录的指针）功能，能够跳到数据库头、数据库末或是记录尾；向前移动一个，或是向后移动一个；同样的，还留有一个接口用来更新数据源的数据。

从 CRecordView 类派生一个子类时，要调用构造函数来初始化子类，必须给出与子类相关联的对话框模板资源的名字或者 ID，建议使用 ID 标识来传递对话框模板信息。派生类中要自己动手实现子类的初始化工作。在子类构造函数里面，要有调用到父类中的构造函数 CRecordView::CRecordView 的语句。

表 8.1 CRecordView 类的成员函数

| 成员函数 | 功　能 |
| --- | --- |
| CRecordView( ) | CRecorndView 类的构造函数,是个重载函数,有两个版本,一个版本的参数是指向一个对话框模板资源的名字的字符串;另一个版本的参数是一个对话框模板资源的 ID 号 |
| OnInitialUpdate( ) | 该函数会调用函数 UpdateData,UpdateData 将会调用函数 DoDataExchange,然后将与 CRecordView 子类关联的变量与相应的数据库的数据关联起来 |
| IsOnFirstRecord( ) | 该成员函数返回一个布尔值,当前指向的记录是数据库中的第一条记录时,就返回一个非零的值,否则返回一个零值 |
| IsOnLastRecord( ) | 该函数返回值是个布尔值,如果当前的记录是数据库中最后的记录,就返回非零值,否则返回零值 |
| OnGetRecordset( ) | 该函数返回一个 CRecordset 类型的指针 |
| OnMove( ) | 调用该函数是为了在数据库中移动游标的位置,并且将记录显示在视图中的控件里,如果移动成功,返回非零值,否则就返回零值,它经常与函数 throw(CDBException) 合用,以便在函数调用失败后给出一个出错信息 |

值得注意的是:当用户将游标移出了数据库的最后一条记录,而 CRecordView 又没有检测到数据库的末端时,就有可能返回错误的值。所以,要注意在移动到接近数据库结束地方的时候,要小心地检测。如果已经移出数据库的边界,马上又移回到最后一条记录,CRecordView 类会自动将向后移动一条记录的功能和移到最后一条记录的功能关闭掉。IsOnLastRecord 函数在调用了函数 OnRecordlast 后,或是 CRecordset::MoveLast 函数被调用后,返回值将是不可靠的值。

OnGetRecordset 是一个虚函数,如果一个 CRecordset 的派生类被成功构造,就返回一个指向其派生类的指针,否则,就是一个空的指针。

OnMove 是一个虚函数,其参数下面的几个特定的值如下:

ID_RECORD_FIRST 移动到数据库的第一个记录。

ID_RECORD_LAST 移动到数据库的最后一个记录。

ID_RECORD_NEXT 在数据库中向后移动一个记录。

ID_RECORD_PREV 在数据库中向前移动一个记录。

在这个函数里面有一个默认的动作,就是调用 CRecordset 类的 Move 函数来配合 CRecordView 的移动。默认情况是当用户在视图中修改数据后,OnMove 将用户的修改反映到数据源中去,进行数据源的修改。

【例 8.1】 利用 Visual C++ 2010 创建一个数据库应用程序,该程序可以用来显示 Access 数据库表中的记录,可以向前或向后移动一条记录,也可以跳到第一条记录或最后一条记录。如果已经达到了最后一条记录,用户仍然发出向后移动命令的时候,视图将一直显示最后一条记录的数据。如果已经到了数据库的最前面一条记录,用户仍然发出向前移动的命令,视图将只显示数据库里面第一条记录的数据。

说明:

首先利用 Microsoft Acess 数据库系统创建一个 Azimuth-Computer. mdb 数据库。其中包

含 My_ACCESS_DB 数据表，表结构如表 8.2 所示，表记录如表 8.3 所示。

**表 8.2　My_ACCESS_DB 表结构**

| 序号 | 字段名称 | 字段类型 | 序号 | 字段名称 | 字段类型 |
|------|----------|----------|------|----------|----------|
| 1 | 序号 | 自动编号 | 5 | 终点点号 | 文本 |
| 2 | 起点点号 | 文本 | 6 | 终点 x 坐标 | 数字（双精度） |
| 3 | 起点 x 坐标 | 数字（双精度） | 7 | 终点 y 坐标 | 数字（双精度） |
| 4 | 起点 y 坐标 | 数字（双精度） | | | |

**表 8.3　My_ACCESS_DB 表的表记录**

| 序号 | 起点点号 | 起点 x 坐标 | 起点 y 坐标 | 终点点号 | 终点 x 坐标 | 终点 y 坐标 |
|------|----------|-------------|-------------|----------|-------------|-------------|
| 1 | 扶绥中学 | 2505530.1986 | 710280.0416 | 氮肥厂 | 2503396.5128 | 709934.8769 |
| 2 | 氮肥厂 | 2503396.5128 | 709934.8769 | 渠黎中学 | 2503369.2088 | 712593.9624 |
| 3 | 渠黎中学 | 2503369.2088 | 712593.9624 | 扶绥中学 | 2505530.1986 | 710280.0416 |

**操作步骤：**

（1）建立 ODBC 数据源。

1）打开【控制面板】，选择【管理工具】，再双击【ODBC Data Sources（32-bit）】，此时会出现【ODBC 数据源管理程序（32 位）】对话框，如图 8.5 所示。

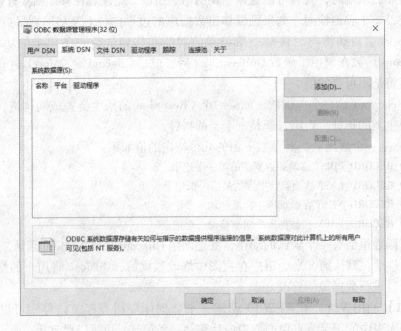

图 8.5　【ODBC 数据源管理程序】对话框

2）单击【添加】按钮，弹出有驱动程序列表的【创建新数据源】对话框，如图 8.6 所示。在该对话框中选择要添加用户数据源的驱动程序，这里选择【Driver do Microsoft Access（*.mdb）】。

3）在该对话框上单击【完成】按钮，进入指定数据库路径的对话框；单击【选择】

按钮选择前面创建的 Azimuth-Computer. mdb 所在的路径，然后输入数据源名称（这个名称可以自定义），接着输入说明，也可以不输入，如图 8.7 所示。

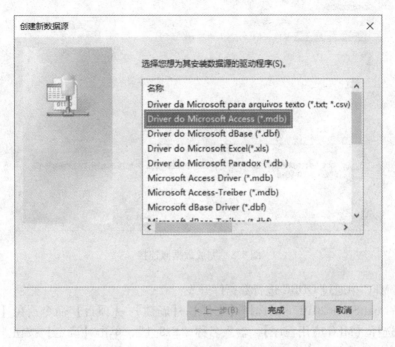

图 8.6 【创建新数据源】对话框

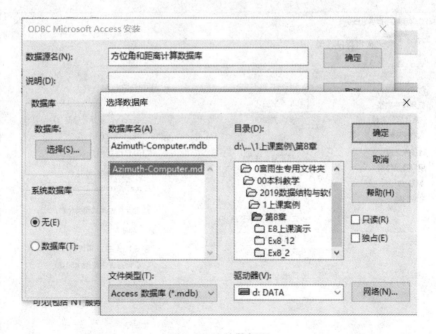

图 8.7 连接数据源

4）单击【确定】按钮，这样我们的数据源【方位角和距离计算数据库】出现在用户数据源中；最后单击【确定】按钮来关闭 ODBC 数据源管理器，如图 8.8 所示。

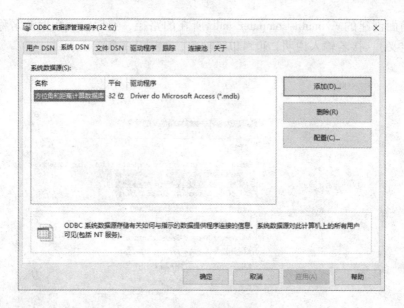

图 8.8　完成数据源连接

（2）在 MFC 中通过 ODBC 进行数据库开发。

1）在 Visual Studio2010 下，选择【文件】→【新建】→【项目】命令；在【新建项目】对话框下，选择【MFC 应用程序】，输入名称"Ex8_1"，单击【确定】按钮。

2）在【MFC 应用程序向导】中选择【单个文档】应用程序，如图 8.9 所示。

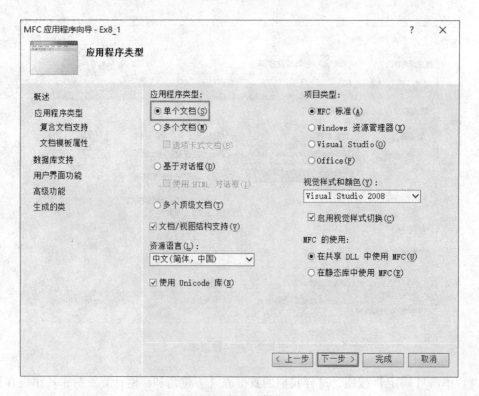

图 8.9　应用程序类型

3）点击【下一步】→【下一步】→【下一步】，随后在应用程序向导的第二步中选择数据库支持时，选择"不提供文件支持的数据数据库视图"，客户类型选择 ODBC；然后单击"数据源"按钮，如图 8.10 所示；在 ODBC 一项中选择"方位角和距离计算数据库"，然后单击"确定"按钮，如图 8.11 所示。

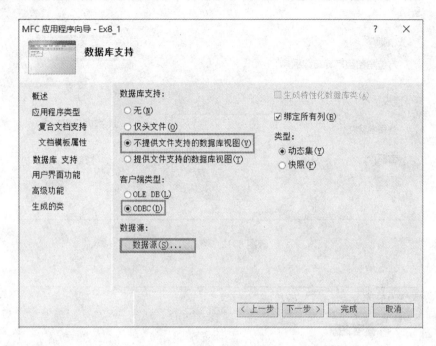

图 8.10　数据库支持

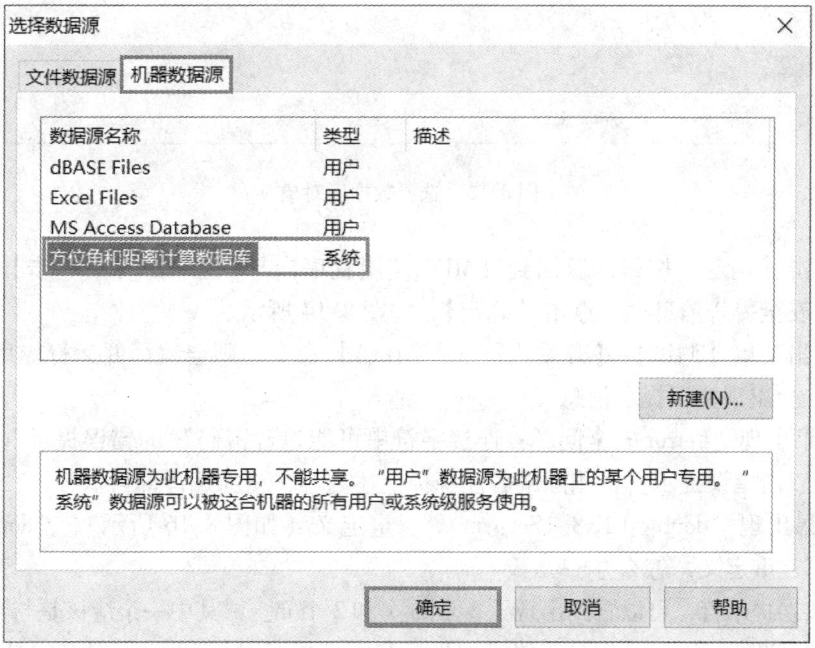

图 8.11　选择数据源

　　4）在弹出的【登录】对话框中，输入使用数据源的登录名称和密码（此处不设密码）；单击【确定】按钮，如图 8.12 所示；弹出【选择数据库对象】对话框，展开【表】节点，从列出的数据库所有表中选择 My_ACCESS_DB 表，如图 8.13 所示。

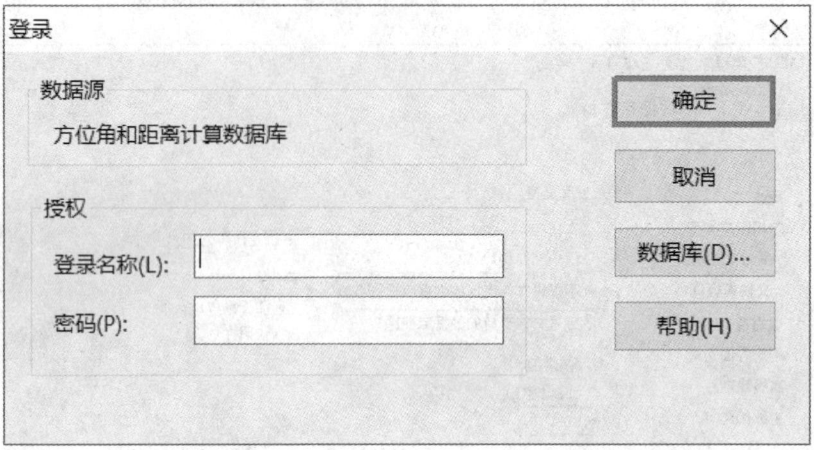

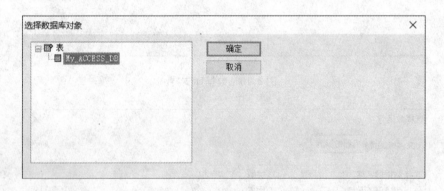

图 8.12　登录

图 8.13　选择数据库对象

　　5）单击【确定】按钮，返回到【MFC 应用程序向导】；单击【下一步】直至【完成】，弹出安全警告消息框，点击【确定】，如图 8.14 所示。

　　6）单击菜单【调试】→【开始执行（不调试）】命令，则会编译并运行应用程序。运行程序后，会出现错误提示信息。

　　① 如果出现"#error 安全问题：连接字符串可能包含密码"的错误提示（如图 8.15 所示），则双击错误提示行，删除或者注释掉上述内容，重新编译即可。

　　② 如果出现"double CEx8_1Set::m_x"：重定义（如图 8.16 所示），"double CEx8_1Set::m_y"：重定义，怎么办？

　　双击错误提示行，可以看到出现了 2 个 m_x 和 2 个 m_y，其中一个应该是与数据库中起点 x 坐标和 y 坐标配对，一个是与终点 x 坐标和 y 坐标配对；column1 对应的是起点点号，column2 对应的是终点点号。为了能够做到见名知意，将其整体改名，如图 8.17 所示。

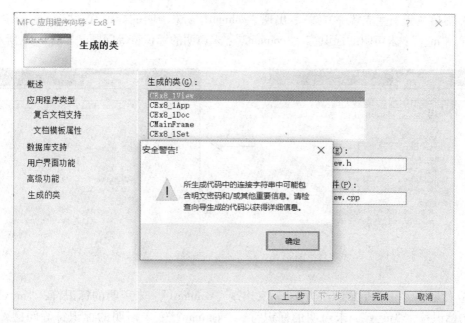

图 8.14 生成类

图 8.15 error 安全问题

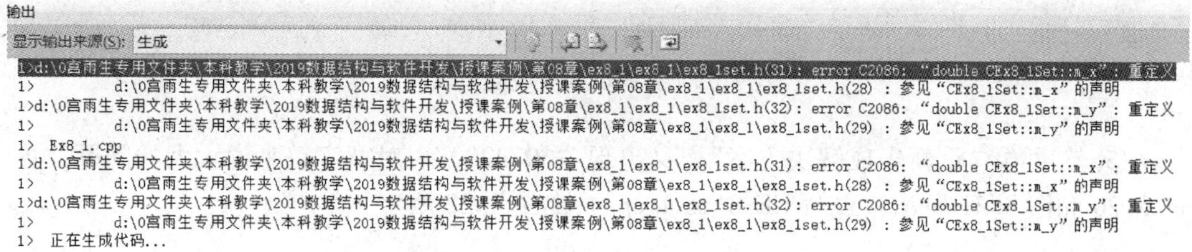

图 8.16 重定义

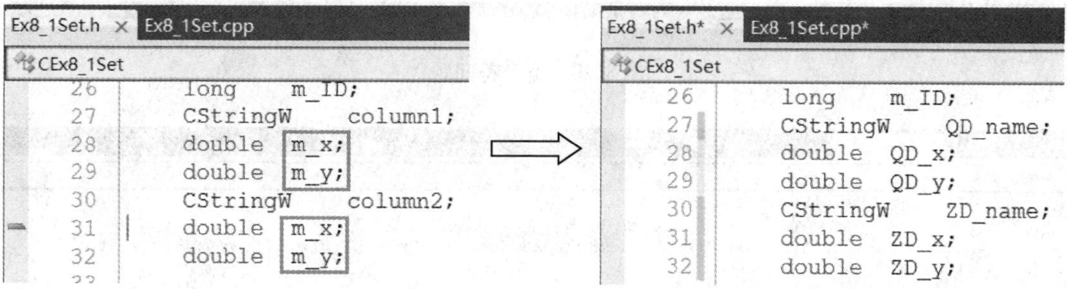

| Ex8_1Set.h × | Ex8_1Set.cpp | | | Ex8_1Set.h* × | Ex8_1Set.cpp* | |
|---|---|---|---|---|---|---|
| ⅏CEx8_1Set | | | | ⅏CEx8_1Set | | |
| 26 | long | m_ID; | | 26 | long | m_ID; |
| 27 | CStringW | column1; | | 27 | CStringW | QD_name; |
| 28 | double | m_x; | | 28 | double | QD_x; |
| 29 | double | m_y; | | 29 | double | QD_y; |
| 30 | CStringW | column2; | | 30 | CStringW | ZD_name; |
| 31 | double | m_x; | | 31 | double | ZD_x; |
| 32 | double | m_y; | | 32 | double | ZD_y; |

图 8.17 头文件更改变量名

③ 然后"重新生成解决方案",出现"column1":未声明的标识符,"m_x":未声明的标识符,"m_y":未声明的标识符,"column2":未声明的标识符等问题,如图 8.18 所示。

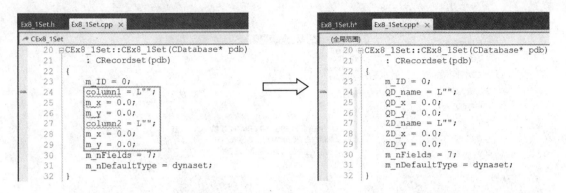

图 8.18 源文件更改变量名

④ 然后再"重新生成解决方案",又出现"column1":未声明的标识符,"m_x":未声明的标识符,"m_y":未声明的标识符,"column2":未声明的标识符等问题,如图 8.19 所示。

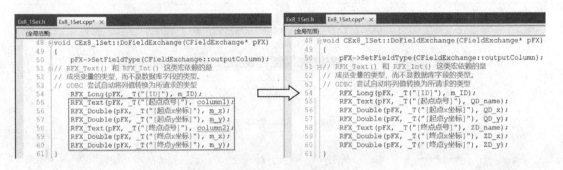

图 8.19 数据交换更改变量名

⑤ 然后再"重新生成解决方案",又出现"8072200":对宽字符来说太大的问题,如图 8.20 和图 8.21 所示;重写 CEx8_1Set. cpp,如图 8.22 所示。

图 8.20 宽字符问题

图 8.21 宽字符问题具体表现

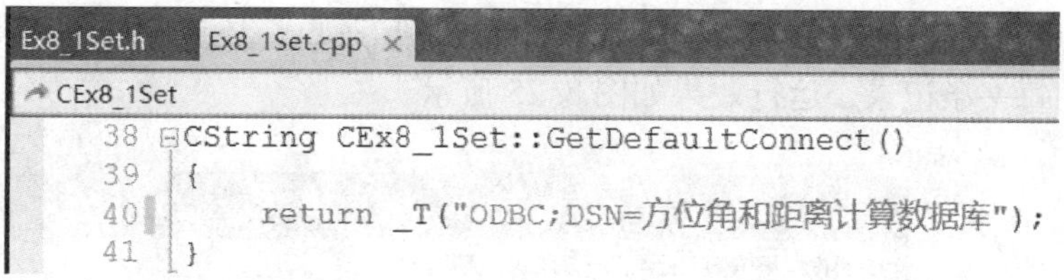

```
Ex8_1Set.h    Ex8_1Set.cpp ×
CEx8_1Set
 38 ⊟CString CEx8_1Set::GetDefaultConnect()
 39  {
 40      return _T("ODBC;DSN=方位角和距离计算数据库");
 41  }
```

图 8.22  重写 return_T 语句

7）在对话框资源中，针对系统自动生成的空的对话框资源 IDD_EX8_1_FORM，进行布局，如图 8.23 所示，用来显示数据记录的。

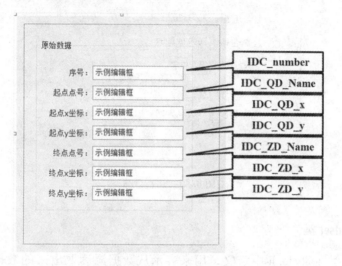

图 8.23  控件布局

8）在 CEx8_1View.cpp 的 DoDataExchange（CDataExchange * pDX）函数中加入如图 8.24 所示代码，将对话框中的编辑框控件与数据库中的字段关联起来。

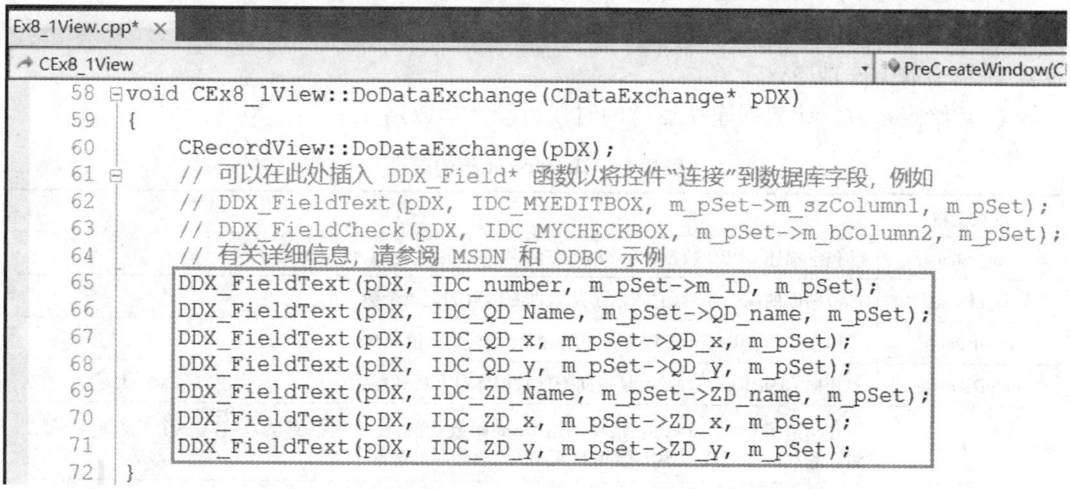

```
Ex8_1View.cpp* ×
CEx8_1View                                                          ▾  ● PreCreateWindow(C
 58 ⊟void CEx8_1View::DoDataExchange(CDataExchange* pDX)
 59  {
 60      CRecordView::DoDataExchange(pDX);
 61 ⊟    // 可以在此处插入 DDX_Field* 函数以将控件"连接"到数据库字段，例如
 62      // DDX_FieldText(pDX, IDC_MYEDITBOX, m_pSet->m_szColumn1, m_pSet);
 63      // DDX_FieldCheck(pDX, IDC_MYCHECKBOX, m_pSet->m_bColumn2, m_pSet);
 64      // 有关详细信息，请参阅 MSDN 和 ODBC 示例
 65      DDX_FieldText(pDX, IDC_number, m_pSet->m_ID, m_pSet);
 66      DDX_FieldText(pDX, IDC_QD_Name, m_pSet->QD_name, m_pSet);
 67      DDX_FieldText(pDX, IDC_QD_x, m_pSet->QD_x, m_pSet);
 68      DDX_FieldText(pDX, IDC_QD_y, m_pSet->QD_y, m_pSet);
 69      DDX_FieldText(pDX, IDC_ZD_Name, m_pSet->ZD_name, m_pSet);
 70      DDX_FieldText(pDX, IDC_ZD_x, m_pSet->ZD_x, m_pSet);
 71      DDX_FieldText(pDX, IDC_ZD_y, m_pSet->ZD_y, m_pSet);
 72  }
```

图 8.24  字段关联

9）编译后的运行结果中，系统生成一个"记录"菜单，还有相应的工具栏，可以查看数据库中的每一条记录，运行效果如图 8.25 所示。

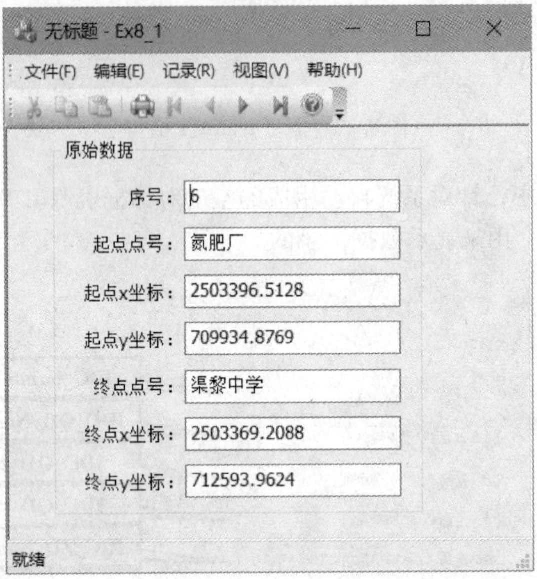

图 8.25　运行效果

### 8.3.2　CRecordset 类

CRecordset 类在 afxdb.h 中定义，用来表示从数据源读取出来的数据库。CRecordset 类的成员如表 8.4 所示。为了能够处理各种数据库，最好从类 CRecordset 派生出一个子类来。数据库从数据源读取数据后，可以做以下的工作：

（1）翻阅所有的记录；

（2）修改记录，设定锁定状态；

（3）挑选有用的记录；

（4）给数据库排序；

（5）给定参数，让数据库在运行的时候自动选择数据。

表 8.4　CRecordset 类的成员

| 成员变量 | 说　　明 |
| --- | --- |
| m_hstmt | 包含描述 ODBC 数据源的句柄，在调用 Open 函数之前，该句柄无效 |
| m_nFields | 数据库的属性变量，它指示了从数据源读取的记录个数 |
| m_nParams | 用来指示 CRecordset 派生类中的参数个数，默认值为 0 |
| m_pDatabase | 指向 CDatabase 的指针，是指向当前数据库打开的数据源 |
| m_strFilter | 在构造了 CRecordset 类后，在调用 Open 函数之前，使用这个变量来填写一个 CString 类型变量。它起的作用就如 SQL 语句的 WHERE 语句后面跟的条件 |
| m_strSort | 在构造了 CRecordset 类后，在调用 Open 函数之前，使用这个变量来填写一个 CString 的变量。它起的作用就如 SQL 语句的 ORDER BY 后面跟的条件语句 |

### 8.3.3 CDatabase 类

CDatabase 在 afxdb.h 中定义。其对象是用来连接一个数据源。使用 CDatabase 对象需要调用构造函数，并调用 OpenEx 或是 Open 函数，这将会打开一个连接。当构造一个 CDatabase 类完成后，可以向 CRecordset 类的对象传递这个 CDatabase 类的指针。链接数据源结束时，必须用 Close 函数关闭这个对象。

### 8.3.4 RFX

RFX（Record Field Exchange）是支持应用程序的一个交换机制，MFC ODBC 数据库类能够自动地在数据源和一个视图之间交换数据，即不断地响应用户的要求，从数据源中读取并显示数据；从界面读取数据，修改数据源。当从 CRecordset 类派生一个类，在交换数据的时候没有选择大容量交换的方式（Bulk RFX）时，RFX 机制将在数据交换中起作用。

RFX 和对话框的数据交换（DDX）类似。在视图和数据源之间自动交换数据，可能还要多次调用 DoFieldExchange 函数，因为一次交换的数据可能不止一个，同时它也是应用程序框架和 ODBC 交流的媒介。RFX 机制能够安全地通过调用（例如 ODBC 函数 SQL-BindCol）来保存用户的工作。

RFX 机制对于用户来说大部分是透明的。如果使用应用程序向导或是类向导来生成一个数据库，RFX 机制就自动加入应用程序框架中去。用户的数据库类必须是从 CRecordset 类派生出来的。

有些时候用户需要自己加入一些 RFX 代码，如：使用带参数的查询，完成数据库中表与表的连接，动态绑定数据列。

【例 8.2】 在【例 8.1】基础上增加"第一条记录""上一条记录""下一条记录""最后一条记录""删除一条记录""更新记录" 和 "增加一条新记录"，并可完成相应数据的方位角及距离计算。

**操作步骤：**

（1）添加控件并设置属性。对话框中需要的控件如图 8.26 所示；对应的控件类型、ID、标题、属性、变量类别、变量类型和成员变量等信息如表 8.5 所示。

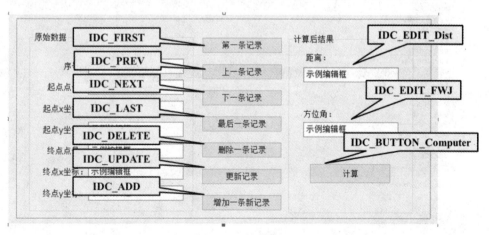

图 8.26　控件布局

表 8.5　控件的基本设置

| 控件 | 控件 ID 号 | 标题 | 属性 | 变量类别 | 变量类型 | 成员变量 |
|---|---|---|---|---|---|---|
| 按钮 | IDC_FIRST | 第一条记录 | 默认 | | | |
| | IDC_PREV | 上一条记录 | 默认 | | | |
| | IDC_NEXT | 下一条记录 | 默认 | | | |
| | IDC_LAST | 最后一条记录 | 默认 | | | |
| | IDC_DELETE | 删除一条记录 | 默认 | | | |
| | IDC_UPDATE | 更新记录 | 默认 | | | |
| | IDC_ADD | 增加一条新记录 | 默认 | | | |
| 静态文本框 | IDC_STATIC | 距离： | 默认 | | | |
| | IDC_STATIC | 方位角： | 默认 | | | |
| 编辑框 | IDC_EDIT_Dist | | 默认 | Value | double | m_Dist |
| | IDC_EDIT_FWJ | | 默认 | Value | double | m_FWJ |
| 按钮 | IDC_BUTTON_Computer | 计算 | | | | |

（2）添加成员变量。打开"项目"菜单下的"类向导"菜单项，如图 8.27 所示，弹出 MFC 类向导对话框，选择"成员变量"标签，在"类名"列表框中选择 CEx8_1 View 类，如图 8.28 所示。

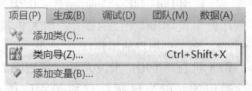

图 8.27　类向导菜单项

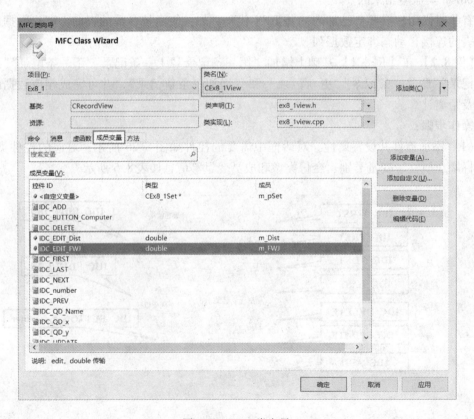

图 8.28　MFC 类向导

（3）建立消息映射（Message Map）。

1）第一条记录。在"第一条记录"命令按钮上右击"添加事件处理程序"，如图8.29所示；然后在"事件处理向导"中选择消息类型，并接受系统建议的"函数处理程序名称"，如图8.30所示。

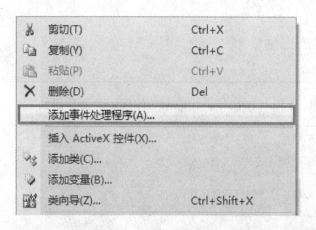

图8.29 "添加事件处理程序"

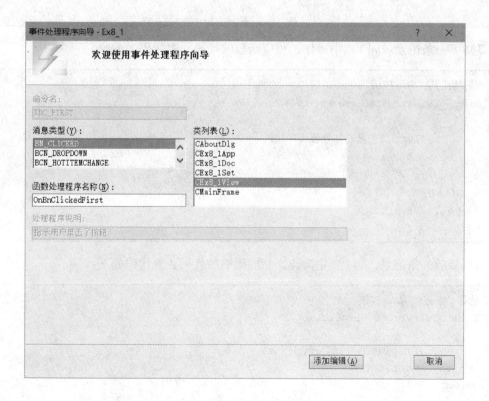

图8.30 事件处理程序向导

单击"添加编辑"按钮，根据功能需求，编写相应函数的代码，源代码如下：

```
//"第一条记录"命令按钮
void CEx8_1View::OnBnClickedFirst()
{
    // TODO: 在此添加控件通知处理程序代码
    m_pSet->MoveFirst();
    m_Dist=0;
    m_FWJ=0;
    UpdateData(FALSE);
}
```

2）上一条记录。同1）中操作，相应函数的代码，源代码如下：

```
//"上一条记录"命令按钮
void CEx8_1View::OnBnClickedPrev()
{
    // TODO: 在此添加控件通知处理程序代码
    m_pSet->MovePrev();
    m_Dist=0;
    m_FWJ=0;
    UpdateData(FALSE);
}
```

3）下一条记录。同1）中操作，相应函数的代码，源代码如下：

```
//"下一条记录"命令按钮
void CEx8_1View::OnBnClickedNext()
{
    // TODO: 在此添加控件通知处理程序代码
    m_pSet->MoveNext();
    m_Dist=0;
    m_FWJ=0;
    UpdateData(FALSE);
}
```

4）最后一条记录。同1）中操作，相应函数的代码，源代码如下：

```
//"最后一条记录"命令按钮
void CEx8_1View::OnBnClickedLast()
{
    // TODO: 在此添加控件通知处理程序代码
    m_pSet->MoveLast();
    m_Dist=0;
    m_FWJ=0;
    UpdateData(FALSE);
}
```

5）删除一条记录。同1）中操作，相应函数的代码，源代码如下：

```
//"删除一条记录"命令按钮
void CEx8_1View::OnBnClickedDelete()
{
    // TODO：在此添加控件通知处理程序代码
    CRecordsetStatus m_cStatus;
    m_pSet->Delete();
    m_pSet->GetStatus(m_cStatus);
    if(m_cStatus.m_lCurrentRecord==0)
        m_pSet->MoveFirst();              //删除最后一个记录
    else
        m_pSet->MoveNext();
    m_Dist=0;
    m_FWJ=0;
    UpdateData(FALSE);
}
```

6）更新记录。同1）中操作，相应函数的代码，源代码如下：

```
//"更新记录"命令按钮
void CEx8_1View::OnBnClickedUpdate()
{
    // TODO：在此添加控件通知处理程序代码
    m_pSet->Edit();
    UpdateData(TRUE);
    if(m_pSet->CanUpdate())//如果记录集可以更新,则返回一个非零值
        m_pSet->Update();//把编辑框的内容更新到记录集里
}
```

7）增加一条新记录。为了在一个数据库中增加一条记录，首先需要得到该数据库中最后一条记录的 ID 号，将其加 1；然后通过 AddNew 函数来添加记录，并把刚才得到的新的 ID 值设置为新增加记录中的 ID 字段的值，并用 Update 函数保存新记录；最后调用 Requery 函数更新记录，并把输入控制滚动到数据库中的最后一条记录上。

为了计算新的 ID 号，需要增加一个 CEx8_1Set 类的成员函数 GetMaxID，如图 8.31 和图 8.32 所示。此函数的访问权限为 Public，返回值类型为 long。

程序代码如下：

```
// 获取数据库中的最后一条记录的 ID 号
long CEx8_1Set::GetMaxID(void)
{
    MoveLast();
    return m_ID;
}
```

图 8.31　添加函数

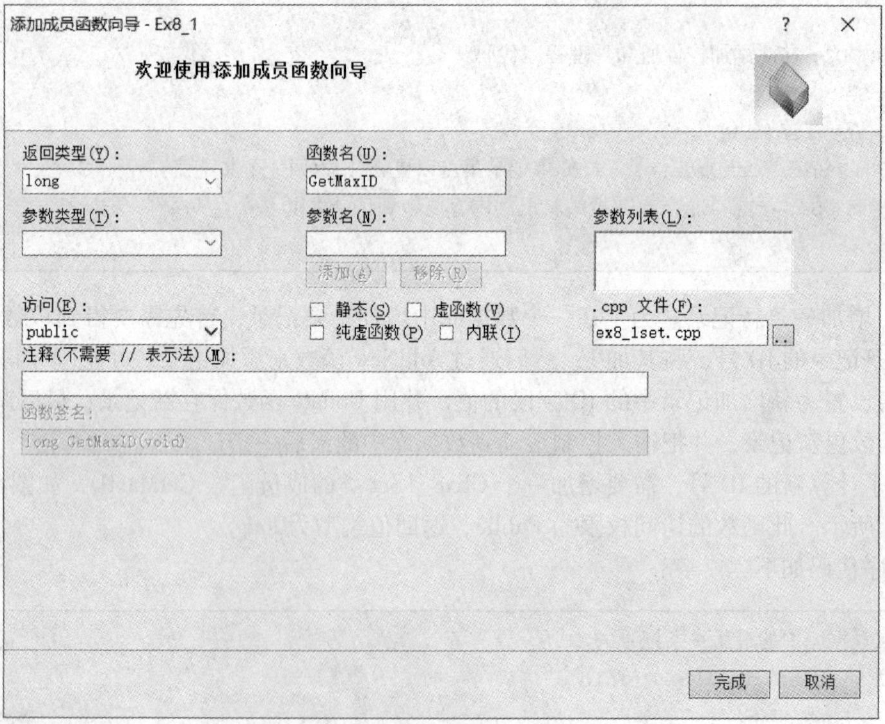

图 8.32　添加成员函数向导

其余同 1）中操作，相应函数的代码、源代码如下：

```
//"增加一条新记录"命令按钮
void CEx8_1View::OnBnClickedAdd()
{
    // TODO: 在此添加控件通知处理程序代码
    CRecordset * pSet = OnGetRecordset();//获取指向数据库的指针
    if(pSet -> CanUpdate()&&! pSet -> IsDeleted())
                    //确认对数据库的任何修改均已保存
    {  pSet -> Edit();
       if(! UpdateData())      return;
       pSet -> Update();
    }
    long m_lNewID = m_pSet -> GetMaxID() +1;//获取新的ID值
    m_pSet -> AddNew();          //添加一个新记录
    m_pSet -> m_ID = m_lNewID;   //设置新的ID标识
    m_pSet -> Update();          //保存新的记录
    m_pSet -> Requery();         //刷新数据库
    m_pSet -> MoveLast();        //游标移到最后一条记录
    UpdateData(FALSE);           //更新表单
}
```

8）距离和方位角计算命令按钮。在方位角及距离计算应用程序中，要用到计算距离函数、计算方位角函数和弧度化角度函数，以计算距离函数为例说明添加函数的过程，如图 8.33 和图 8.34 所示。

代码如下：

```
// 定义计算距离函数
double CEx8_1View::JSJLS(double xa, double ya, double xb, double yb)
{
    double vx,vy;
    vx = xb - xa;
    vy = yb - ya;
    return(sqrt(vx* vx + vy* vy));
}
```

同理，增加弧度化角度函数，代码如下：

```
// 定义弧度化角度函数
double CEx8_1View::RadianToAngle(double alfa)
{
    double alfa1,alfa2;
    alfa = alfa* 180./PI;   //将 alfa 由弧度变成以度为单位
    alfa1 = floor(alfa) + floor((alfa - floor(alfa))* 60.)/100.;
    alfa2 = (alfa* 60. - floor(alfa* 60.))* 0.006;
    alfa1 + = alfa2;
    return(alfa1);
}
```

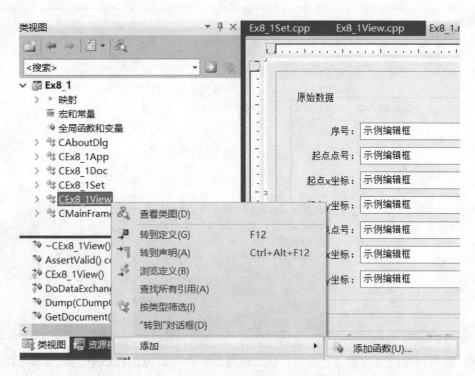

图 8.33    添加函数

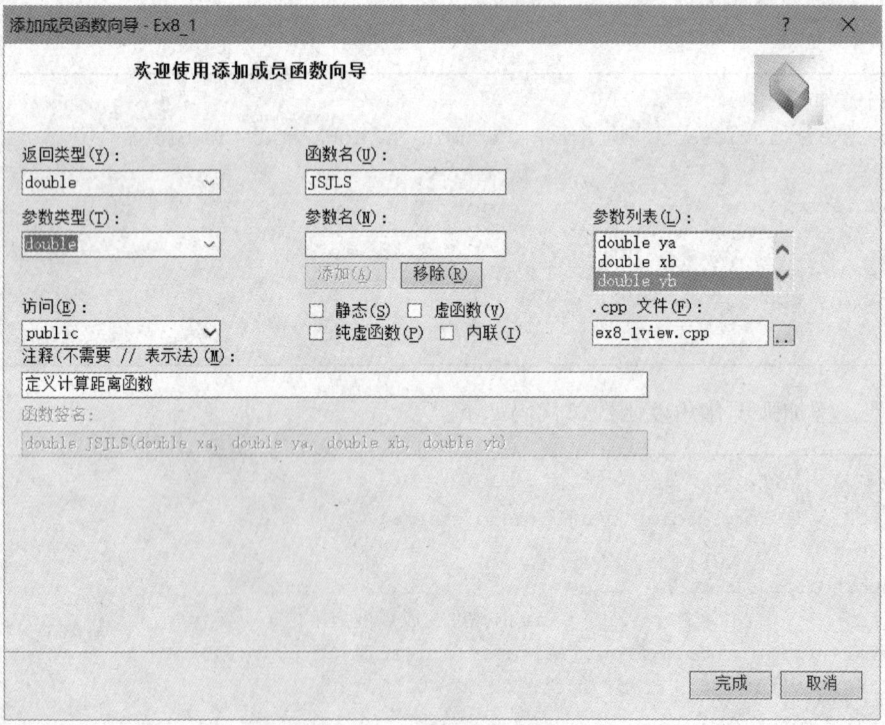

图 8.34    添加成员函数向导

同理，增加计算方位角函数，代码如下：

```
// 定义计算方位角函数
double CEx8_1View::JSFWJ(double xa, double ya, double xb, double yb)
{
    double vx,vy,FWJ;
    vx = xb - xa;      vy = yb - ya;
    if(vx ==0 && vy >0)              FWJ = PI/2.0;
    else if(vx ==0 && vy <0)        FWJ = PI* 3.0/2.0;
    else if(vy ==0 && vx <0)        FWJ = 0;
    else if(vy ==0 && vx >0)        FWJ = PI;
    else if(vx >0 && vy >0)         FWJ = atan(vy/vx);
    else if(vx <0 && vy >0)         FWJ = atan(vy/vx) + PI;
    else if(vx <0 && vy <0)         FWJ = atan(vy/vx) + PI;
    else                            FWJ = atan(vy/vx) +2.0* PI;
    return RadianToAngle(FWJ);
}
```

程序中用到了 $\pi$，在 CEx8_1View. h 中定义了常变量 PI，如图 8.35 所示。

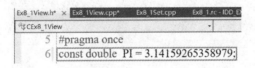

图 8.35　定义常变量 PI

程序中用到了数学函数，在 CEx8_1View. cpp 包含 #include " math. h " 头文件，如图 8.36 所示。

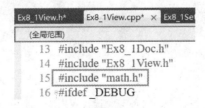

图 8.36　添加 #include " math. h " 头文件

距离和方位角计算命令按钮同 1）中操作，相应函数的代码如下：

```
//距离及方位角计算命令按钮
void CEx8_1View::OnBnClickedButtonComputer()
{
    // TODO: 在此添加控件通知处理程序代码
    UpdateData(true);
```

```
    m_Dist = JSJLS(m_pSet -> QD_x,m_pSet -> QD_y,m_pSet -> ZD_x,m_pSet -> ZD_y);        //
计算距离 S
    m_FWJ = JSFWJ(m_pSet -> QD_x,m_pSet -> QD_y,m_pSet -> ZD_x,m_pSet -> ZD_y);        //
计算方位角
    UpdateData(false);
    CString str;
    str.Format(_T("%.4lf"),m_Dist);
    SetDlgItemText(IDC_EDIT_Dist,str);
    str.Format(_T("%.10lf"), m_FWJ); //10 位小数显示
    SetDlgItemText(IDC_EDIT_FWJ, str);
}
```

（4）编译并运行程序，运行效果如图 8.37 所示。

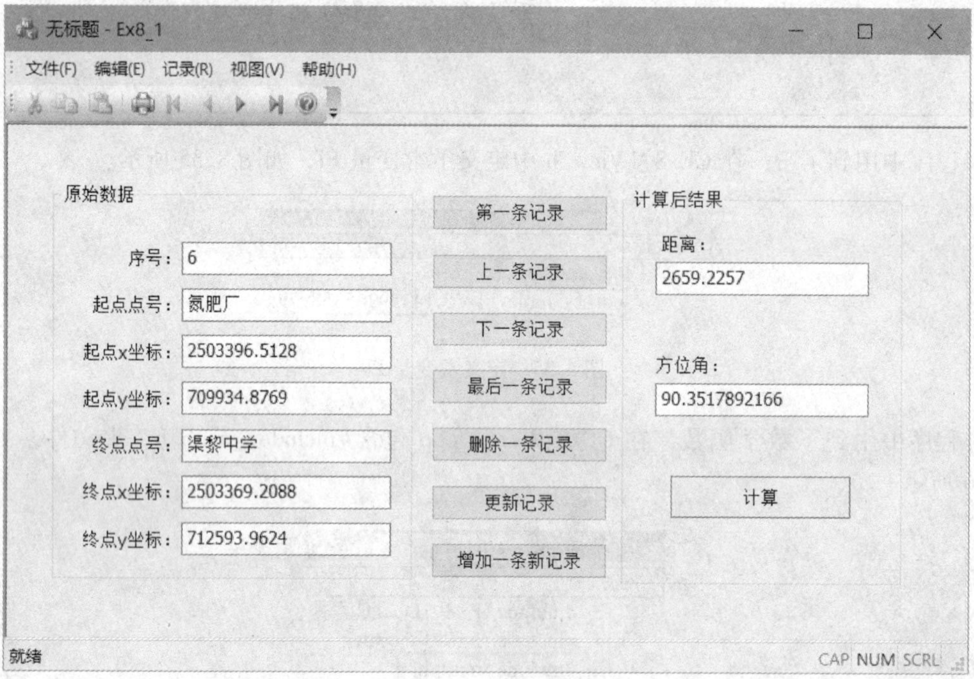

图 8.37   运行效果

# 参 考 文 献

［1］朱文伟．Visual C++2013 从入门到精通［M］．北京：清华大学出版社，2017.

［2］黄维通，解辉．Visual C++面向对象与可视化程序设计［M］．4 版．北京：高等教育出版社，2016.

［3］彭玉华，黄薇，刘艳．Visual C++程序设计教程［M］．武汉：华中科技大学出版社，2018.

［4］杨东霞，孟瑞军，赵彦．Visual C++.NET 案例设计教程［M］．北京：北京理工大学出版社，2016.

［5］吴克力．C++面向对象程序设计：基于 Visual C++ 2010［M］．北京：清华大学出版社，2013.

［6］仇谷烽，张京，曹黎明．基于 Visual C++的 MFC 编程［M］．北京：清华大学出版社，2015.

［7］霍顿（Ivor Horton）．Visual C++2010 入门经典［M］．5 版．苏正，李文娟，译．北京：清华大学出版社，2010.

［8］刘冰，张林，蒋贵全．Visual C++2010 程序设计案例教程［M］．北京：机械工业出版社，2012.

［9］刘海波，沈晶，岳振勋．Visual C++数字图像处理技术详解［M］．2 版．北京：机械工业出版社，2014.

［10］孙鑫．VC++深入详解（修订版）［M］．北京：电子工业出版社，2012.

［11］宋力杰．测量平差程序设计［M］．北京：国防工业出版社，2009.

［12］李建章，陈海鹰，纪凤仙，等．测量数据处理程序设计［M］．北京：国防工业出版社，2012.

［13］佟彪．VB 语言与测量程序设计［M］．北京：中国电力出版社，2013.

［14］李玉宝，莫才健，兰纪昀，等．测量平差程序设计［M］．2 版．成都：西南交大出版社，2017.

［15］戴吾蛟，王中伟，范冲．测绘程序设计基础（VC++.net 版）［M］．长沙：中南大学出版社，2014.

［16］程效军，鲍峰，顾孝烈．测量学［M］．5 版．上海：同济大学出版社，2016.

［17］吕志平，乔书波．大地测量学基础［M］．2 版．北京：测绘出版社，2016.

［18］潘正风，程效军，成枢，等．数字地形测量学［M］．武汉：武汉大学出版社，2015.

［19］孔祥元，郭际明，刘宗泉．大地测量学基础［M］．2 版．武汉：武汉大学出版社，2010.